水力喷射分段压裂理论及复杂案例分析

曲　海　田守嶒　盛　茂　著

科学出版社
北　京

内 容 简 介

本书利用水射流理论对水力喷射压裂工艺进行机理研究。通过室内实验与有限元计算相结合的方法，揭示水力射孔过程中的破岩效果、增压效果和负压效果以及变化规律，建立相应的计算模型；构建基于水力喷射压裂方法的孔道起裂和裂缝延伸计算方法和模型；制定和优化水力喷射分段压裂施工参数及流程；分析不同工程状况的十口油气井典型案例，提出工程应用适用范围和要求。

本书可为从事油气田开发和开采的科研人员提供科学指导，也可为石油工程专业和油气装备专业的本科生、研究生以及油田现场人员提供参考。

图书在版编目(CIP)数据

水力喷射分段压裂理论及复杂案例分析 / 曲海等著. — 北京:
科学出版社, 2020.3
ISBN 978-7-03-059740-3

Ⅰ. ①水… Ⅱ. ①曲… ②李… Ⅲ. ①油层水力压裂-研究
Ⅳ. ①TE357.1

中国版本图书馆 CIP 数据核字（2018）第 276009 号

责任编辑：孟　锐 / 责任校对：彭　映
责任印制：罗　科 / 封面设计：墨创文化

科学出版社出版
北京东黄城根北街16号
邮政编码：100717
http://www.sciencep.com

成都锦瑞印刷有限责任公司印刷
科学出版社发行　各地新华书店经销
*
2020年3月第　一　版　开本：787×1092　1/16
2020年3月第一次印刷　印张：10 3/4
字数：248 000

定价：95.00 元

（如有印装质量问题，我社负责调换）

序　言

中国低渗透油气资源十分丰富，主要含油气盆地低渗透石油资源约占剩余石油资源总量的 60%，低渗透天然气资源占剩余天然气资源总量的 50%以上，并且随着地质认识程度的加深、勘探开发技术的进步、评价手段的完善，更多的低渗透油气资源会不断被发现，其远景资源量将可能会更大。但是，低渗透油气资源由于储层致密、渗透率低，其经济有效开发是一个世界性的难题，例如页岩储集层必须借助大规模压裂改造，需要持续不断的技术探索和攻关。

水力喷射压裂技术已成为低渗透油气藏改造的主要方法之一。近年来，为满足低渗透煤层、页岩和致密砂岩大规模压裂增产要求，通过技术升级和优化，催生出多种水力喷射压裂新技术：防返溅多用途水力喷射工具、整体式耐磨喷嘴技术、防砂卡水力喷射工具、多簇水力射孔工具协同压裂以及连续油管带底部封隔器、水力喷射无限级压裂等，使得该技术能更好地应用于低渗透致密储层中的套管水平井、裸眼水平井、筛管水平井以及复杂结构井中，并为后续重复压裂改造提供技术手段。

著者在《水力喷射压裂机理及复杂案例分析》一书的基础上，结合国家自然科学基金、国家 863 计划等研究课题和百余井次的压裂实践，从理论研究和最新实践应用两方面做了进一步的论述和总结。深入分析了井底高压磨料射孔机理、水力喷射分段压裂增压机理、水力喷射分段压裂密封机理和水力喷射分段压裂起缝及扩展机理；系统提出了水力喷射分段压裂优化设计方法、流程、新工艺和新工具；详实列举了 10 项水力喷射分段压裂工艺现场实验。该书部分成果先后在 *Petroleum Science and Technology*、*Energy Sources*（*Part A*）、《石油学报》、《中国石油大学学报》、SPE 会议等发表及宣读，并获得多项国家发明专利，得到国内外同行认可。

本书汇集了水力喷射压裂最新研究成果。书中内容逻辑严谨，结构清晰，紧密结合了水力喷射压裂理论和现场实际应用，反映了目前水力喷射压裂技术最新研究及发展水平，可为不同类型低渗透油气藏和非常规油气藏的压裂改造增产提供理论依据和实践参考。

中国工程院院士：李根生

2019 年 2 月 28 日

前　言

近年来我国每年新增的低渗油藏探明储量占新探明总储量的 50%以上，如何合理且有效地提高低渗透油气藏的采收率，满足国民经济发展对能源的需要，是摆在我国石油工业面前的迫切任务。目前，水力压裂技术是经济开发低渗透油气藏的重要手段。近年来，在支撑剂、压裂工艺、压裂液等方面取得了长足发展，但仍然面临诸多问题。部分油气藏纵向上存在多个产层，且部分产层跨距较大，采用常规手段对直井逐层压裂仍然是一项技术难题；水平井压裂改造需求大幅提高，需要多种压裂工具及工艺满足不同井筒条件的施工要求。

水力喷射压裂的思想和方法是水力喷砂射孔和压裂一体化的新型增产改造技术，利用水动力学原理成功解决油气井压裂，尤其是水平井的压裂改造，而不需其他机械封隔的方法。水力喷射分段压裂通过两套泵压系统分别向油管和环空中泵入流体，一次完成喷砂射孔和压裂。该技术造缝位置比较准确，且可与酸化技术相结合，增加油气井压裂增产效率和成功率，缩短作业周期，提高压裂安全性。它可以用于裸眼井、筛管井、衬管井、已射孔井、套管井、套管变形井中，还可以用于直井、水平井、侧钻井、大斜度井和定向井中。能够用于常规油气藏(砂岩、碳酸盐岩、火山岩)和非常规油气藏(致密砂岩、煤层、页岩)，也可以用于海洋油气井中。因此，水力喷射分段压裂技术是一个应用范围十分广泛的增产改造手段。

本书基于李根生院士的国家自然科学基金项目“高压水射流喷射压裂机理研究”(NO.50774089)和国家油气重大专项项目专题“水力射孔与分段压裂一体化改造增产技术”(2009ZX05009-005-04A)，开展了水力喷射分段压裂过程中喷砂射孔、射流增压和射流密封机理的室内实验研究，并对裂缝起裂及扩展进行有限元分析。自 2008 年以来，作者先后参与了李根生院士研究团队和中国石化石油工程技术研究院在国内 16 个油田的 20 多个水力喷射压裂现场先导实验项目，设计及参与施工的水力喷射分段压裂井数量超过 100 口。

全书共分为八章：第一章详细介绍不同水力喷射压裂工艺的国内外发展历史和现状；第二章介绍高压水射流相关理论基础；第三章重点介绍磨料射流机理方面的室内实验和流场数值模拟成果；第四章通过室内实验和流场数值模拟相结合的方法，介绍水力射流孔道增压机理；第五章通过室内实验和数值模拟研究，阐述水力喷射密封机理；第六章建立三维有限元岩石力学模型，研究基于水力喷砂射孔下地层起裂、裂缝扩展和应力干扰机理；第七章阐述四种水力喷射压裂工艺、设计参数及新型喷射工具；第八章列举十个不同井况下的应用实例。

全书由曲海策划和统稿。感谢李根生院士、黄中伟教授、马东军博士、吴春方高级工程师等对本书的理论分析和实验研究内容提出的意见和建议。另外，感谢中国石油吐哈油田公司一级专家刘建伟、中国石油华北油田公司车行、中国石化石油工程技术研究院蒋廷学(集团公司高级专家)和刘红磊、中国石化中原油田公司刘祖林和汪勇章、中国石化华东油田公司池圣平、顾文忠和周成香等专家对现场施工的帮助和指导。感谢王蓉蓉、张硕和王江在全书校核中付出的辛勤汗水。

由于水力喷射分段压裂工艺在不断的更新和变化，本书介绍的还只是阶段性进展和成果，很多问题还未涉及。同时，由于作者水平有限，加之时间仓促，其中疏漏之处在所难免，恳请专家、同行和广大读者批评指正。

著 者

2018 年 6 月 10 日

目　录

第一章 绪　论

第一节 水力喷砂射孔技术

水力喷砂射孔技术的使用开始于20世纪五六十年代或更早，一般用水泥车作业，喷嘴压降一般不超过25MPa，由于喷嘴寿命短，一次下井作业的次数少，限制了其应用。直到20世纪90年代，随着喷嘴寿命的提高，该工艺才得到了重视。喷嘴压降能够提高到50MPa，射流穿透深度进一步加强。国外对此已有了广泛应用，国内也逐渐开展了水力喷砂射孔研究[1]。自1998年以来[2]，Halliburton公司提出了水力喷砂射孔与压裂联合作业工艺技术，并逐渐在全球推广，工艺的创新促进了水力喷砂射孔技术飞速发展，同时得到了越来越广泛的应用。

水力喷砂射孔工艺是利用油管将带有多个喷嘴的喷砂射孔工具下到预定层位，高压磨料浆体通过喷嘴高速射出，射穿套管，然后作用于地层。经过一段时间，地层孔道的长度达到最大值[3]，如图1-1所示。

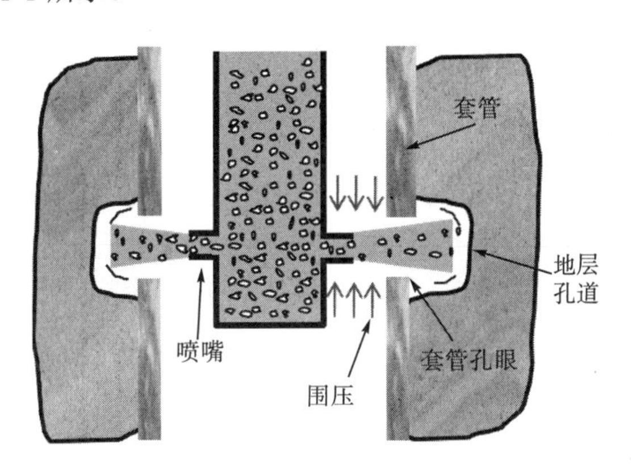

图1-1　水力喷砂射孔示意

李根生等[4]依据磨料水射流切割理论，深入研究了水力喷砂射孔切割套管和岩石过程中相关冲蚀机理和影响规律。在室内实验及现场实验条件下，系统验证了水力喷砂射孔机理，实验结果表明：在压力为30～40MPa的条件下，水力喷砂射孔能有效地穿透套管并在天然砂岩上射出直径Φ30mm以上孔道，其深度达到780mm。现场实验证实水力喷射射孔油井增产效果明显。

2004年，Huang等[5]通过现场实验研究了不同喷嘴直径、喷射时间情况下，水力喷砂射孔孔道的形状。发现水力喷砂射孔产生的套管孔眼与普通射孔相比，孔眼光滑并且直径大，一般是喷嘴直径的两倍。喷嘴直径增加，地层孔道直径及长度也随之增加。孔道长度及直径在初始阶段随喷射时间增加而增加，但到达一定时间后孔道形状不再变化，即喷射时间存在一个最优值。

2005 年，East 等[6]研究认为套管直径一般是喷嘴直径的 2～4 倍。喷射时间、喷距以及喷枪居中性等因素会导致孔道形状的变化。对于 Φ4.7mm 喷嘴，套管孔眼直径一般为 Φ12mm～Φ19mm。对于 Φ6mm 喷嘴，套管孔眼直径一般为 Φ17.7mm～Φ25.4mm。

2007 年，Nakhwa 等[7]通过室内实验研究了水力喷砂射孔。研究发现，当喷射一段时间后，水力喷射磨削效果减小，孔道长度增加到一定值后不再增加，即便增加注入量对孔道形状也改变不了多少。经过 10 分钟实验，套管孔眼直径为 Φ9.5mm，在地层形成水滴型孔道，孔道长度为 686mm。

2008 年，庄伟[8]对有套管和无套管两种情况进行了水力喷砂射孔实验。结果表明套管的存在直接影响水力喷砂射孔的效率和所形成孔眼的形状。实验证明水力喷砂射孔可以在岩石上产生裂纹，并获得了不同岩性、不同射孔压力在试件上产生裂纹的规律。

2009 年，Surjaatmadja 等[9]研究了深井条件下，在不同喷嘴压降、围压和磨料情况下的水力喷砂射孔效果。实验证明水力喷砂产生孔道的长度与围压成反比，这意味着储层越深，水力喷射产生的孔道长度越短。

2010 年，Salazar 等[10]通过使用与现场相同的喷射工具、施工工艺参数和设备，针对特殊地层岩样进行水力喷砂射孔地面实验。实验结果表明，高速磨料射流在岩石中产生的孔道形状为泪滴形。

2012 年，Harald 等[11]通过电镜扫描方法对高围压情况下不同射孔参数获得的岩石孔道微观破坏进行了详细研究，由射流冲击造成的微观损伤只存在于孔道前端，孔道壁周围区域没有损伤，这更加有利于地层孔道破裂产生裂缝。

2017 年，Jhonny 等[12]开展了与井下工况基本相同的水力喷砂射孔地面实验，射流压力为24MPa，实验时间 14min，在水泥靶件中形成的孔道长度约为 500mm，孔道直径 50mm，在直径为 177.8mm 套管上形成的孔眼可以达到 20mm。

2018 年，Ndonhong 等[13]研究了水力喷酸对不同碳酸盐岩的伤害，通过改变射流参数、酸液参数和岩心样品，采用 CT 扫描发现，高速喷射酸液不仅能形成宏观的孔道，更会在孔道前端形成众多微型酸蚀孔道，证明水力喷射酸液能够显著提高近井筒附近的有效渗透率。

第二节　水力喷射分段压裂技术

水力喷射分段压裂是综合了水力喷射射孔、水力压裂、双路径泵入流体技术的新型增产改造技术。该技术能够在指定位置喷砂射孔，然后利用射流动态封隔的方法通过射孔孔道制造裂缝，无需机械密封部件。该技术能够实现一趟管柱多段定点压裂，节省作业时间、减少作业风险。该技术适用于套管、裸眼、筛管及衬管完井的水平井、直径和斜井[14,15]。

1994 年，Surjaatmadja 等[16]第一次提出了水力喷射分段压裂思想和方法，并通过地面实验验证了该方法用于水平井压裂增产的可行性。此后，特别是近几年，该技术在世界范围内的许多油田得到了应用，被证明是目前对低渗透油藏裸眼水平井进行压裂增产有效可行的方法，是一种经济有效的增产技术。1998 年，Surjaatmadja 进行了室内实验和数值模拟研究，并在一口裸眼完井的水平井中实验成功，证实了该技术的可行性，并于 1998 年申请了美国专利。

2000 年，Eberhard 等[17]对一口 Φ139.7mm 套管完井的斜井进行了水力喷射分段压裂。其最大井斜 26°/3180m，对施工目的层进行过射孔。喷枪采用 10 个喷嘴 120°分布，喷嘴最大间距 2.7m。施工过程中油管排量 $2.0m^3/min$，套管排量 $0.6m^3/min$，顺利加入 20/40 目支撑剂 2.9×10^4kg，但后期产量与预计相差很多。

2004 年，Surjaatmadja 等[18]对巴西 Camorim 海上油田的两口射孔筛管水平井进行了水力喷射分段压裂改造。采用带有 5 个 Φ6mm 喷嘴的喷枪，油管排量 $1.75\sim1.9m^3/min$，套管排量 $1.2m^3/min$，砂浓度 $120\sim1080kg/m^3$。第一口井压裂三层，共加入 18/30 目陶粒 7.2×10^4kg，压后初期增产 6.4 倍，466 天后产量为改造前的 1.2 倍。第二口井压裂两层，共加入陶粒 4.2×10^4kg，压后产量增加 70%。

2004 年，McDaniel 等[19]对水力喷射分段压裂工艺中的管串组合进行了创新，将大尺寸连续油管和普通油管相结合来布置井下喷射工具。这种组合方式极大地增强了连续油管进行水力喷射分段压裂的作业深度，同时提供更加灵活、快速和安全的操作。利用连续油管+油管+工具管串组合，并成功对三口裸眼完井的水平井进行了压裂。

2008 年，Fabien 等[20]对刚果海上油田 Albian 的一口大斜度井进行了水力喷射分段压裂改造。喷枪采用 4 个 Φ6mm 喷嘴和 4 个 Φ4.7mm 喷嘴组合，油管排量 $2.2m^3/min$，对此大斜度井布置三条裂缝，其中最深一条裂缝位置为 4626m。施工后产量增加 3 倍。

2009 年，Franco 等[21]对沙特阿拉伯的致密性气田的一口水平井进行了水力喷射酸化压裂，作业管柱采用连续油管，连续施工 5 条裂缝，施工后产量增加 6 倍。

2009 年，Tian 等[22]研究出了新型水力喷射分段压裂工具，并用连续油管对工艺进行了现场实验，施工选择四川气田的白浅 110 井，喷枪带有 3 个 Φ6mm 喷嘴，在同一平面按 120°分布，油管排量 $2.0m^3/min$。实施了三段压裂，最深一条裂缝位置为 1105m。施工共加 $30.3m^3$ 陶粒，施工后日产气量达到 $8000m^3/d$，使该井成为此区块的高产井。

2010 年，Sigifredo 等[23]利用水力喷射分段压裂工艺对一口裸眼完井的水平井进行压裂改造。该井采用不动管柱投球打滑套压裂工艺，一趟管柱压裂 3 段。地面裂缝检测显示，在裸眼水平段产生了三条裂缝，覆盖储层面积比率高，压后产量提高 30%，成功实现了裸眼水平井的压裂改造。

2010 年，Li 等[24]针对水力喷射分段压裂工艺的射流增压、射流密封、射孔孔道起裂机理开展了研究。并详细叙述了不同井况下该工艺的现场实验。截至 2009 年，已联合 8 个油田进行了 39 井次现场实验，其中水平井 21 口，直井 16 口，斜井 2 口，实现一趟管柱压裂四层，最深压裂层位垂深 3820m，单层加砂量达到 $40m^3$，压后效果显著。

2010 年，Garzon 等[25]利用水力喷射压裂技术对沙特阿拉伯国家的一口气井进行了增产改造，目的层岩性为碳酸盐。该井为双分支水平井，裸眼完井。采用哈里伯顿公司研制的新型水力喷射分段压裂滑套工具配合连续油管作业，保证快速有效地施工，获得了良好的压后效果。

2011 年，Rhodes 等[26]对刚果的一个海洋平台上的 3 口套管射孔生产井实施了增产压裂，针对 244.5mm 直径套管设计了专用水力喷射压裂器，压裂效果非常显著。

2012 年，水力喷射分段压裂配合暂堵剂应用于美国的页岩气水平井压裂增产中。相比于泵送桥塞压裂方法，该工艺每次只产生一个压裂主裂缝，可以保证投入的暂堵剂全部进入主裂缝中。同时，又可以针对性的优化投入暂堵剂的数量和时机，从而更有利于在页岩储层产生复杂裂缝网络[27]。

2013 年，Qu 等[28]将水力喷射分段压裂技术成功应用于 U 形煤层气井中，对直径为 114.3mm 筛管完井的煤层气水平井实施 4 个层段的压裂改造。通过采用拖动与投球滑套压裂工具组合，以及射孔后及时冲洗等措施避免压裂管柱被卡。

2017 年，巴西海上砂岩储层的筛管直井采用该工艺进行了 3 段压裂。为增加射孔间距，对喷枪上的喷嘴组合方式进行了调整，有两个喷嘴呈 180°布置，有 4 个喷嘴呈 90°布置[29]。

第三节　水力喷射酸化压裂技术

常规的酸化压裂技术施工过程较慢，酸液采用笼统方式注入井筒，通过射孔孔道进入地层并与之产生反应，经常会造成酸液过早的与近井地层发生反应，裂缝得不到好的延伸。水力喷射酸化压裂技术[17,30]是先进行水力喷砂射孔作业，然后注入高压酸液，酸液通过喷嘴高速射入孔道，到达指定的酸化压裂位置，高速磨料在地层形成孔道以后，控制环空压力略微低于裂缝初始压力，由于存在射流增压作用，地层在两个压裂叠加情况下起裂。当裂缝起裂后，环空压力可以在低于裂缝延伸压力的情况下，随即通过油管注入酸液。当地层中产生裂缝时，高速酸液射入地层与裂缝表面岩石发生反应，使裂缝表面产生不规则的孔洞，沟通地层深部岩石，改善地层流通环境，如图 1-2 所示。有的酸液能够通过主裂缝表面进入微裂缝，进而产生微小的酸蚀孔洞[31]，如图 1-3 所示。

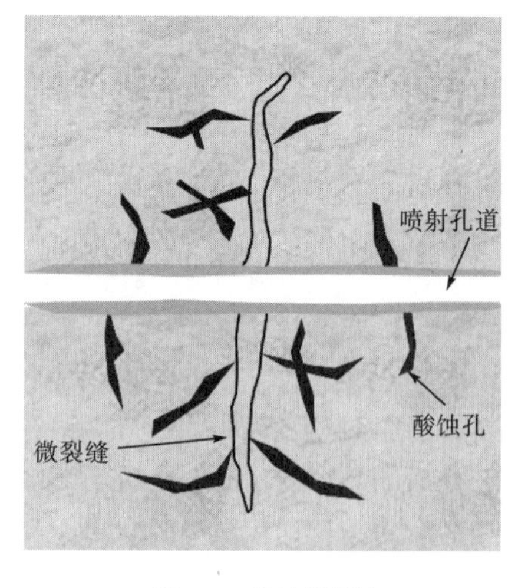

图 1-2　酸蚀微裂缝

图 1-3　酸蚀孔洞实物

利用水力喷射分段压裂原理，改变注入液体进行定点酸化压裂，增加了压裂施工的选择性和多样性，对施工井段可以进行水力喷射分段压裂和水力喷射酸化压裂，如图1-4所示。

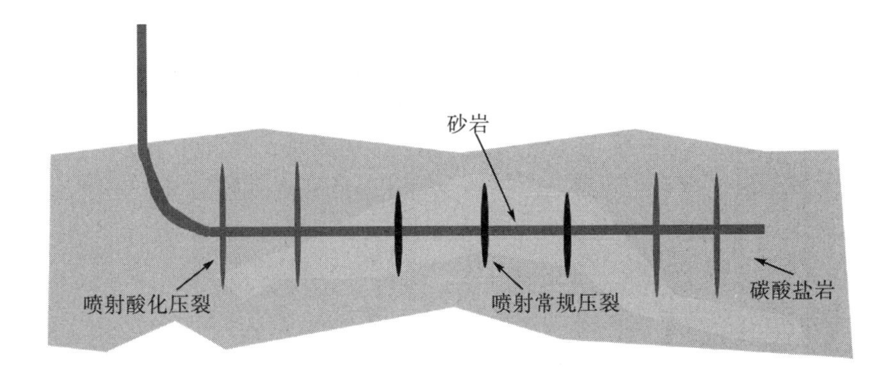

图1-4 水力喷射分段压裂工艺示意

1998年，Love等[30]将水力喷射分段压裂技术与酸化技术相结合，对新墨西哥州Eunice Monument油田的一口裸眼水平井进行了多段酸化压裂增产改造。水平段裸眼井直径120.6mm，长度487m，平均垂深1115m，储层有效厚度52m，为实现有效增产，在水平段布置8条裂缝。每条裂缝加入19m^{3}前置液，然后加入19m^{3}含有17% HCL的酸液。后期产量得到认可。

2001年，Rees等[32]将水力喷射分段压裂技术与普通酸洗、酸化压裂技术相结合，针对7口裸眼水平井进行了水力喷射酸化压裂改造。由于7口井施工段地层性质不同，所用工艺有所不同。作者发现对不同的井，选用最佳的改造工艺可以大幅提高单井产量。7口井的产量表明，水力喷射酸化压裂技术是一个行之有效的储层增产改造技术。

2002年，Surjaatmadja等[33]通过室内实验，研究了水力喷射酸化压裂过程中微裂缝的产生。实验发现，喷射压力为25.8MPa时产生的微裂缝条数为8条，而压力为31.2MPa时微裂缝条数为4条。实验中所用岩石硬度有差别，造成实验数据存在一定的异常。

2002年，McDaniel等[34]对德克萨斯州油田的一口双分支裸眼水平井进行了水力喷射酸化压裂。两个分支垂深2438.4m，夹角90°，每个分支布置6条横向裂缝。因为地层为碳酸盐岩，因此采用含28%HCL的酸液。施工12条裂缝共用7.5小时，压后产量平均增加30%。

2003年，Surjaatmadja等[14]对路易斯安那州气田的Rascoe Estate No.1和Whitney No.20-1两口井进行了水力喷射分段压裂酸化改造，对Pure Resources No.29-1井进行了水力喷射分段压裂改造。三口井都有两个水平段分支，且全部为裸眼完井。施工加砂浓度范围为240～480kg/m^3，酸液为28%稠化酸。

2005年，Surjaatmadja等[35]首次利用水力喷射酸化压裂对巴西Camorim深海油田的一口筛管水平井进行了压裂施工。喷枪外径为Φ114.3mm，带有8个Φ6mm喷嘴，油管排量2.7～3.5m^3/min，对水平段酸化压裂5条裂缝，最深压裂位置为3915m，液体为20% HCL酸液，施工后产量增加两倍。施工中发现裂缝条数增加，地层漏失加大，所需套管补液量增加。

2009年，Barclay等[36]对美国海上的Machar油田的一口井进行了水力喷射酸化压裂施工。该油田为裂缝性油藏，渗透率低于 1mD。喷枪带有 5 个 Φ4.7mm 的喷嘴，呈 120°分布，采用连续油管布置喷枪。施工液体采用 28% HCL 酸液，并辅以稠化酸使得酸液在裂缝中穿透得更深。

2012 年，Li 等[37]成功对两口超深水平井的碳酸盐岩储层分别实施了 4 段和 7 段的水力喷射酸化压裂施工。最大作业垂直深度达到 6400.53m，喷射总酸量 618m^3，井下喷射器耐温达到 160℃，该超深高温井的压裂成功实施为改善深部水平井储集层提供了有力借鉴。

2013 年，Mustafa 等[38]对沙特油田的多个高温高压裸眼完井的气井进行了水力喷射酸压作业。采用连续油管拖动作业工艺，注入 26%HCL 对白云岩储层实施喷射酸洗和喷射酸压，增产效果获得大幅提高。

2015 年，阿根廷页岩气田采用连续油管水力喷射环空压裂技术对多口直井实施了增产改造，在一个页岩层段内实施了 12 次的喷砂射孔与压裂改造，配合井下制造砂塞工艺实现有效的层间密封[39]。

2016 年，连续油管喷射酸压技术用于直井的 12 个层段的增产改造。压后产量得到明显增加，通过对表皮系数的分析，确定 90°相位角布置有利于提高裂缝导流能力[40]。

第四节　水力喷射环空压裂技术

采用水力喷射辅助压裂工艺技术，几乎所有的压裂液都要通过喷嘴，这将引起喷嘴严重的磨损，大大降低了喷嘴寿命，限制了施工规模。而且受工作管柱尺寸限制，限制了施工排量。水力喷射环空压裂技术是将携砂液主要通过环空注入，有效地解决了喷嘴寿命短和流量较低的问题，该技术适用于对小的产层段单独压裂或把长的井段分为较小的井段进行压裂。将大部分流量从环空中泵入比大部分流量从工作管柱中泵入所要求的总功率低，从环空泵入大部分流量时可以使用普通的套管，压裂液流量可以为 10.3～11.3m^3/min。水力喷射环空压裂技术(HJP-AF)施工程序如图 1-5 所示。

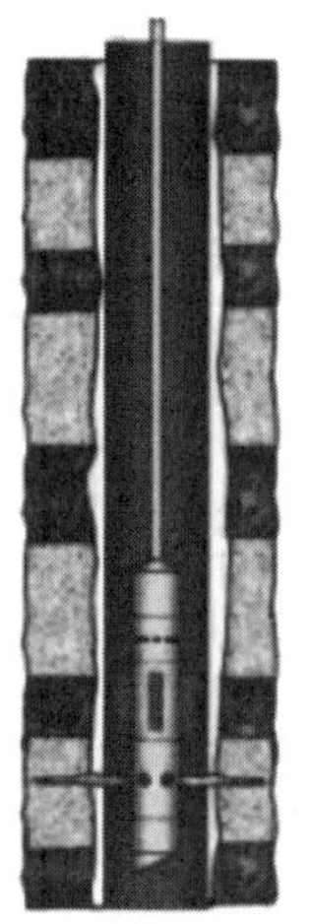
1 水力喷砂射孔

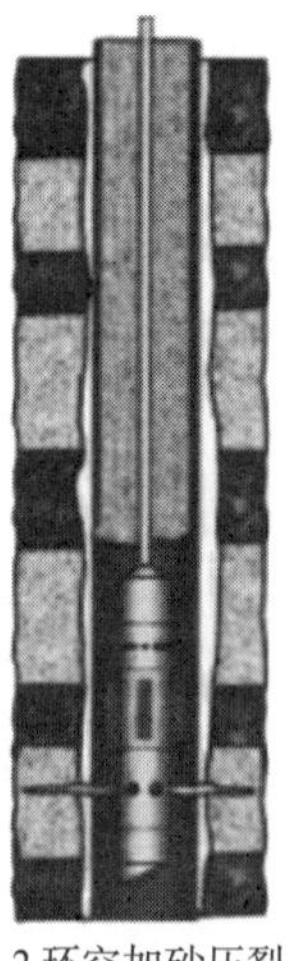
2 环空加砂压裂

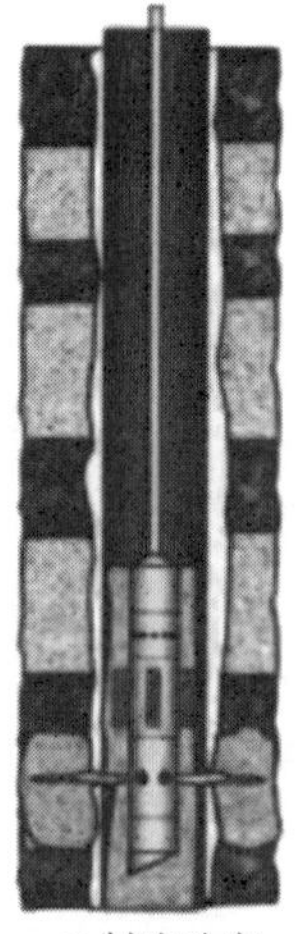
3 制造砂塞

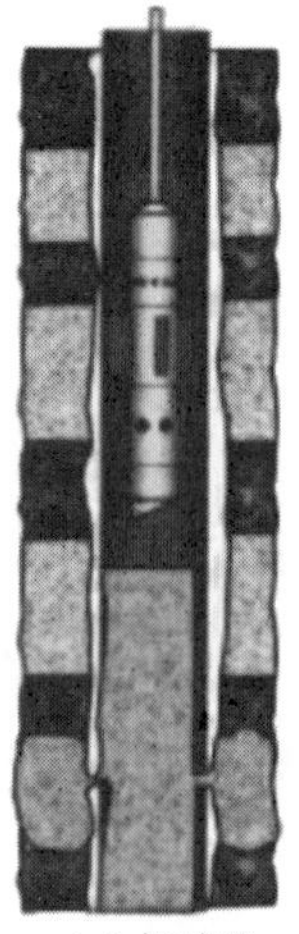
4 上提喷枪

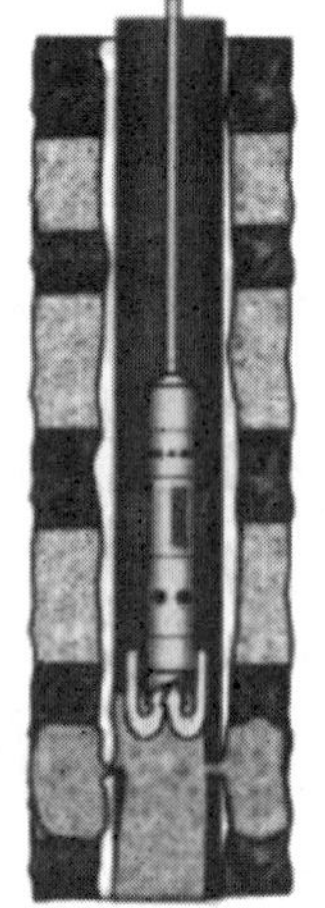
5 反洗清理砂塞

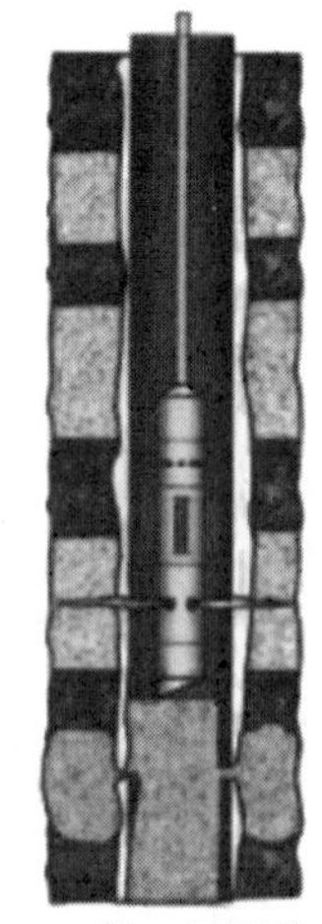
6 第二层压裂

图 1-5　水力喷射环空压裂示意

2005 年，Surjaatmadja 等[41]第一次提到将水力喷射环空压裂技术应用于美国西部油田的三口直井中。三口井都为 Φ177.8mm 套管完井，采用 Φ60.3mm 连续油管作为施工管柱，布置带有 5 个喷嘴的喷枪。施工设计采用 6 步加砂，砂浓度为 240～1432kg/m^3。

2005 年 3 月，HJP-AF 技术已经在美国、加拿大、澳大利亚施工 40 多口，井深为 457～3017m，单层施工规模为 1.4×10^4～5.6×10^{4}kg。施工最高的砂浓度达到 1671kg/m^3。最小的生产层段为 0.6～0.9m。在 2005 年 8 月，利用此技术对两口套管完井的水平井进行了增产改造，分别布置了 8 条缝和 5 条缝。这充分证明 HJP-AF 技术完全可以应用于水平井和直井[46]。

2006 年，Beatty 等[42]利用 HJP-AF 技术成功施工 30 口井，共布置 149 条裂缝，平均每口井布置 5 条裂缝。由于大多数井位于致密地层中，裂缝破裂压力非常高，因此对 HJP-AF 技术进行了改进。在射孔结束后，随即在油管中注入 15% HCL 酸液，通过喷嘴射入孔道，腐蚀地层，大大降低了地层的起裂压力，提高了施工成功率。经过 HJP-AF 技术的增产井的总产量是普通技术增产井的 2～3 倍。

2008 年，在俄罗斯已经应用 HJP-AF 技术对 16 口水平井和 10 口直井进行了多层压裂施工，压后产量得到认可[43]。

2009 年，HJP-AF 技术在阿根廷应用于 22 口井，其中一口井布置裂缝数量达到 30 条，成为该地区单井布置裂缝最多的井。同时详细分析了每口井的施工时间，与普通压裂技术相比，HJP-AF 技术可以大大减少作业时间[44]。

2010 年，Mohsen 等[45]应用 HJP-AF 技术对埃及西部沙漠的 Al Fadl 油田的一口套管完井直井进行了增产改造施工。施工管柱采用 Φ114.3mm 连续油管进行作业。压后产量表明，与常规压裂工艺相比，HJP-AF 工艺增产效果更好。

2012 年，哈里伯顿公司研发出了第二代水力喷射环空压裂井下工具。该工具在喷枪下部增加了一个短节用于混合压裂液，当喷砂射孔结束后，连续油管拖动喷枪向上部移动一定距离，油管注入高浓度支撑剂液体，套管注入压裂液体，二者在混合短节处充分融合，以此可以大幅提高支撑剂浓度，增加裂缝导流能力[46]。

2013 年，哈里伯顿公司又研制第三代水力喷射环空压裂井下工具。该工具由喷枪、封隔器、锚定器和过砂管组中，该组合克服了射孔后的反循环洗井作业以及射流动态密封的缺点，进一步提高了加入支撑剂的数量和浓度[47]。

2015 年，埃及的多个油田采用连续水力喷射压裂技术对 5 寸套管完井的水平井实施 7 段施工，共加入 450t 支撑剂，施工总共用时 76h[48]。

2016 年，阿根廷 San Jordge 油田对多薄层砂岩油藏井进行了 30 多个层段的压裂改造，现场施工证明该工艺比泵送桥塞方式的作业效率高 40%[49]。

2017 年，哥伦比亚 Mature 油田采用连续油管环空压裂技术对 7in① 套管完井的直井进行了 3 个层段的改造，用时 4 天。G 函数曲线解释表明近井筒裂缝复杂程度得到了很大改善。随后又有 60 多口井的增产改造选用该工艺[50]。

① 1in=2.54cm。

参考文献

[1] 李根生, 沈忠厚. 自振空化射流理论与应用. 东营: 中国石油大学出版社, 2008.

[2] Surjaatmadja J B, Grundmann S R, McDaniel B W, et al. Hydrajet fracturing aneffective method for placing many fractures in openhole horizontal wells. SPE 48856, 1998.

[3] Pekarek J L, Low D K, Huitt J L. Hydraulic jetting-some theoretical and experimental results. JPT, 1963, 6: 101-112.

[4] 李根生, 牛继磊, 刘泽凯, 等. 水力喷砂射孔机理实验研究. 中国石油大学学报(自然科学版), 2002, 26(2): 31-34.

[5] Huang Z W, Niu J L, Li G S, et al. Surface experiment of abrasive water jet perforation. Petroleum Science and Technology, 2008, 26(6): 726-733.

[6] East L E, Rosato J, Farabee M, et al. Packerless multistage fracture-stimulation method using ct perforating and annular path pumping. SPE 96732, 2005.

[7] Nakhwa A D, Loving S W, Ferguson A, et al. Oriented perforating using abrasive fluids through coiled tubing. SPE 107061, 2007.

[8] 庄伟. 水力喷砂射孔理论与实验研究. 东营: 中国石油大学, 2008.

[9] Surjaatmadja J B, Andrew B, Silverio S. Hydrajet testing under deep well conditions defines new requirements for hard-rock perforating. SPE 122817, 2009.

[10] Salazar V, Rosa V D, Gomez J, et al. Cementing, perforating and fracturing using coiled tubing: rigless completion technique developed for a marginal field in peru. SPE138798, 2010.

[11] Harald W S, Daniel G G, Sergio A L, et al. In-depth evaluation of deep-rock hydrajet results shows unique jetted rock surface characteristics. SPE 153333, 2012.

[12] Jhonny A, Edwars N, Cynthia A, et al. How to perforate challenging wells completed in two casing/liner overlap sections: mature ecuador field case history. SPE 184764, 2017.

[13] Ndonhong V, Belostrino E, Zhu D, et al. Acid jetting in carbonate rocks: an experimental study. SPE Prodcution & Operations, 2018: 382-390.

[14] Srujaatmadja J B, McDaniel B W, Brian C, et al. Effective stimulation of multilateral completions in the jameslime formation achieved by controlled individual placement of numerous hydraulic fractures. SPE 82212, 2003.

[15] Hill E, Zhao Z, Terry A. Sand jet perforating and annular coiled tubing fracturing provides effective horizontal well stimulation. SPE 135591, 2010.

[16] Surjaatmadja J B, Abass H H, Brumley J L. Elimination of near-wellbore tortuosities by means of hydrojetting. SPE 28761, 1994.

[17] Eberhard M J, Surjaatmadja J B, Peterson E M, et al. Precise fracture initiation using dynamic fluid movement allows effective fracture development in deviated wellbores. SPE 62889, 2000.

[18] Surjaatmadja J B, Willett R, McDaniel B W, et al. Hydrajet-fracturing stimulation process proves effective for offshore Brazil horizontal wells. SPE 88589, 2004.

[19] McDaniel B W, Willett R, East L, et al. Coiled-tubing deployment of hydrajet-fracturing technique enhances safety and flexibility, reduces job time. SPE 090543, 2004.

[20] Fabien L, Patrick M B, Gavalda J, et al. Innovative fracturestimulation of low-permeabilityoil zone in high-deviation well offshore Congo. SPE 115892, 2008.

[21] Franco C A, Solares J R, Al-Marri H M, et al. Evaluation of new stimulation technique to improve well productivity in a long, open-hole horizongtal section: case study. SPE 120408, 2009.

[22] Tian S, Li G, Huang Z, et al. Investigation and application for multistage hydrajet-fracture with coiled tubing. Petroleum Science and Technology, 2009, 27(13): 1494-1502.

[23] Sigifredo J, Rafael A, Bustamante E. Effectiveness of water jet fracturing on ahorizontal openhole completion case study. SPE 134855, 2010.

[24] Li G S, Huang Z W, Tian S C, et al. Investigation and application of multistage hydrajet-fracturing in oil and gas well stimulation in china. SPE 131152, 2010.

[25] Garzon F O, Franco C A, Ginest N H, et al. First successful selective stimulation with coiled tubing, hydrajetting tool, and new isolation sleeve in an openhole dual-lateral well completed in asaudi arabiacarbonate formation a case history. SPE 130512, 2010.

[26] Rhodes D, Orski K, Guittiene P. Hydrajet fracture stimulation technique used to rejuvenate three wells in mature offshore oil field Congo - case history. SPE 144117, 2011.

[27] Fraser M, Klaas V G, Mark V D. New hydraulic fracturing process enables far-field diversion in unconventional reservoirs. SPE 152704, 2012.

[28] Qu H, Cheng K, Liu Y. New technique: multistage hydrajet fracturing technology for effective stimulation on the first u-shape well in Chinese coal bed methane and case study. SPE 23987, 2013.

[29] Fernandes F F, Nakajima L, Rodrigues VF. A challenging workover in an offshore fixed platform- accessing bypassed hydrocarbons. SPE 184952, 2017.

[30] LoveT G, McCarty R A, Srujaatmadja J B, et al. Selectivelyplacing many fractures in openhole horizontal wells improves production. SPE 50422, 1998.

[31] Surjaatmadja J B, McDaniel B W, Alick Cheng, et al. Successful acid treatments in horizontal openholes using dynamic diversion and instant response downhole mixing. SPE 75522, 2002.

[32] Rees M J, Khallad A, Cheng A, et al. Successful hydrajet acid squeeze and multifracture acid treatments in horizontal open holes using dynamic diversion process and downhole mixing. SPE 71692, 2001.

[33] Surjaatmadja J B, McDaniel B W, Sutherland B L. Unconventional multiple fracture treatments using dynamic diversion and downhole mixing. SPE 77905, 2002.

[34] McDaniel B W, Surjaatmadja J B, Lockwood L, et al. Evolvingnew stimulation process proves highly effective in level 1 dual-lateral completion. SPE 78697, 2002.

[35] Srujaatmadja J B, Miranda C, Rodrigues V F, et al. Successful pinpoint placement of multiple fractures in highly deviated wells in deepwater offshore Brazilfields. SPE 95443, 2005.

[36] Barclay D, Trodden L, Allam B, et al. First north seaapplication of pinpoint-stimulation technology to perform arig-based acid fracture treatment through ct. SPE 121483, 2009.

[37] Li G S, Sheng M, Tian S C, et al. New technique: hydra-jet fracturing for effectiveness of multi-zone acid fracturing on an ultra deep horizontal well and case study. SPE 156398, 2012.

[38] Mustafa R A, Mohammed A G, Saad A D, et al. Dual lateral hole coiled tubing acid stimulatio in deep HPHT sour gas producer wells- field experience and lessons learned from the Ghawar field. SPE 164326, 2013.

[39] Pablo F, Juan C B, Federico K, et al. Conditioning pre-existing old vertica wells to stimulate and test vaca Muerta shale

productivity through the application of pinpoint completion techniques. SPE 172724, 2015.

[40] Alejanadro C, Jose C, Jimenez F, et al. Novel abrasive perforating with acid soluble material and subsequent hydrajet assisted stimulation provides outstanding results in carbonate gas well. SPE 179083, 2016.

[41] Srujaatmadja J B, East L E, Luna J B, et al. An effective hydrajet-fracturing implementation using coiled tubing and annular stimulation fluid delivery. SPE 94098, 2005.

[42] Beatty K J, McGowen J M, Gilbert J V. Pin-point fracturing（ppf）in challenging formations. SPE 106052, 2007.

[43] Pongratz R, Stanojcic M, Martysevich V. Pinpoint multistage fracturing stimulation—global applications and case histories from russia. SPE 114786, 2008.

[44] Bonapace J, Kovalenko F, Canini L, et al. Optimization in completion wells with apackerless, multistage fracture stimulation method using ctperforating and annular path pumping in Argentina. SPE 121557, 2009.

[45] Mohsen A, Abdel R, Lbrahim E, et al. Implementation of pinpoint fracturing technique in the western eegypt desert. SPE 133864, 2010.

[46] Lindsay S, Ables C, Flores D. Downhole mixing fracturing method using coiled tubing efficiently: executed in the eagle ford shale. SPE 153312, 2012.

[47] Hartley J, Holden D. Evolution of a pinpoint stimulation technology and the benefits thereafter. SPE 163902, 2013.

[48] Amro H, Ahmed A E, Arshad W, et al. Multistage horizontal well hydraulic fracturing stimulation using coiled tubing to produce marginal reserves from brownfield: case histories and lessons learned. SPE 172933, 2015.

[49] Bonapace J C, Perazzo G. Vertical well completion in multilayer reservoirs: a decade of technologies implemented in Argentina. SPE18629, 2016.

[50] Mariana J J, Bahamon I, Edgar M, et al. A new record for a rigless completion campaign through efficient coiled tubing hydrajet assisted fracturing operations in a mature field in Northeastern Colombia. SPE 184797, 2017.

第二章 高压磨料水射流理论基础

第一节 引 言

水力喷射多级压裂是应用磨料射流在油井或气井中对金属套管及岩层冲击成孔的技术。磨料射流是水、砂混合形成的混合物的射流，是包含有水及固体颗粒的两相物质的流动，其流动过程中磨料和射流将对材料表面进行冲蚀，使得材料发生破坏。

材料在射流和磨料射流作用下的冲蚀及破坏的理论研究[1-10]，应该包括射流和磨料射流对材料破坏的作用及在此基础上的材料破坏机理。迄今为止，已经有许多研究，提出了不少关于射流作用下材料破坏的学说，特别是从 1983 年磨料射流开始用于切削及切割加工以来进行了大量的实验研究，得到了大量的数据，以说明在工作压力、磨料性质及喷嘴直径一定的情况下对不同材料、不同强度的切割速度或给出数学表达式，以表明材料切削一定深度与有关因素的关系。但是对于射流和磨料射流双重作用下的材料破坏机理了解得不够深入，需要进一步研究。有关图表及公式都是根据特定用途通过实验而获得的研究成果，对于磨料射流井下射孔的指导意义很小，因而有必要对磨料射流射孔机理即在磨料射流作用下而得到的材料破坏的原因进行研究。

第二节 水射流的结构和特性

一、淹没水射流的结构

水射流射入静止的水中后，由于水的黏性作用，水微团之间必然要发生动量交换，引起周围水的流动，使射流直径不断扩大，射流本身的速度不断衰减，最后完全消失在周围的水中，犹如被淹没一般。当水射流的速度很小时，周围的水会形成一个稳定的层流边界层；当射流的速度增大，雷诺数达到某一临界值之后，层流边界层将失稳发展成紊流。工程中常见的水射流大多为紊流射流，下面讨论淹没水射流结构。

淹没射流的结构如图 2-1 所示。在喷嘴出口处，射流的速度是均匀的，而一离开喷嘴就要卷吸周围的水，使射流边界变宽，速度降低，速度保持初始速度 u_0 不变的区域也不断减少。速度等于零的边界称为射流外边界，射流速度初始速度的界限为内边界，内外边界都是直线，内外边界之间的区域为边界层。显然，边界层的宽度随离开出口的距离加大而不断扩张，射流轴线相交时，即射流断面上只有轴线上的速度为 u_0 时，称这个射流断面为转折断面或过渡断面。在转折断面之前，射流轴心线上的速度保持 u_0 不变，在转折断面之后，射流轴心线上的速度开始衰减。

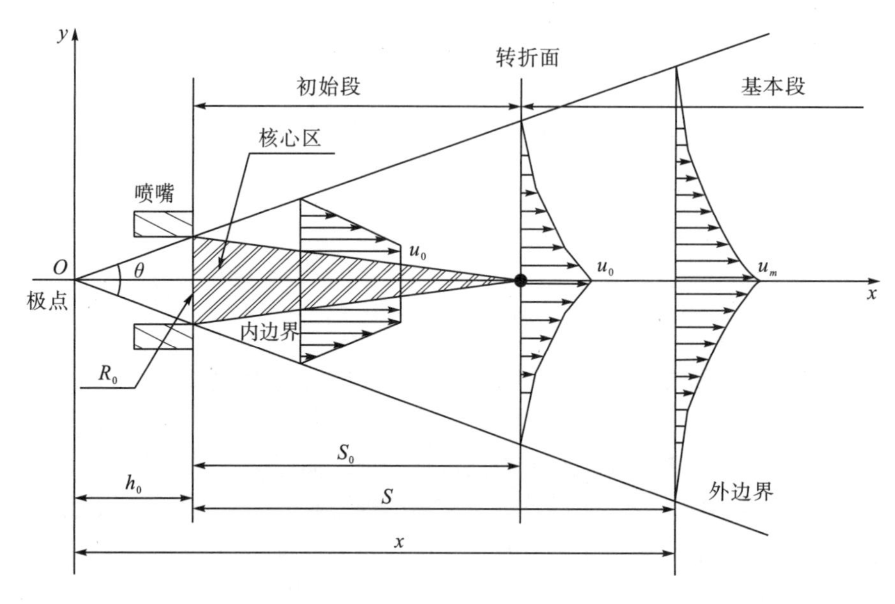

图 2-1　淹没射流结构图

喷嘴出口至转折断面的距离为射流初始段，在初始段内部有一个速度保持不变的核心区，它是以喷嘴出口断面为底，以初始段长度为高的圆锥体。转折断面以后的部分为射流基本段。

射流外边界的交点称为射流极点，它是位于喷嘴内部的一个几何点。

二、非淹没水射流的结构

非淹没高压射流的结构如图 2-2 所示，在射流长度方向上可分为三个阶段。

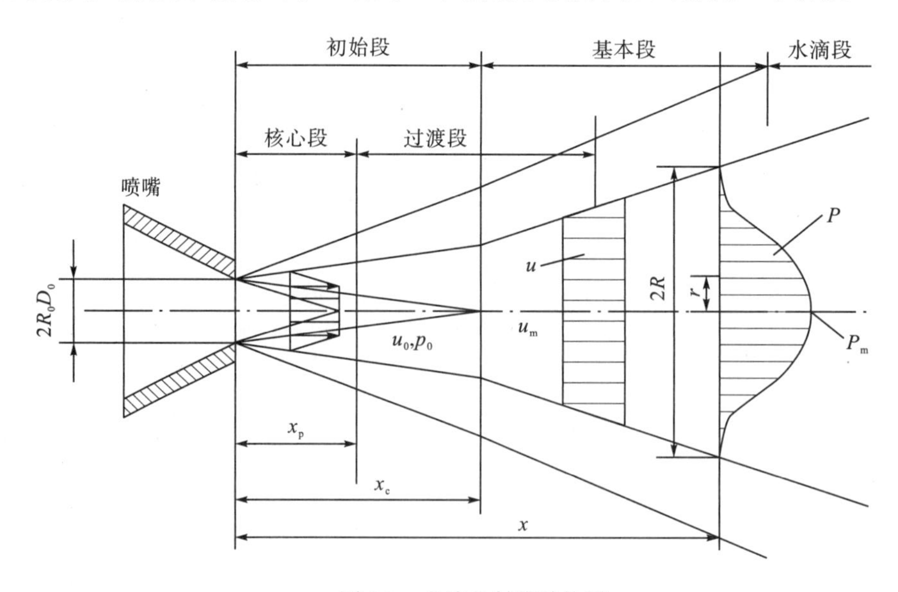

图 2-2　非淹没射流结构图

1. 核心段

该段的射流表面已经开始破碎为大块水团并吸入空气，而核心部分仍保持初始的喷射速度，呈紧密状态。随着远离喷嘴，核心的断面积越来越小，最后完全消失。

2. 破裂段

该段中射流吸入的空气逐渐增多，射流表面的大块水团进一步被破碎为水滴，而射流中心由紧密状态破碎为大块水团，而且随着远离喷嘴出口，中间大块水团部分也逐渐减小，最后完全变成水滴。破裂段通常称为基本段。

3. 水滴段

射流吸入大量空气，整个断面被空气介质隔离变成水滴状。

三、连续水射流对物体表面的作用力

水射流冲击物体表面时，由于被冲击物体具有不同的表面形状，使射流改变了方向，在其原来的喷射方向上就失去了一部分动量。这部分动量就将以作用力的形式传递到物体表面上。连续射流对物体表面的作用力，是指射流对物体冲击的稳定冲击力。

图 2-3 是理想水射流冲击四种不同形状的物体表面的结果。不难看出，射流冲击物体表面前的动量为 ρQu，冲击物体表面后的动量为 $\rho Qu\cos\varphi$。因此，射流在物体表面上所产生的作用力为

$$F = \rho Qu - \rho Qu\cos\varphi = \rho Qu(1-\cos\varphi) \tag{2-1}$$

式中，ρ 为射流的密度，kg/m^3；Q 为射流流量，m^3/s；u 为射流速度，m/s；φ 为水射流冲击物体表面后离开物体表面的角度。

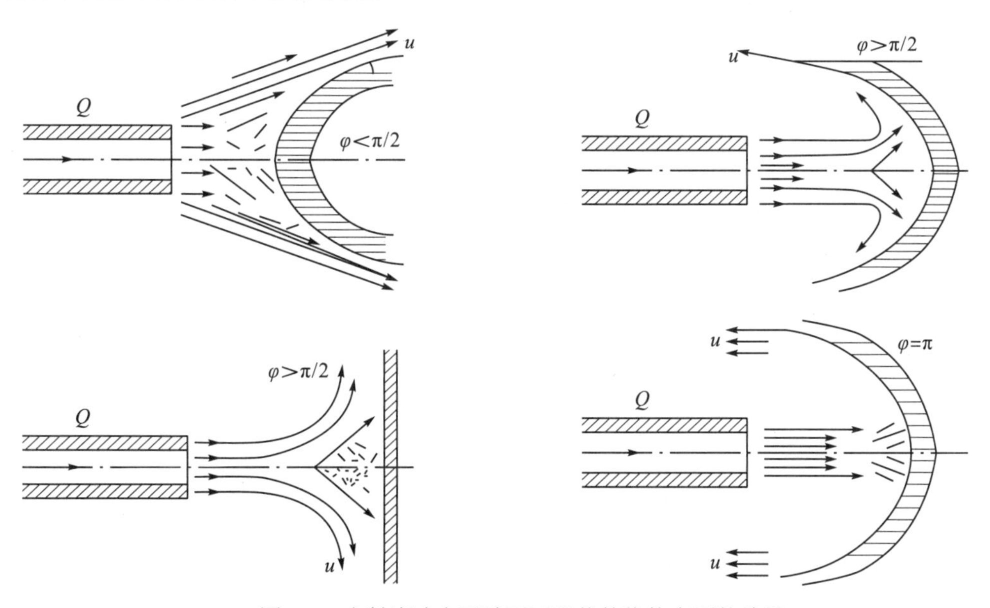

图 2-3　水射流冲击四种不同形状的物体表面的结果

式(2-1)表明，射流对物体表面的作用力不仅与射流的密度、速度有关，而且还与射流离开物体表面时的角度 φ 有关。角度 φ 取决于物体表面的形状。

图2-4是水射流倾斜冲击平板的情形。射流与平板之间的夹角为 φ。显然，射流在冲击平板之前，在平板的垂直方向上的动量是 $\rho Q\mu\sin\varphi$，而射流冲击平板之后，这部分动量消失转变成平板的垂直冲击力：

$$F_{\mathrm{n}} = \rho Q\mu\sin\varphi \tag{2-2}$$

在平板上，射流的动量为 $\rho Q\mu\cos\varphi$，保持不变，对平板也没有作用力。这表现在射流冲击平板之后四周流动的均匀性。

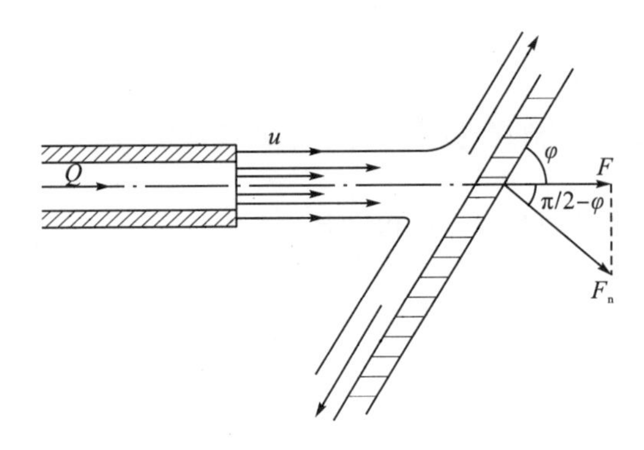

图2-4　射流倾斜冲击平板的作用力

在射流方向上的作用力为

$$F = F_{\mathrm{n}}\sin\varphi = \rho Q\mu\sin^2\varphi \tag{2-3}$$

当 $\varphi = \pi/2$ 时，$F = \rho Qu$，即垂直冲击时的结果。

四、连续水射流冲击物体的压力分布

连续水射流冲击物体表面时，流体将从射流冲击中心呈辐射状均匀地向四周流动，如图2-5所示，在冲击中心处，压力为滞止压力，即射流的轴心动压 p_0。随着远离中心，压力逐渐减小至零。

显然射流冲击物体时存在一个作用范围，对垂直冲击而言，就是在某一半径范围之外射流的冲击力为零。在理想状态下不考虑射流结构的扩散，那么冲击作用半径 R 与射流半径 r 成正比。由量纲分析可得到射流有限冲击范围内各点的压力为

$$p = p_0 f(\eta) \tag{2-4}$$

式中，$\eta = l/R$，为无量纲径向距离。

如式(2-5)所示各点压力积分，就应该等于射流对平板的总冲击力，即：

$$F = \int_0^R p_0 f\left(1/R\right) 2\pi l \mathrm{d}l = p_0 2\pi r^2 \tag{2-5}$$

由此可得：$R/r = \sqrt{20/3} \approx 2.58$。即冲击物体时作用半径大约是射流自身半径的2.6倍。

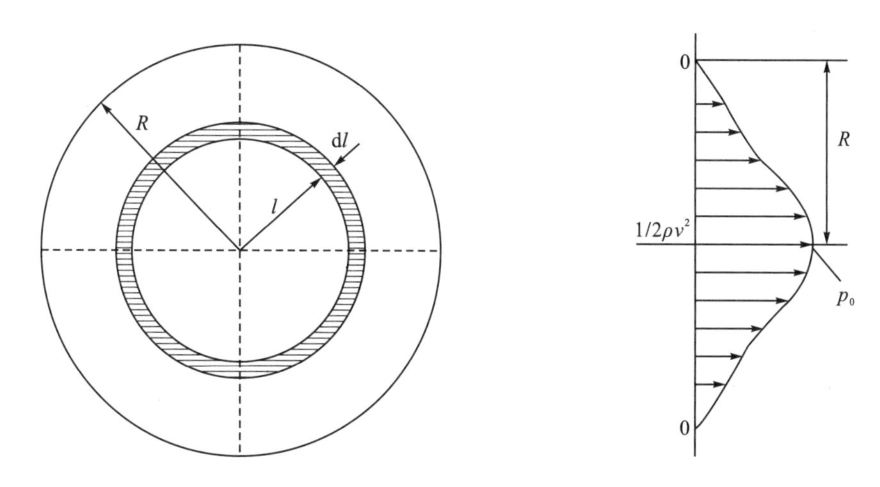

图 2-5　水射流对物体垂直冲击的压力分布

第三节　磨料射流对材料的冲蚀机理

一、冲蚀机理

射流切割时，与材料表面接触，射流流动受阻，开始与材料表面接触的一层厚度极深的流体停止在材料的表面上，速度急剧降低，但由于流体具有惯性，后续流体仍继续以原有速度 u_x 流动，进入 Δs 区域中，使先进入 Δs 区域的流体受压缩，压力突然增加，这个突然增加的压力称为水击压力或水锤压力，如图 2-6 所示。

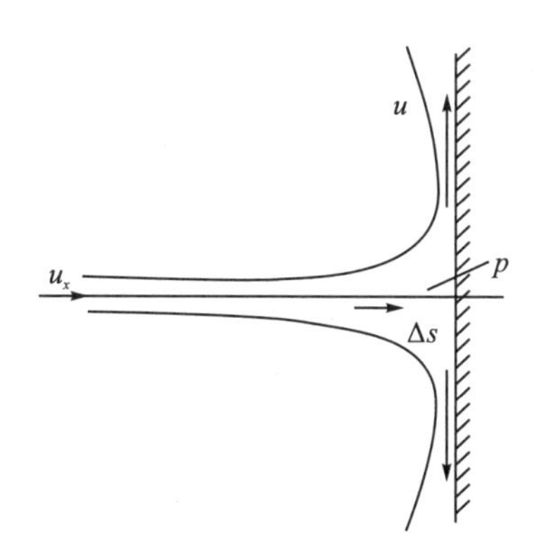

图 2-6　水击压力产生过程

由于在射流与材料接触面的液固边缘的液体能够径向自由流动，因而随着液固接触面边缘液体的径向流动，液体压力得以释放,这时材料表面受冲击区产生微变形恢复，液体与材料作用过程极短，小于微秒。随后射流流体又与材料接触，由于受阻速度突然降低，压力突然升高，然后又因流体边缘可以自由向外作径向流动使得压力下降，Δs 段内流体压缩状态解除，如此反复，其周期取决于产生的压缩波传播的速度，射流断面半径的长短。液体与材料相互作用过程中最高压力维持时间极短，不足微秒，这与射流压力、射流速度、射流结构及压缩波速有关，实际上最大压力持续时间也是压缩波由固液接触面边缘传至中心所需的时间。

现对上述射流撞击材料表面受阻速度突变而产生的水击压力 Δp 进行计算。设材料受突增压力作用，压力不是很高，而且作用时间很短，不足微秒。在很大的材料平面上射流与材料接触区域很小，材料发生变形，向内产生微小凹陷，变形很微弱，为了简化计算，忽略不计。磨料单向等效流体射流面积为 A，等效单相流体的密度为 ρ，则厚度为 Δs 的一段流体的质量为

$$m = \rho A \Delta s \tag{2-6}$$

当此部分流体与材料接触发生碰撞时速度由 u_x 降至零，在 Δt 时间内增大的压力为 Δp，增大的总压力为 ΔpA，根据动量定理有

$$\Delta pA\Delta t = \rho A\Delta s(u_x - 0) \tag{2-7}$$

即有

$$\Delta p = \rho \frac{\Delta s}{\Delta t} u_x \tag{2-8}$$

令

$$c = \frac{\Delta s}{\Delta t} \tag{2-9}$$

其中，c 称为压力传播速度，经过 Δt 时间压力传播路程为 Δs。

则有

$$\Delta p = \rho c u_x \tag{2-10}$$

式(2-10)就是不考虑材料变形直接计算水击压力的公式，此时的水击压力是当射流与材料接触向射流上游传播，反向回来的波在射流冲击材料表面完全停止流动时还未返回至射流与材料接触表面的水击压力，称为直接水击压力，也是最大水击压力。

现对压力传播速度 c 进行分析，令 E 为等效单相流体的弹性系数，由于液体的弹性系数即为体积压缩系数 β 的倒数，即有

$$E = \frac{1}{\beta} = \frac{\mathrm{d}p}{\frac{\mathrm{d}v}{v}} \tag{2-11}$$

其中，v 为流体的体积，则在体积 v 中的流体质量 m=ρv，由于质量是守恒的，即为常数，其微分为零，因而有

$$\mathrm{d}m = \rho \mathrm{d}v + v\mathrm{d}\rho = 0 \tag{2-12}$$

即有

$$\frac{\mathrm{d}v}{v} = \frac{\mathrm{d}\rho}{\rho} \tag{2-13}$$

从而由式(2-11)得

$$E = \frac{\mathrm{d}p}{\frac{\mathrm{d}\rho}{\rho}} = \rho \frac{\mathrm{d}p}{\mathrm{d}\rho} \tag{2-14}$$

在 Δt 时间内，传播距离 Δs=$c\Delta t$，液体密度由 ρ 增加为 ρ+dρ，因而在 Δs 段内流体质

量增值为

$$(\rho+\mathrm{d}\rho)Ac\Delta t-\rho Ac\Delta t=\mathrm{d}\rho Ac\Delta t \tag{2-15}$$

Δs段流体增加量是射流尚未受到压力增加作用的流束中的流体以速度u_x流入Δs段中的结果，即有

$$\mathrm{d}\rho Ac\Delta t=\rho Au_x\Delta t$$

因而有

$$\frac{u_x}{c}=\frac{\mathrm{d}\rho}{\rho} \tag{2-16}$$

由式(2-16)得

$$\frac{\mathrm{d}\rho}{\rho}=\frac{\mathrm{d}p}{E} \tag{2-17}$$

由式(2-17)有$u_x=\frac{\mathrm{d}\rho}{\rho c}$。将$u_x=\frac{\mathrm{d}\rho}{\rho c}$及式(2-16)代入式(2-17)中有

$$\frac{\mathrm{d}p}{E}=\frac{1}{c}\frac{\mathrm{d}\rho}{\rho c} \tag{2-18}$$

从而可得

$$c=\sqrt{\frac{E}{\rho}} \tag{2-19}$$

由此可见，如不考虑材料变形，等效单相流体中压力值的传播速度为声音在液－固两相流体中传播速度。因此得到突增水击压力

$$\Delta p=\rho cu_x \tag{2-20}$$

即磨料射流冲击材料产生的直接水击压力为流体密度，音速及射流与材料接触时的轴向速度三者的乘积，在断面射流轴线上射流速度u_{m}最大，因此，该处水击压力也最大，则有

$$\Delta p_{\max}=\rho cu_{\mathrm{m}}$$

二、金属材料在磨料射流作用下破坏机理

目前，已有研究成果认为，磨料射流作用于物体表面，其原有的速度和方向均发生改变，即动量发生改变。在磨料射流中，对于像金属和岩石这样的硬质材料，固体颗粒的打击作用更为显著。实验证明，磨料射流比纯液体射流的打击作用要大得多，约为纯液体射流的5～10倍；或者说，对于同样的打击作用，磨料射流所需要的泵压要比纯液体射流所需要的泵压低得多。

磨料射流的液滴和固体颗粒接触到物体表面时，速度发生突变，从而导致液滴和颗粒的受力状态以及接触点材料内部应力场均发生改变。在接触面上产生一个极高的压应力区域，它对材料的破坏过程起着决定性作用。磨料射流作用于物体表面，破坏物体表面原有结构和状态，从而达到对材料的切割和破坏。磨料射流对物体的破坏作用不仅与射流和作用条件有关，而且与作用材料的性质密切相关。

金属材料的破坏形式主要是在剪应力作用下的塑性破坏。射流作用于材料,在其初始阶段必须具有破坏力，射流打击下材料表面中心部位产生的高压应力使材料失效。射流作

用于材料表面时，一个极大的力施加在材料表面一个很小的区域内，使其变形，如图 2-7 所示。材料内应力随射流压力增加而增加，在射流边界上产生拉应力而形成周向裂纹。因此，在这一区域内形成的应力达到临界值时（区域 I），裂纹伴随切屑从材料的表面扩展，随着作用力进一步增加，距材料表面一定深度（区域Ⅱ）即 β 角所限制的范围内形成的剪应力导致裂纹进一步扩展直至相互连通，最终由于射流和磨料的冲击使材料破坏产生的微粒迅速从材料本体分离出来。

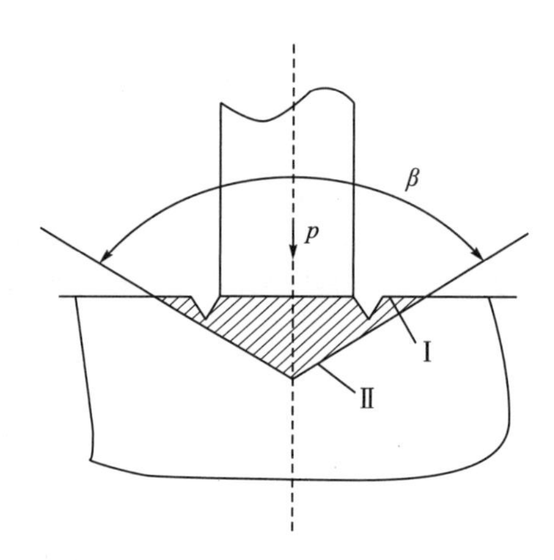

图 2-7　受射流冲击的硬质表面的失效原理

图 2-8 所示为钢板在工况为泵压 p=30MPa、排量 Q=0.11m^3/s、喷嘴直径 d=3.5mm 时磨料射流冲击破坏后的形状。由于冲击作用，材料表面首先形成一凹陷区，如图 2-8(a) 所示。凹陷区呈浅碟形，中间区域较深，而沿内部边缘有一极度破坏的环形区域。这些变形区的面积同承受射流作用的面积一致而大于射流初始截面积。在第二阶段钢板受磨料射流冲击时材料微粒不断从材料表面脱落，破坏区的面积与开始时相同，而凹陷深度却大大增加了，如图 2-8(b) 所示。图 2-8(c) 所示为钢板完全穿透时的情形。

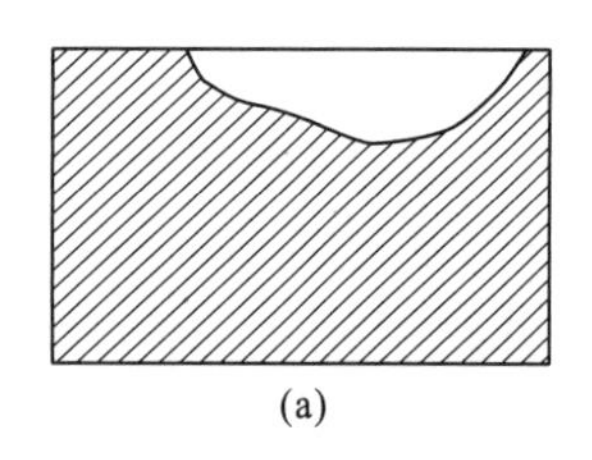

(a)

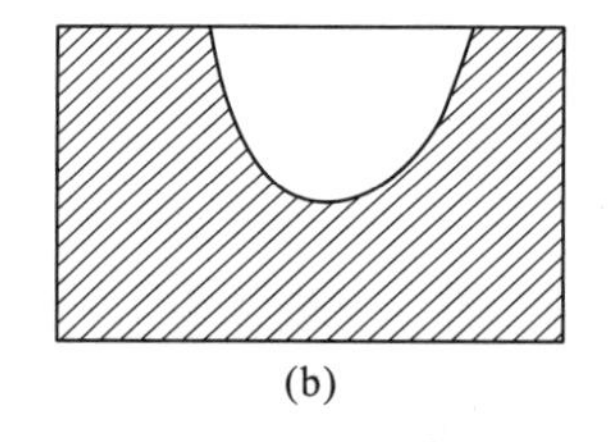

(b)

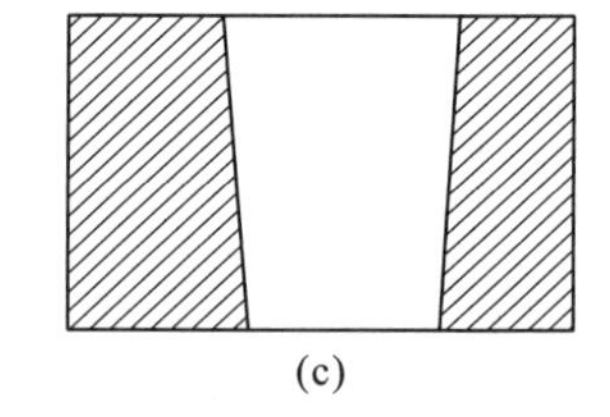

(c)

图 2-8　钢板受磨料射流冲击

金属材料在射流作用下的破坏显然是水射流及磨料颗粒对材料表面碰撞而产生的，是固体力学中的接触问题。磨料射流对材料进行切割，材料表面同时要受到水滴及磨料颗粒的撞击，由前文分析得知，采用石英砂作为磨料，其密度为水密度的 2.5～2.6 倍，因而其撞击材料的力也大于水的撞击力，材料破坏将主要是由于磨料颗粒撞击而引起的，水起到促进和扩大破坏的作用。

三、岩石在磨料射流作用下的破坏机理

1. 受冲击时岩石失效的原因

已有研究成果认为，岩石材料的破坏形式主要是在拉应力作用下的脆性破坏，具体表现为径向裂纹、锥状裂纹和横向裂纹的扩展。岩石在射流的撞击下同样在打击区正下方某一深度处将产生最大剪应力，打击接触区边界周围产生拉应力。由于岩石的抗拉强度比其抗压强度小 16～80 倍，抗剪强度比抗压强度小 8～15 倍，打击产生的压应力达不到岩石的抗压强度，而拉应力和剪应力却分别超过了岩石的抗拉和抗剪的权限强度，在岩石中形成裂隙。裂隙形成和交汇后，水射流将进入裂隙空间，在水楔作用下，裂隙尖端产生拉应力集中，使裂隙迅速发展和扩大，致使岩石破碎。另外，流体对材料的穿透能力也是影响材料破坏过程的一个重要因素。流体渗入微小裂隙、细小通道和微小孔隙及其他缺陷处，降低了材料的强度，有效地参与了材料的失效过程。同时，液体穿透进入微观裂隙，在材料内部造成了瞬时的强大压力，在拉应力作用下，使微粒从大块材料上破裂出来。由于所有的固体材料都是由不同程度的微观裂纹开始破坏的，因此这些微观裂纹对材料的强度和失效的特性有明显的影响。在磨料射流连续不断地打击作用下，材料内部以及延伸到表面的裂纹数量会逐步增加，这些裂纹的生成与扩展，最终导致材料局部的破坏，实现对材料的切割。

但是更多的研究者认为，磨料射流冲击于岩石的表面，使岩石的应力具有动力特性。磨料射流对岩石的冲击作用而形成应力波，使射流冲击的附近岩石发生破坏。下面通过磨料射流冲击产生的应力波对岩石的作用来分析岩石破坏的机理。

2. 压缩波对岩石的破坏作用

磨料射流进行井下切割时，射流与套管、水泥环和岩体组成的综合体表面(即套管表面)进行碰撞，其冲击的综合体均不是刚体。当射流与综合体碰撞时均发生压缩变形，部分动能转变为应变能，射流不能立即与综合体脱离接触，而在射流及综合体弹性恢复力作用下，射流才能弹开，从而在射流与综合体之间产生压缩波，即纵波，而在接触区域以外的介质中还将产生横波。波在传播至两种交接面时，部分透射，而另一部分反射、折射使材料产生拉伸；当压缩波碰到介质自由表面时，反射后即对材料形成拉伸。岩石和水泥环都是抗拉强度很低的材料，很可能受拉伸作用而破坏。另外，当射流工作压力很高时，射流作用到靶件上压力是材料抗压强度很多倍时，其也会受到破坏，即发生侵彻过程。因此，有必要研究射流撞击材料表面产生的应力波。

磨料射流中的声速为 c_m，密度为 ρ_m。假设：声波在磨料射流中传播没有能量损失；静态压强 P_m、静态密度 ρ_m 都是常数；声波传播时不产生热交换；传播的是小振幅声波，即声压 p 远小于静态压强 P_m，质点速度 u 远小于声速 c_m，质点位移远小于声波波长。则有射流波动的基本方程为：

运动方程：

$$\rho\frac{\mathrm{d}u}{\mathrm{d}t}=-\frac{\partial p}{\partial x} \tag{2-21}$$

连续方程：

$$-\frac{\partial}{\partial x}(\rho u)=\frac{\partial \rho}{\partial t} \tag{2-22}$$

物态方程：

$$\mathrm{d}P=c_{\mathrm{m}}^2\mathrm{d}\rho \tag{2-23}$$

式中，x 为射流的传播方向；P 为射流中的压强；ρ 为射流的密度。

射流中传播的是小振幅声波，基本方程简化为

$$\rho_{\mathrm{m}}\frac{\partial u}{\partial t}=-\frac{\partial p}{\partial x} \tag{2-24}$$

$$\rho_{\mathrm{m}}\frac{\partial u}{\partial t}=-\frac{\partial \rho'}{\partial x} \tag{2-25}$$

$$P=c_{\mathrm{m}}^2\rho' \tag{2-26}$$

式中，u 为质点速度；p 为声压；ρ' 为密度增量。

从上式中消去 ρ'，得

$$\frac{\partial^2 p}{\partial x^2}=\frac{1}{c_{\mathrm{m}}^2}\frac{\partial^2 p}{\partial^2 t} \tag{2-27}$$

$$\frac{\partial^2 u}{\partial x^2}=\frac{1}{c_{\mathrm{m}}^2}\frac{\partial^2 u}{\partial^2 t} \tag{2-28}$$

这两个方程的解为

$$p(t,x)=P_{\mathrm{i}}\mathrm{e}^{\mathrm{j}(\omega t-kx)}+P_{\mathrm{r}}\mathrm{e}^{\mathrm{j}(\omega t+kx)} \tag{2-29}$$

$$u(t,x)=U_{\mathrm{i}}\mathrm{e}^{\mathrm{j}(\omega t-kx)}+U_{\mathrm{r}}\mathrm{e}^{\mathrm{j}(\omega t+kx)} \tag{2-30}$$

式中，P_{i}、P_{r}、U_{i}、U_{r} 为积分常数，分别代表声压和速度的幅度；ω 为声波振动的圆频率；k 为波数，$k=\frac{\omega}{c_{\mathrm{m}}}$。

当磨料射流中的声波到达岩石的表面时(岩石作为半无限大体)，将产生反射和透射。如果射流垂直于岩石半无限大体表面，反射波将沿射流的反方向返回流体中，透射波将穿过岩石表面进入岩石中。

设磨料射流和岩石的特性阻抗分别为 $R_{\mathrm{m}}=\rho_{\mathrm{m}}c_{\mathrm{m}}$($\rho_{\mathrm{m}}$、$c_{\mathrm{m}}$ 分别为磨料射流的密度和声速)，$R_{\mathrm{p}}=\rho_{\mathrm{p}}c_{\mathrm{p}}$($\rho_{\mathrm{p}}$、$c_{\mathrm{p}}$ 分别为岩石的密度和声速)，如图 2-9 所示。

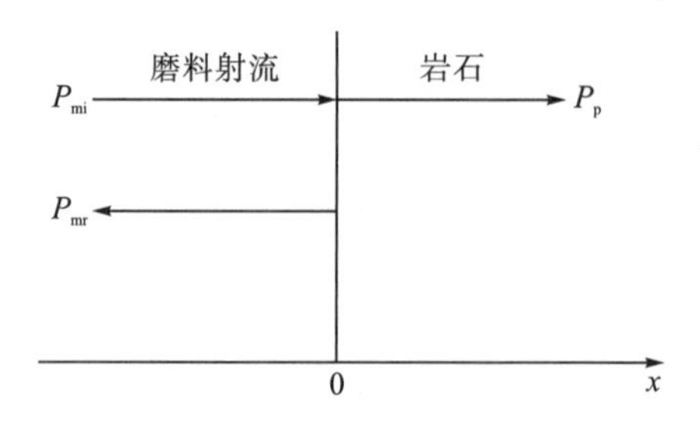

图 2-9　磨料射流垂直入射(P_{mi})时的反射(P_{mr})与透射(P_{p})

入射波：

$$u_{\mathrm{mi}} = U_{\mathrm{mi}} \exp[\mathrm{j}k(x - c_{\mathrm{m}}t)], \quad p_{\mathrm{mi}} = P_{\mathrm{mi}} \exp[\mathrm{j}k(x - c_{\mathrm{m}}t)] \tag{2-31}$$

反射波：

$$u_{\mathrm{mr}} = U_{\mathrm{mr}} \exp[\mathrm{j}k(-x - c_{\mathrm{m}}t)], \quad p_{\mathrm{mr}} = P_{\mathrm{mr}} \exp[\mathrm{j}k(-x - c_{\mathrm{m}}t)] \tag{2-32}$$

透射波：

$$u_{\mathrm{p}} = U_{\mathrm{p}} \exp[\mathrm{j}k(x - c_{\mathrm{p}}t)], \quad p_{\mathrm{p}} = P_{\mathrm{p}} \exp[\mathrm{j}k(x - c_{\mathrm{p}}t)] \tag{2-33}$$

式中，

$$U_{\mathrm{mi}} = \frac{P_{\mathrm{mi}}}{R_{\mathrm{m}}}, \quad U_{\mathrm{mr}} = -\frac{P_{\mathrm{mr}}}{R_{\mathrm{m}}}, \quad U_{\mathrm{p}} = \frac{P_{\mathrm{p}}}{R_{\mathrm{p}}}$$

在 x=0 的分界面处声压连续，质点速度连续，即：

$$(u_{\mathrm{mi}} + u_{\mathrm{mr}})_{x=0} = (u_{\mathrm{p}})_{x=0} \tag{2-34}$$

$$(p_{\mathrm{mi}} + p_{\mathrm{mr}})_{x=0} = (p_{\mathrm{p}})_{x=0} \tag{2-35}$$

因此，得到

$$U_{\mathrm{mi}} + U_{\mathrm{mr}} = U_{\mathrm{p}} \tag{2-36}$$

$$P_{\mathrm{mi}} + P_{\mathrm{mr}} = P_{\mathrm{p}} \tag{2-37}$$

所以透射波声压和质点速度幅值分别为

$$P_{\mathrm{p}} = \frac{2P_{\mathrm{mi}}R_{\mathrm{p}}}{R_{\mathrm{p}} + R_{\mathrm{m}}}, \quad U_{\mathrm{p}} = \frac{2U_{\mathrm{m}}U_{\mathrm{m}}}{R_{\mathrm{p}} + R_{\mathrm{m}}}$$

透射波在岩石中传播的质点速度为

$$u_{\mathrm{p}} = U_{\mathrm{p}} \exp[\mathrm{j}k(x - c_{\mathrm{p}}t)] \tag{2-38}$$

由波动引起的应变为

$$\varepsilon_x = -\frac{u_{\mathrm{p}}}{c_{\mathrm{p}}} = -\frac{U_{\mathrm{p}}}{c_{\mathrm{p}}} \exp[\mathrm{j}k(x - c_{\mathrm{p}}t)] \tag{2-39}$$

波动引起的正应力为

$$\sigma_x = (\lambda + 2G)\varepsilon_x = -(\lambda + 2G)\frac{2U_{\mathrm{mi}}\rho_{\mathrm{m}}c_{\mathrm{m}}}{(\rho_{\mathrm{m}}c_{\mathrm{m}} + \rho_{\mathrm{p}}c_{\mathrm{p}})c_{\mathrm{p}}} \exp[\mathrm{j}k(x - c_{\mathrm{p}}t)] \tag{2-40}$$

式中，λ、G 为岩石的拉梅常数。

波动引起的最大正压力为

$$\sigma_{x,\max} = (\lambda + 2G)\frac{2P_{\mathrm{mi}}}{(\rho_{\mathrm{m}}c_{\mathrm{m}} + \rho_{\mathrm{p}}c_{\mathrm{p}})c_{\mathrm{p}}} \tag{2-41}$$

可见，由于射流的波动引起岩石的波动，波动引起的正应力可由式(2-40)和式(2-41)进行计算。当波动引起的拉应力超过岩石的抗拉强度时，岩石即发生拉伸破裂，从岩体上分离。此现象又常称为“脱痂”。

当 λ=200MPa，G=200MPa，ρ=1340kg/m^3，c_{m}=1456.2m/s，v=230m/s，$P_{\mathrm{mi}}=v\rho_{\mathrm{m}}c_{\mathrm{m}}$=448.8MPa，$\rho_{\mathrm{p}}$=2000kg/m^3，$c_{\mathrm{p}}$=2900m/s 时，可得波动引起的最大正应力为 $\sigma_{x,\max}$=23.9MPa。

第四节　水射流切割模型

关于高压水射流切割岩石各参数之间的关系及其控制方程，目前大家公认的有三种理论模型，即 Crow 模型[11]、Rehbinder 模型和 Hashish 模型。

1. Crow 切割岩石模型

1973 年 Crow 提出了一种射流切割理论，该理论考虑了射流参数、移动速度和岩石性质。为了把岩石孔隙度对射流切割作用的影响考虑进去，Crow 还修正了这种理论，该理论的模型如图 2-10 所示。

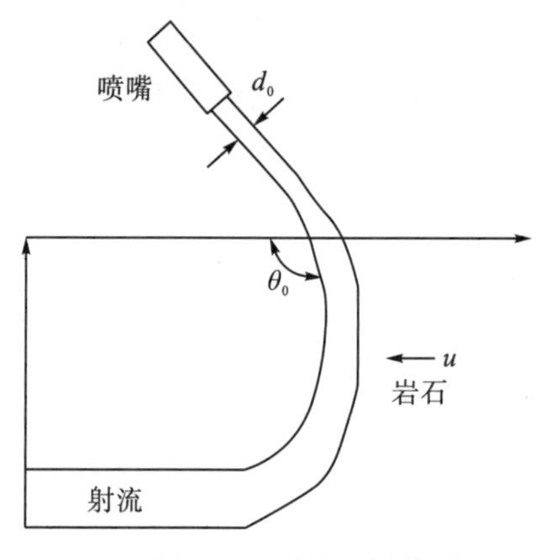

图 2-10　射流切割模型

该理论认为，当射流移动速度接近无穷大时，切割面积形成的速度将达到最大值 $(hv)_{\max}$。此极限为

$$(hv)_{\max}=\frac{2Kd_0p_0}{\mu f\mu_{\mathrm{T}}d_{\mathrm{r}}}(1-\mathrm{e}^{-\mu_{\mathrm{w}}\theta_0})\tag{2-42}$$

式中，d_0 为喷嘴直径；d_{r} 为岩石颗粒直径；f 为岩石孔隙度；K 为岩石渗透性系数；p_0 为射流压力；v 为射流移动速度；μ 为液体黏度；μ_{T} 为内摩擦系数；μ_{w} 为粗糙孔穴表面库仑摩擦系数；θ_0 为射流冲击角。

公式(2-42)表明，切割速度随岩石渗透性、喷嘴直径和射流压力的增大而增大，同时随着液体黏度、岩石孔隙度和岩石颗粒直径的增大而减小。最佳冲击角 θ 取决于 μ_{w} 和移动速度 v，其数值在 0.5π～π 之间。

Crow 发现切割理论与实验结果之间存在着矛盾。因此 Crow 提出了“液力切割岩石通用定律”。该定律是在实验基础上建立的，新理论指出切槽深度按下式变化：

$$h=\frac{n(p_0-p_{\mathrm{c}})}{\tau_0}d_0F\left(\frac{v}{c_{\mathrm{e}}}\right)\tag{2-43}$$

式中，h 为切槽深度；n 为射流切割移动次数；p_{c} 为临界射流压力，MPa；d_0 为喷嘴直径；τ_0 为岩石剪切强度，MPa；c_{e} 为理论岩石切割速度，表达式为 $c_{\mathrm{e}}=\dfrac{K\tau_0}{\mu f\mu_{\mathrm{T}}d_{\mathrm{r}}}$。

2. Rehbinder 切割岩石模型

1977 年，Rehbinder 根据假定条件，提出了另一种射流切割岩石理论。假定条件是切槽底部存在着滞止压力 p_r，其表达式如下：

$$p_0 = p_r e^{\frac{-\beta h}{D}} \tag{2-44}$$

式中，β 为经验常数；D 为切槽宽度；h 为切槽深度；p_r 为射流滞止压力。

该理论预言，当射流滞止压力超过临界压力 ($p_r>p_{th}$) 时，切槽深度公式变为

$$\frac{h}{D} = 100\ln\left(1+\frac{\beta K p_0 t}{\mu l D}\right) \tag{2-45}$$

式中，l 为岩石颗粒平均直径；t 为射流作用时间；μ 为水的动力黏度；K 为岩石渗透性参数。

射流对岩石的作用时间 t 的计算公式为

$$t = nD/W \tag{2-46}$$

式中，n 为移动次数；D 为喷嘴直径；W 为横移速度。

该理论还预言了可能达到的最大切槽深度为

$$\left(\frac{h}{D}\right)_{\max} = 100\ln\left(\frac{p_0}{p_{th}}\right) \tag{2-47}$$

3. Hashish 切割模型

如上所述，Crow 切割岩石理论包括了许多射流参数，并完善了特殊的靶件条件。但是他的理论还有局限性，并且不能用于一般设计应用中。Rehbinder 提出的类似于 Crow 的理论，其中岩石的穿透性、颗粒直径和抗拉强度被认为是影响材料冲蚀切割的重要参数。同 Crow 的理论一样，它也不能用于一般的设计应用中。1978 年 Hashish 提出了一个适用于多种材料的通用切割方程式。控制材料受抗断裂力 F_{mech} 和沿槽壁的摩擦力 F_{sh} 作用。在一定时间内的穿透深度 h 是用材料强度公式求解控制体的动量方程式而获得的。通常用 Bingham 塑性模式来描述时间和固体材料的应力-应变关系。液体-固体力学方程式被简化成一个紧凑的无量纲方程式：

$$\frac{h}{d_n} = \frac{1-\frac{\delta_y}{\rho u^2}}{2C_f/\sqrt{\pi}}\left[1-e^{-\frac{2C_f \rho u^2}{\sqrt{\pi}\eta w}}\right] \tag{2-48}$$

式中，h 为切割深度；d_n 为喷嘴出口直径；δ_y 为压缩屈服极限；C_f 为液动力摩擦系数；w 为进给速度；η 为阻尼系数。

第五节　影响水射流切割性能的因素

水射流切割破碎物料的过程非常复杂，其原因是影响切割性能的因素很多。影响水射流切割性能的因素大体上可分为三个方面，即切割条件(参数)、水射流特性、物料的特性。

切割条件是指水射流在什么条件下切割冲击物料。切割条件包括射流压力，喷嘴直径、喷距、喷嘴横移速度、切割次数、喷射角度及喷嘴出口所处环境等因素。

水射流特性是指高压水泵及其附属装置、喷嘴形状和尺寸，水射流中的添加剂等。例如，喷嘴的收缩角和直线段长度对水射流特性的影响；加入少量高分子聚合物将抑制水射流的扩散，增加其密集性等。

被切割物料的特性包括许多指标。强度特性包括抗压、抗拉、抗剪强度、坚固性系数及被破坏韧性等。物理特性包括密度、弹性模量、渗透性和孔隙度等。另外，被切割物料的微观组织和结构，也是影响水射流切割性能的重要因素。

影响水射流切割性能的因素不但多，而且这些因素之间还存在相互制约和影响，这给研究带来了更大的困难。这里仅对其中影响较大的有关因素进行简要分析。

1. 射流压力对切割性能的影响

水射流的喷射压力反映了水射流的难度，它是影响水射流切割破碎能力最重要的参数。大量实验证明，水射流冲击物料时，存在着一个使物料产生破坏的最小喷射压力。当水射流压力小于这个压力时，物料只能产生塑性变形而几乎不被破坏；当射流压力超过这个压力时，物料产生跃进式破坏。我们把这个使物料产生明显破坏的水射流压力称为门限压力，物料破坏的门限压力与物料的特性有关。日本山门宪雄等认为岩石的门限压力与岩石坚固性系数成正比，日本松木浩二等的实验表明，岩石的门限压力与岩石的抗拉强度有较好的线性关系。

2. 喷嘴横移速度对切割能力的影响

喷嘴横移速度是影响水射流切割性能的因素中唯一与时间有关的一个因素，其实质是反映水射流随物料的冲击时间。研究表明，横移速度越小，切割深度越大，但横移速度进一步增加时，切割深度减小并不明显，最后稳定在某一切割深度上。也就是说喷嘴在保持较高的横移速度下仍可保持一定的切割深度。水射流冲击物料时，物料的初始破坏发生在极短的几毫秒以内，随后的时间是使切割深度不断增加，但增加幅度减小。这是由于水射流冲击时间越长，在切割沟槽内聚集的压力越多，这些压力水起到“水垫”的作用，从而减弱了射流破碎能力。

3. 喷距对水射流切割能力的影响

由水射流的结构可知，水射流的结构是随着喷距的加大而发生变化的。喷距是指水射流喷嘴出口至被切割物料表面的距离，因此，喷距是水射流切割中一个十分重要的参数。

日本学者小林陵二教授对水射流定点冲蚀铝板进行了系统实验，当射流压力较高时，冲蚀量随喷距增大出现两个峰值，第一个峰值表示冲击区周围的花瓣状破坏量；第二个峰值表示中心圆锥形冲蚀坑的破坏量，当射流压力或水射流速度较低时，射流外部破裂后的大水块不足以使铝板破坏，故没有第一个冲蚀峰值。

水射流定点冲蚀(破碎)和切割物料时，喷距对切割能力的影响规律是不同的。喷距对切割能力的影响，根据不同的射流条件(压力，喷嘴直径)，不同的使用目的(切割、破碎、清洗)以及不同的切割对象，可找出一个最优(合理)的喷距。

4. 喷嘴直径对切割能力的影响

在保持射流压力不变的条件下，加大喷嘴直径则增大了水射流所携带的能量，岩石将容易被破坏，切割深度也将增加。

5. 水射流冲击角对切割能力的影响

水射流冲击角度是指切割平面内，水射流的冲击方向与喷嘴至冲击物表面垂线之间的夹角。实验表明，在其他条件相同时，水射流垂直冲击物料时(冲击角为 0°)，将得到较大的切割深度。随着冲击角的加大，切割深度将逐渐减小。这是由于过大的冲击角加剧了射流的反射作用，从而降低了射流的冲击能力。

6. 重复切割次数对切割能力的影响

实验证明，射流对某一定点的冲击次数对切割深度的影响与水射流冲击物料的时间对切割深度的影响相似。在一个切槽内切割时，最初的几次(4～6 次)切割起主要作用，这时切割次数对切割深度的影响显著。此后，若再增加切割次数，切割深度虽有所增加，但增量较小；当切割深度达到某一数值后，切割深度将不再受切割次数的影响。重复切割岩石时，随切割次数的增加，切槽深度增量的衰减程度取决于岩石的坚固性。一般情况下，在移动速度相同的条件下，岩石越坚固，切割增量的衰减就越慢。因此对硬岩石来说，采用水射流重复切割方式更为有效。

7. 材料强度特性对切割能力的影响

射流切割过程应区别两种基本失效形式：一种是断裂破坏，是由于拉伸破坏引起的；另一种是剪切破坏，是由于剪切应力引起的。脆性材料在高负荷速率(大于 500m/s)下失效，通常表现为第一种失效形式。在这种情况下，需要计算拉伸强度σ_t。脆性材料的抗断裂能力很容易由抗弯强度 Δ_y 表示。第二种失效形式可由抗压强度表示，因为被压缩的脆性材料失效形式为剪切，所以脆性材料的抗剪能力通过抗压极限强度δ_c来确定。

水射流在切割过程中材料特性的基本参数是抗拉强度、抗压强度、抗弯强度、特征冲击韧性、弹性模量和硬度。

切割力主要取决于被加工材料的抗拉强度。可以推断，在水射流切割过程中，抗拉应力对切割区材料失效是最重要的。

包括塑性材料在内的所有固体材料的破坏都是由不同程度的裂缝开始穿透的。这些裂缝对材料的强度和失效特性有明显影响。在外部应力作用下，特别是当失效应力超过材料强度时，材料内部以及延伸到材料表面的裂缝数量均有所增加。由于是用水作业，液体穿透进入微裂缝，在材料内部造成了瞬时的强大压力，其结果是在拉伸应力作用下，使微粒从大块材料上破裂出来。

8. 工作介质成分对射流切割能力的影响

清水作为射流切割的常用介质，自然是最廉价，最可行且无害的液体，但水对金属设备部件有腐蚀作用，因而液力系统中不宜使用标准泵。

加工不同材料要求应用不同成分的工作液体。在水中加入不同添加剂，能保证最大的射流凝聚性并增加喷嘴出口处的速度。

大量的实验数据表明，在水中加入某些高分子聚合物，如浓缩纤维素、聚丙烯酰胺、Polyoxiethylence Suphyte 聚酯、天然树脂等可以提高射流切割效率。

9. 水射流切割物料时的比耗能

1) 水射流与机械刀具联合作业

采用射流机械刀具联合破碎，即可以降低水射流的工作压力，又可以减少刀具的切割力，并冷却润滑机械刀具，延长刀具寿命。

2) 调制新型射流，提高能量利用率

近十年来，为了提高射流能量利用率和提高射流的工作效率，改变射流结构，先后研究出了添加剂射流、磨料射流、空化射流及自激振荡气蚀射流等新型射流。

3) 合理选择水射流切割参数，提高射流能量利用率

在水射流切割中，射流压力，喷嘴横移速度和喷距是最主要的三个参数，就射流压力而言，切割深度与射流压力成正比，而射流功率与射流压力的 3/2 次方成正比。因此，对降低比耗能比而言，射流压力既不能太低，也不能太高。一般射流压力的理论最佳值为 $3P_c$（P_c 为门限压力）。对横移速度而言，提高喷嘴横移速度会减小切割深度，但会增大切割面积，降低比耗能。喷距通常是影响射流切割效率的重要参数，也是影响射流能量利用率的重要因素。在射流切割、破碎和清洗作业时，必须在最佳喷距范围内进行作业，水射流在空气中进行作业时，有效喷距范围较大[L_0=(15～100) d_0],易于掌握和控制；而水射流在水中作业时，有效喷距范围较小[L_0=(5～8) d_0],有时在实际作业时难以控制。

4) 研究被切割物料的破坏特性和机理，提高射流的切割能力

根据射流作业的不同目的，研究水射流对不同物料的切割破碎和清洗机理，选用不同的参数配合和选用不同的射流类型，以提高射流的能量利用率。

参 考 文 献

[1] 李根生, 沈忠厚. 自振空化射流理论与应用. 北京: 中国石油大学出版社, 2008.

[2] 沈忠厚. 水射流理论与技术. 东营: 石油大学出版社, 1998.

[3] 张永利, 于鸿椿, 何翔. 磨料两相射流理论及在油井增产中的应用. 沈阳: 东北大学出版社, 2010.

[4] 孙家俊. 水射流切割技术. 徐州: 中国矿业大学出版社, 1992.

[5] 薛胜雄. 高压水射流技术与应用. 北京: 机械工程出版社, 1998.

[6] Li X H, Wang J, Lu Y , et al. Experimental investigation of hard rock cutting with collimated abrasive water jets. International Journal of Rock Mechanics & Mining Science, 2000, (37): 1143-1148.

[7] 倠谟慎, 孙家俊. 高压水射流技术. 北京: 煤炭工业出版社, 1993.

[8] 王明波. 磨料水射流结构特性与破岩机理研究. 青岛: 中国石油大学(华东), 2006.

[9] 张永利. 水力喷砂割缝增产增注技术的作用原理及展望. 钻采工艺, 1998, 21(2): 19-21.

[10] 李根生, 沈忠厚. 高压水射流理论及其在石油工程中应用研究进展. 石油勘探与开发, 2005, 32(1): 96-99.

[11] Crow S C. A theory of hydraulic rock cutting. International Journal of Rock Mechanics Mining Science & Geomechanics, 1973, 10: 567-584.

第三章　井底高压磨料射孔机理研究

近年来，高压磨料射流技术已在煤炭、冶金、航空等十几个行业得到迅速发展，由于其自身独有特点和优点，被认为是 21 世纪新的加工工具[1]。在石油工程领域，该技术已在油气钻探、油藏开采、储层增产等方面获得广泛应用[2-6]，大幅提高了油气井产量。同时在提高作业效率和安全性、保护油气藏等方面优势明显。

将磨料射流用于油气井射孔，工艺实施过程虽相对简单，但包含了丰富的流动机理。本章是水力喷射分段压裂工艺的理论基础，将依据室内实验，结合计算流体力学方法，对井底高压磨料射流工艺过程中井底流场的状态进行研究，得到射流形态、击穿套管及地层孔道的变化发展规律，可为后续射流增压机理研究提供一定的基础。

第一节　室 内 实 验

一、实验原理

高压磨料射流实验原理：通过调压阀门控制高压泵出口端输送液体的压力 P_i，同时调整实验装置出口压力 P_o，二者之差便是所需的喷嘴压降，并且出口压力形成实验所需的围压。磨料罐的控制阀可以使磨料均匀地从磨料罐混入高压水中，二者在高压管线中进一步混合流动，直到均匀地经过喷嘴高速喷出，产生高速磨料水射流。实验原理如图 3-1 所示。

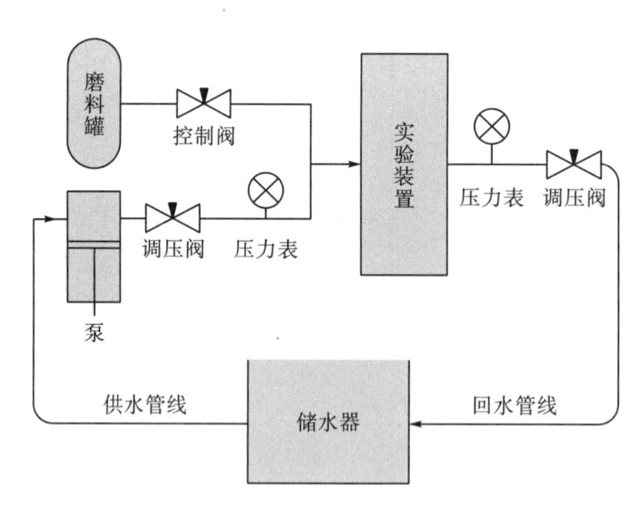

图 3-1　喷砂射孔实验原理示意

二、实验装置

该实验装置用于岩芯喷射实验研究，要求工作性能可靠，能够有效地产生各种围压，且易于操作。主要参数：最高工作压力为 20MPa，内孔径 220mm，内孔长度 1600mm。结构如图 3-2 所示。

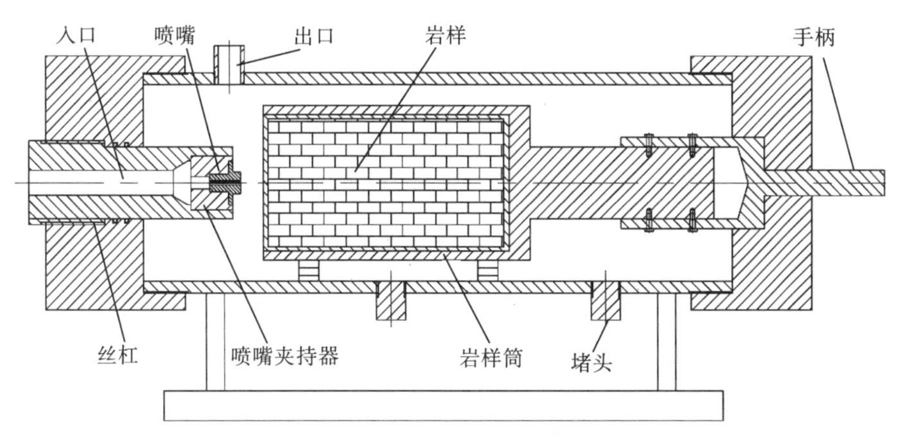

图 3-2　水力喷砂射孔实验装置

三、实验试件

本实验所采用的碳酸盐岩岩芯结构与尺寸示意如图 3-3、图 3-4 所示。

另外，需使用壁厚 9.2mm，直径为 Φ139.7mm 的套管片；磨料选用 20/40 目石英砂。

图 3-3　岩芯照片

图 3-4　套管片照片

第二节　数值计算方法

采用雷诺应力平均方程求解时间平均流体流动，对于三维稳态不可压缩湍流流动，密度为常数[7-9]。

一、控制方程

1. 质量守恒方程

$$\frac{\partial U_i}{\partial x_i}=0 \tag{3-1}$$

2. 动量守恒方程

$$\frac{\partial(\rho U_i)}{\partial t}+\frac{\partial(\rho U_i U_j)}{\partial x}=-\frac{\partial P}{\partial x_i}+\frac{\partial}{\partial x_j}\left\{(\upsilon+\upsilon_{\mathrm{t}})\left(\frac{\partial U_i}{\partial x_j}+\frac{\partial U_j}{\partial x_i}\right)\right\}+f_i \tag{3-2}$$

式中，x_i、$x_j(i, j=1, 2, 3)$为三维笛卡尔坐标下三个方向的坐标；U_i、$U_j(i, j=1, 2, 3)$为此坐标系下的雷诺时均速度分量；t 为时间；ρ 为流体的密度；υ 为流体运动黏度；υ_{t} 为流体湍动能黏度；P 为流体微元体上的压力；f_i 为微元体上的体积力(这里仅考虑重力)。

二、湍流方程

为使控制方程求解闭合，需要使用湍流模型来获得流场中每点的湍动能黏度 μ_{t}。本书采用 k-ε 两方程模型进行联合求解，因流场视为不可压缩流动，不考虑用户定义的源项，因此采用湍流两方程模型：

$$\frac{\partial(\rho k)}{\partial t}+\frac{\partial(\rho k u_i)}{\partial x_i}=\frac{\partial}{\partial x_i}\left[\left(\mu+\frac{\mu_{\mathrm{t}}}{\sigma_k}\right)\frac{\partial k}{\partial x_j}\right]+G_k-\rho\varepsilon \tag{3-3}$$

$$\frac{\partial(\rho\varepsilon)}{\partial t}+\frac{\partial(\rho\varepsilon\mu_i)}{\partial x_i}=\frac{\partial}{\partial x_j}\left[\left(\mu+\frac{\mu_{\mathrm{t}}}{\sigma_\varepsilon}\right)\frac{\partial k}{\partial x_j}\right]+C_{1\varepsilon}\frac{\varepsilon}{k}G_k-C_{2\varepsilon}\rho\frac{\varepsilon^2}{k} \tag{3-4}$$

$$k=\frac{1}{2}\overline{u_i' u_i'} \tag{3-5}$$

$$\varepsilon=v\frac{\overline{\partial u_i'\partial u_i'}}{\partial u_j\partial u_j} \tag{3-6}$$

$$G_k=-\rho\overline{u_i u_j}\frac{\partial u_j}{\partial x_i} \tag{3-7}$$

$$\mu_{\mathrm{t}}=\rho C_\mu\frac{k^2}{\varepsilon} \tag{3-8}$$

式中，k 为湍动能；ε 为湍动耗散率；G_k 为平均速度梯度引起的湍动能 k 的产生项；$C_{1\varepsilon}$、$C_{2\varepsilon}$、C_μ 为模型常数。

方程组的求解采用压力修正算法[10,11]，空间导数选用二阶精度格式，运用 SIMPLE 算法对流场计算方程进行离散，流动假定为等温过程，不考虑能量守恒方程，具体计算采用 FLUNET 求解器进行。

第三节　井底高压射流实验结果与分析

一、淹没非自由射流形态研究

喷嘴直径 d=Φ3.5mm，喷距 L=15mm，喷嘴压降 P_j=13MPa，围压 P_o=10MPa 的情况下，喷射套管时间 t=10s，得到射流冲击套管初始孔眼形状为表面光滑的内凹圆弧小坑，如图 3-5 所示。三次实验数据结果(套管外缘直径 D_1×深度 L_h)为：Φ8mm×2.1mm、Φ8mm×1.9mm 和 Φ8mm×2.3mm。

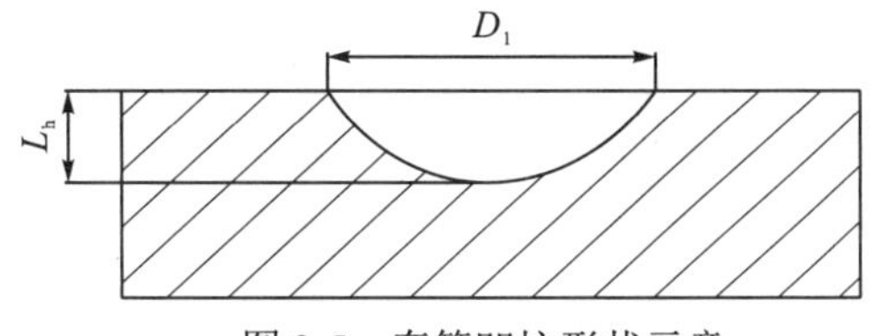

图 3-5　套管凹坑形状示意

通过以上实验数据，可知磨料射流初始阶段，Φ3.5mm 喷嘴冲击套管作用的外缘直径 D_1 为 Φ8mm。利用流场数值计算方法，研究喷射套管初始时刻淹没射流的冲击形态。由图 3-6 可知，液体经喷嘴高速射出后，开始卷吸周围液体发生能量交换，距出口距离增加射流形态不断扩散，速度急剧降低。射流外边界为直线，扩散角度近似为 6.6°。计算得到射流冲击壁面的作用直径为 Φ8.2mm，数值模拟与实验结果吻合很好，证明计算模型及边界条件选择正确。

流体在靶件上的径向和轴向速度如图 3-7 所示。射流轴心处的轴向速度为最大值，占据主导地位，也是冲击套管的主要因素。而径向速度呈现先急剧增加后缓慢衰减的趋势，这是由于在射流滞止点处径向速度为零，然后在径向压力梯度的作用下逐渐增加，在距离滞止点约 1 倍套管孔眼直径处达到最大值，此时的径向速度为射流出口速度的 26%，随后速度逐渐减小。

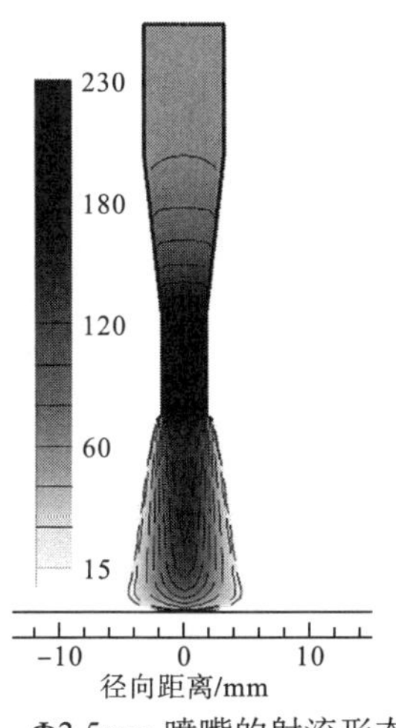

图 3-6　Φ3.5mm 喷嘴的射流形态

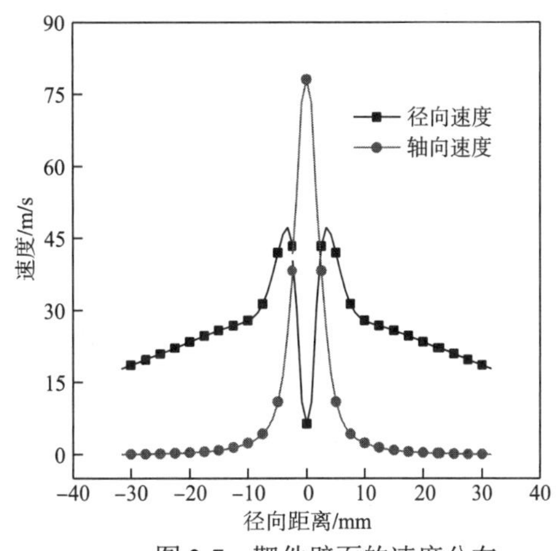

图 3-7　靶件壁面的速度分布

在径向距离为 4mm 处，射流轴向速度为 18.2m/s，该速度可视为冲击套管所需的临界门限速度 V_{ci}，低于该值就不能再切割套管。由上所述，射流初期套管凹坑形状主要由轴向速度冲击所致，径向速度辅助磨削凹坑表面。

利用上述方法分别计算获得了 Φ3mm、Φ4mm、Φ5mm 和 Φ6mm 喷嘴在 15mm 喷距下射流冲击套管时的速度和射流形态，如图 3-8 所示，初始套管孔径 D_1 分别为 Φ6mm、Φ7.2mm、Φ8.5mm 和 Φ9.8mm。

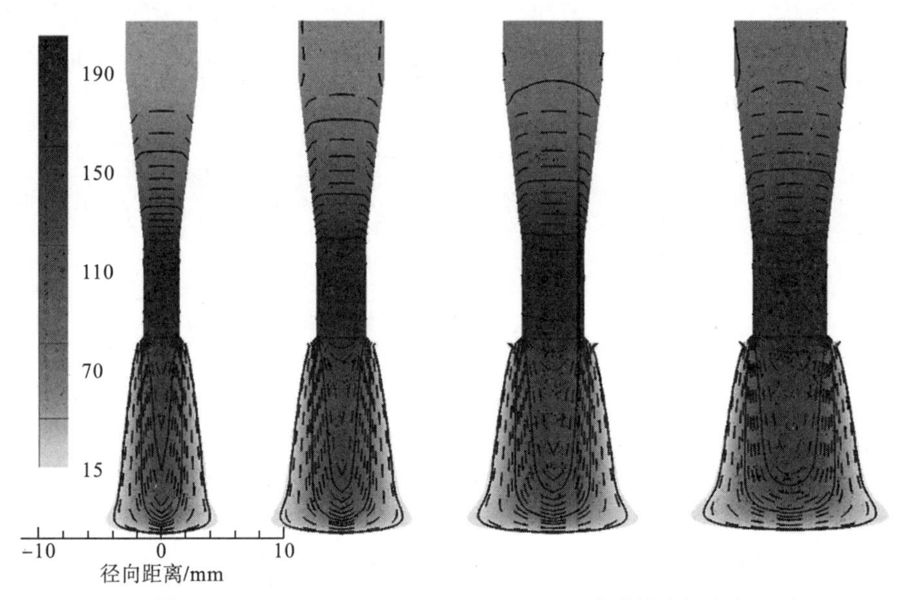

图 3-8　Φ3mm、Φ4mm、Φ5mm 和 Φ6mm 喷嘴射流的速度-形态

图 3-9 为 Φ6mm 喷嘴在 4 个等级喷嘴压降下，冲击壁面的轴向速度分布。在轴向速度 V_a=18m/s 时，套管孔眼直径 D 分别为 Φ6.1mm、Φ6.8mm、Φ7.3mm 和 Φ7.7mm。提高喷嘴压降，射流有效作用面积会增加，由射流形态可知，射流扩散角也会相应增加。

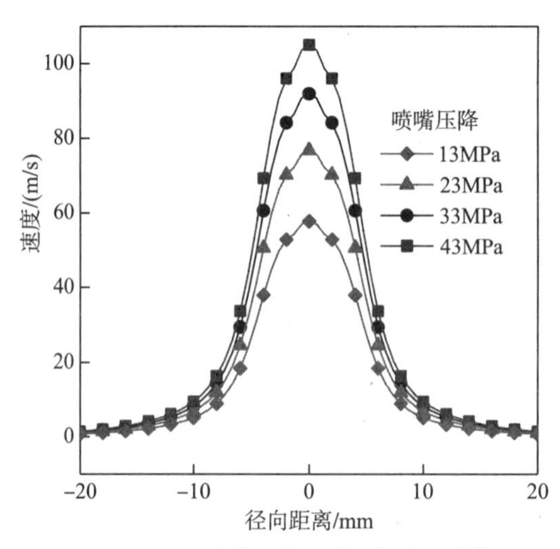

图 3-9　不同喷嘴压降下壁面轴向速度的分布

上述研究发现扩散角 θ 与喷嘴直径 d 及喷嘴压降 P_j 具有很好的正相关关系。由高压水射流公式[12]可知，两个因变量的提高实质是增加了射流所携带的能量，使得射流有效速度增加，作用于套管的面积增加。通过对不同喷嘴的射流扩散角拟合，得到关系式如下：

$$\theta = d^{0.9} P_j^{0.2} \tag{3-9}$$

进而得到射流冲击套管初始时的有效孔径 D_1：

$$D_1 = d + L\tan\frac{\theta}{2} \tag{3-10}$$

二、套管击穿过程研究

磨料射流冲击切割套管，其速度高于套管门限切割速度时，由于磨料作用，套管将被逐渐击穿。在这个过程中，射流形态也将随套管孔道形状而发生变化。利用实验，得到套管在不同射流时间情况下形状，结合数值模拟方法，研究射流场形态。

喷嘴直径 d=Φ3.5mm，喷距 L=15mm，喷嘴压降 P_j=13MPa，围压 P_o=10MPa，对壁厚为 9.2mm 的套管片进行磨料射流切割。不同喷射时间下，套管孔道形状的实验数据如下：

(1) t_1=10s, $D_1\times L_h$=Φ8mm×2.1mm

(2) t_2=40s, $D_1\times L_h$=Φ11mm×6.5mm

(3) t_3=76s, $D_1\times L_h$=Φ12mm×9.1mm

(4) t_4=82s, $D_1\times D_2$=Φ12mm×Φ6.5mm（D_2 为套管击穿后其另一面孔道的直径）

图 3-10 为四个时间点所对应的套管形状。

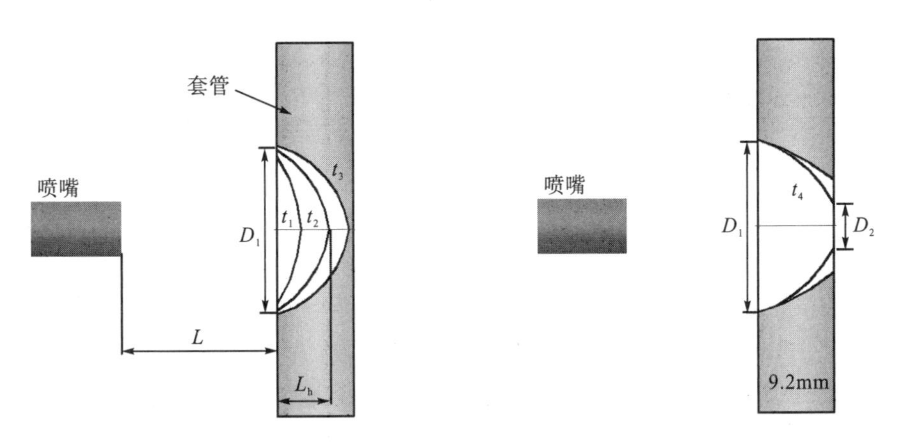

图 3-10　套管孔眼发展过程示意

结合套管变形过程的实验数据，通过流场数值模拟清楚地观察到相应时刻下射流流场的特性，如图 3-11 所示。

(1) t=0s 时，可以非常明显地观察到此类淹没射流所具有的射流区、冲击区、附壁漫流区。

①射流区。存在等速核及形态良好的射流扩散，具有普通淹没射流的性质。

②冲击区。射流冲击受到壁面限制，形成一个滞止压力区，其中心点位置压强最大，向两侧递减。该区域的存在促使射流发生转向。

③附壁漫流区。射流转向后，将附着于套管壁面流动，磨料液体对壁面有径向磨削作用。该区域具有壁面射流特征。

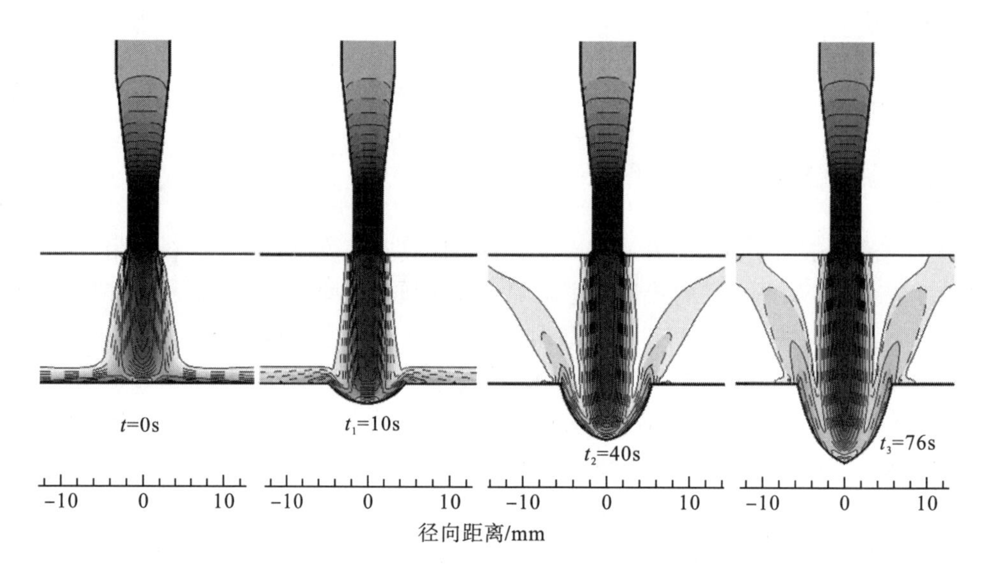

图 3-11　不同时刻套管变形-射流形态

(2) t=10s 时，在射流轴向冲击作用下，形成套管初始直径 D_1 为 Φ8mm 的凹坑，凹坑壁面与射流轴线夹角约为 65°。射流冲击凹坑底部后发生转向，开始磨削套管表面，磨削速度达到 80m/s。从此阶段开始，射流径向速度参与磨削套管孔道壁面，使其直径增大。

(3) t=40s 时，套管直径增加 3mm，套管深度增加 4.4mm，套管壁面与射流轴线间夹角减小为 40°，淹没射流场出现返溅。由于径向磨削比射流正面冲击破坏程度要小很多，所产生的套管孔道形状促使形成返溅。这使得附壁漫流区消失，转变为返溅区。

(4) t=76s 时，套管外缘直径依然为 Φ12mm，深度为 9.1mm，返溅强度和区域增加，致使液体开始冲击喷嘴周围的壁面。结合 t=86s 套管被击穿时的套管孔道形状分析可知，套管外缘直径增加使得此处过流面积增大，返溅液体径向磨削速度已低于磨削套管所需的门限速度 V_{cg}，因此 D_1 停止增加。

图 3-12 为 Φ3.5mm 喷嘴在不同喷嘴压降下套管射穿后测得的其外缘直径实验数据统计。由图可知，喷嘴压降对最终套管孔道直径 D_1 影响很小。由于喷距短，喷嘴压降所增加的扩散角度有限，冲击区域变化不大，同时当套管孔眼直径增加至一定程度，附壁磨削速度大幅下降，不再具有磨削作用，D_1 增至最大。D_1 主要与喷嘴直径和喷距相关，关系式如下：

$$D_1 = 1.6d^{0.9}L^{0.3} \tag{3-11}$$

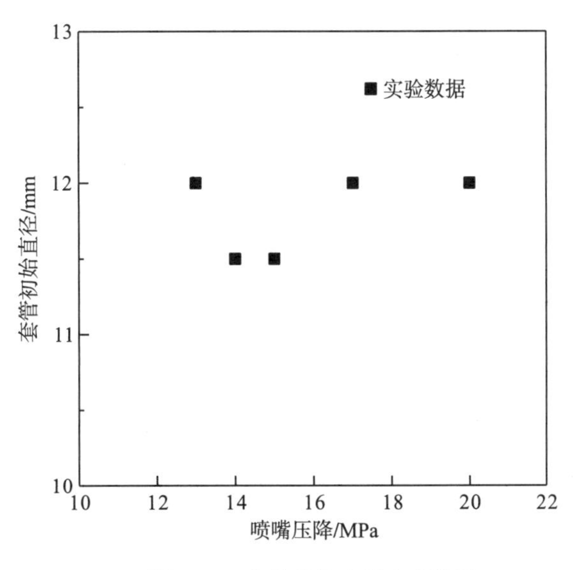

图 3-12　套管外缘直径实验数据

三、水力喷砂射孔孔道形成过程研究

高速磨料射流将套管击穿后即直接冲蚀切割近井地层岩石，水力射流对岩石的冲蚀机理会非常复杂，磨料射流冲蚀孔道的形状与工作参数、流体参数、磨料和岩石的特性参数有关，数十个因素影响最终结果[13]。本书实验所得孔道形状为中间粗两端细的纺锤形。

本节在室内实验的基础上，根据不同喷射时间下套管及孔道的形态，借助数值模拟方法，研究空间受限情况下淹没射流冲击孔道时的流场状态，为分析岩石孔道扩展提供一定的参考。喷嘴直径 d=Φ3.5mm，喷距 L=15mm，喷嘴压降 P_j=13MPa，围压 P_o=10MPa，对壁厚为 9.2mm 的套管片，长度为 140mm 的岩石进行磨料射流。不同喷射时间下，套管-岩石孔道的形状数据如图 3-13 所示。

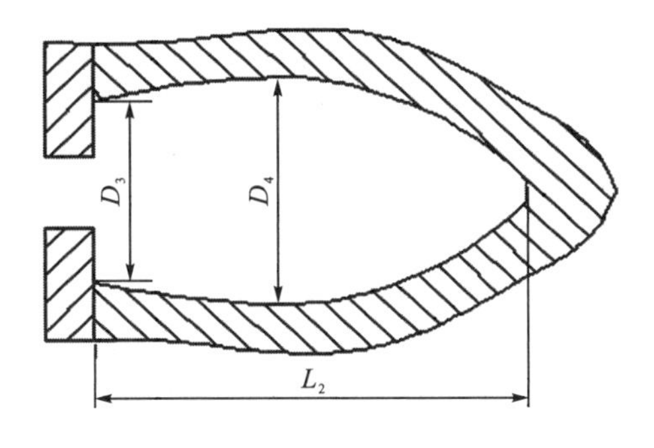

图 3-13　地层孔道形状

(1) t=82s, $D_1 \times D_2$=Φ12mm×Φ6.5 mm, $D_3 \times D_4 \times L_2$=12mm×10mm×20mm

(2) t=120s, $D_1 \times D_2$=Φ12mm×Φ8.5 mm, $D_3 \times D_4 \times L_2$=18mm×22mm×44mm

(3) t=186s, $D_1 \times D_2 = \Phi 12mm \times \Phi 12\ mm$, $D_3 \times D_4 \times L_2 = 27mm \times 32mm \times 64mm$

(4) t=240s, $D_1 \times D_2 = \Phi 12mm \times \Phi 12\ mm$, $D_3 \times D_4 \times L_2 = 36mm \times 45mm \times 83mm$

结合实验数据，通过流场数值模拟可清楚地观察到相应时刻下射流流场的速度云图，如图 3-14 所示。

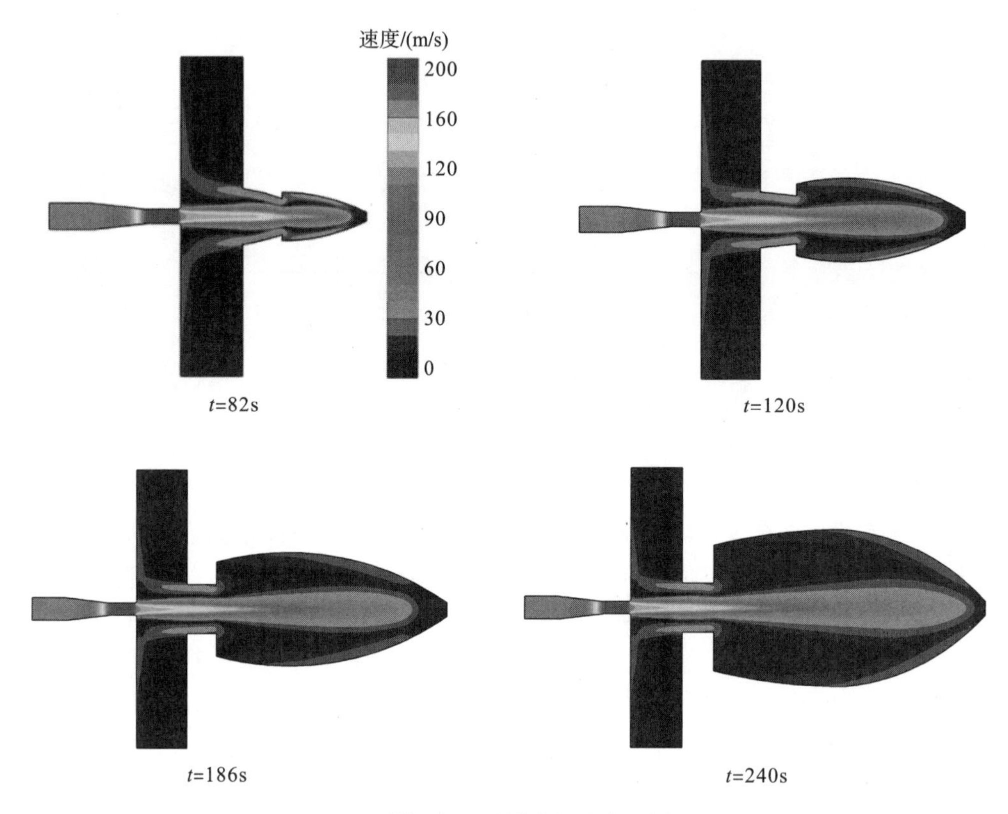

图 3-14　孔道流场速度云图

t=82s 时，套管被击穿，套管凹坑成为孔道。高速射流通过孔道直接接触岩石，因为岩石为脆性材料，耐冲击及耐磨性与套管相比差很多，沿轴向及径向快速扩展，岩石孔道入口直径 D_3 超过套管直径 D_2，这种结构决定了返回流体在此处将发生转向，并伴随强烈的磨削。在 t=120s，D_2 增加至 Φ8.5mm，在此阶段纺锤形孔道已基本形成。t=186s 时，在返回流体的磨削作用下，套管孔道直径 $D_1 = D_2$，并停止径向扩张，通过速度云图可以很好地观察到射流流场所存在的三个区域。由上分析可知，在射流作用一段时间后，地层孔道纺锤形便形成，之后按一定速率同比增加。在流体高速冲击及磨削作用下，孔道沿轴向及径向进一步扩展。t=240s 时，冲击孔壁流体速度降至 30m/s，地层孔道扩展速度减小。

图 3-15 是上述四个时间从喷嘴出口到孔道底端的射流轴心速度曲线，由图可知，轴心速度变化曲线具有很大的相似性。随着射流远离喷嘴，其速度大幅下降，同时由于孔道底端聚集的压力水所起的“水垫”作用，会减低射流速度，破坏能力减弱。

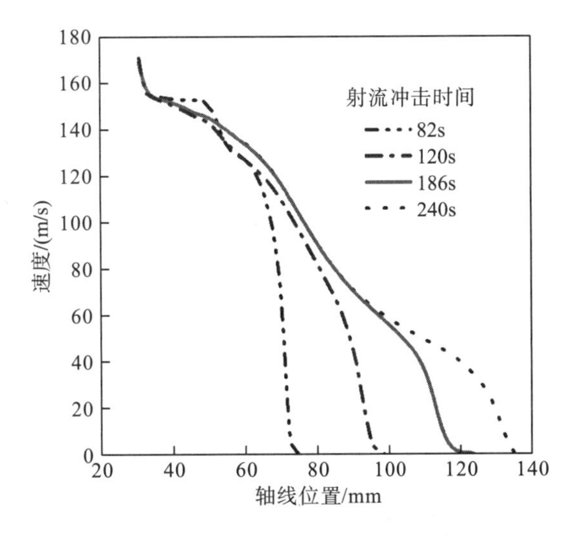

图 3-15　射流轴心速度曲线

图 3-16 是套管孔道中部垂直射流方向进入与返回流体的速度分布。随着套管孔道直径增加，过流面积增加，返回流体速度减小，这也使其两股流体之间能量损耗相应减少。由于套管孔道形状相同，t=240s 时的套管孔道内流体速度分布与 t=186s 时相同。

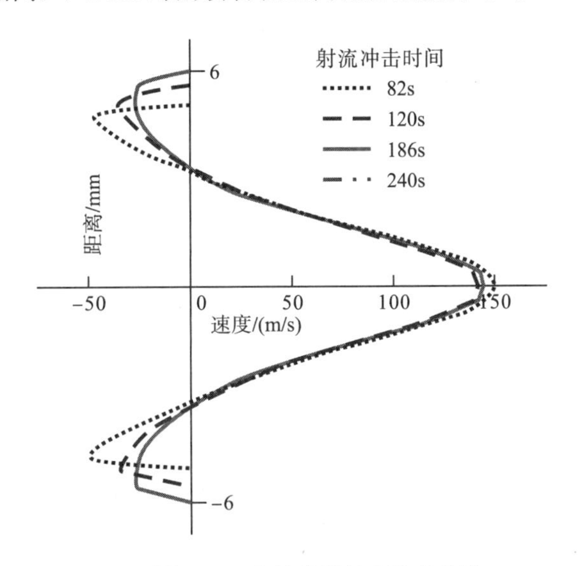

图 3-16　套管孔道轴向速度曲线

基于上述孔道形状，从射流破岩作用机理角度分析，分为三个区域(图 3-17)：Ⅰ.射流冲击区；Ⅱ.回流磨削区；Ⅲ.对流剪切区。

Ⅰ.射流冲击区。该区域主要覆盖孔道轴心区域，喷嘴高速射出的流体，经套管孔道进入地层孔道，然后依靠射流轴向速度冲击破碎岩石。地层孔道长度与冲击到岩石壁面的速度有关，岩石存在一个临界冲击门限速度 V_{ri}，低于该速度，射流轴向冲击无法继续破碎岩石。

Ⅱ.回流磨削区。射流冲击岩石后，由于射流具有很强的冲击作用，迫使返回流体须绕开Ⅰ区向两侧流动。同时受到套管壁面的限制，流体在入口区域转向于套管孔道。因此，在Ⅱ区两端的流体方向必将促成一个中间粗两头细的纺锤体。在这个过程中，高速流体及磨料颗粒将对孔道壁面产生强烈的磨削，同样岩石存在一个临界磨削门限速度 V_{rg}，大于该速度，流体壁面磨削进一步增大孔道体积。

Ⅲ.对流剪切区。高速流体从套管壁面上的孔道射入地层，返回的流体也必然从此处回到井筒，只不过射入流体处于轴心区域，返回流体处于外围包裹射流流体中。由于空间尺寸限制，两股方向相反的流体之间存在很强的剪切和对流作用，发生能量损耗。

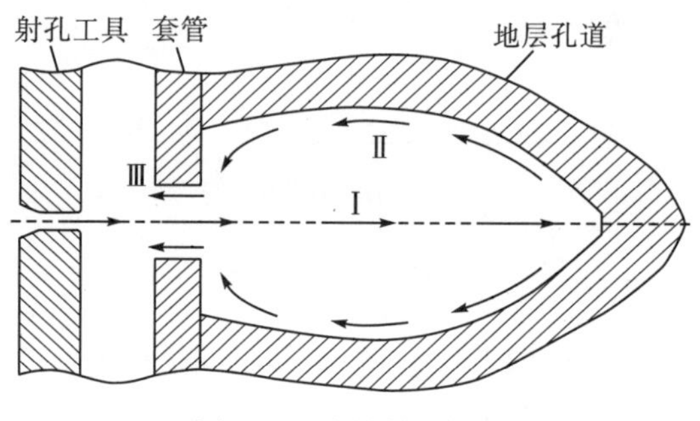

图 3-17　磨料射孔机理示意

四、水力喷砂射孔孔道极大值研究

磨料射流参数一定，射流对孔道作用一段时间后孔道体积将达到极大值，作用时间增加对孔道影响非常小。此类射流受到套管孔道以及地层孔道壁面狭小空间的限制，致使射流能量耗损剧烈，导致速度大幅衰减至小于岩石的临界冲击和磨削速度，地层孔道体积将不再增加，如图 3-18 所示。

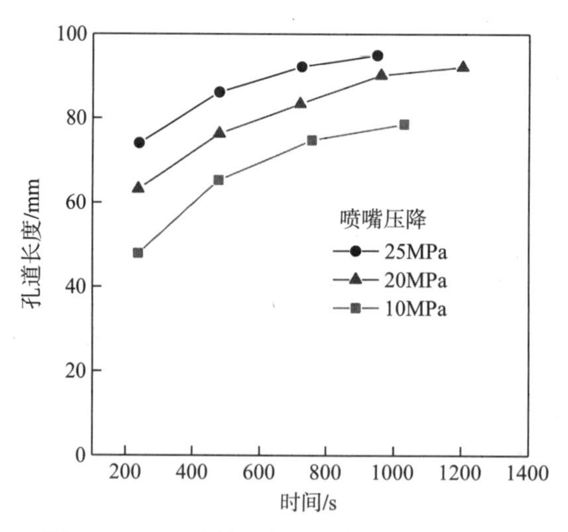

图 3-18　不同喷射压力对碳酸盐岩孔道长度的影响

实验参数为：喷嘴直径，Φ3.5mm；喷射距离，15mm；磨料参数，石英砂(20/40 目)，砂浓度，6%～8%。实验对象：套管材料+碳酸盐岩。在相同时间内，喷射压力越高，孔道越长；随着时间的延长，深度加大，但增幅趋势减弱，存在最大射孔深度。240s 时，压力值从 23MPa 上升到 35MPa，岩石的喷射深度从 34mm 增加到 74mm。压力为 30MPa 时，喷射 960s 后，再喷射 240s 深度只增加了 4mm。喷射压力值是决定地层孔道长度的关键因素。在现场施工中，施工限压范围内提高喷嘴压降，可获得较长的孔道，便于后期地层的起裂。

按照一定比例扩大纺锤体，将喷嘴压降增加至 33MPa，对喷砂射孔阶段的射流速度进行研究，流场云图如图 3-20 所示。射流进入孔道前端，速度衰减至 10m/s 以下，对岩石的冲击作用很小，孔道长度有微弱影响。

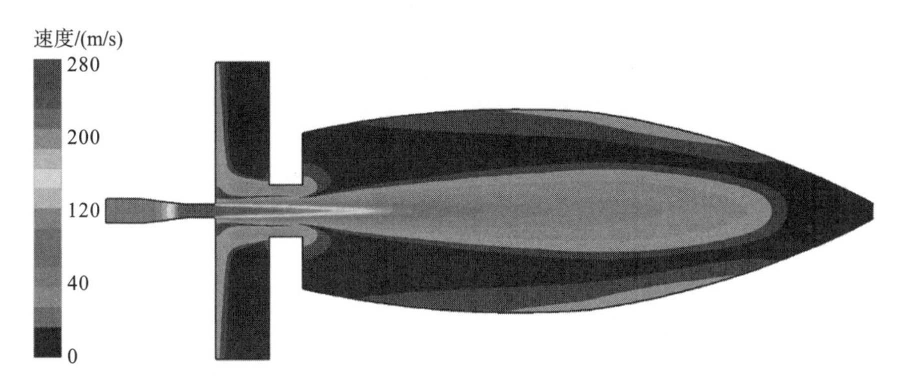

图 3-19　喷砂射孔阶段射流速度云图

当地层破裂产生裂缝后，射入流体将通过孔道进入地层。保持喷嘴压降为 33MPa，对压裂阶段的射流速度进行研究，如图 3-20 所示。高速射流进入孔道后端，速度衰减至 40～70m/s，高速磨料液体对喷砂射孔产生的孔道前端具有强烈的冲击和冲刷作用，孔道将进一步延伸。

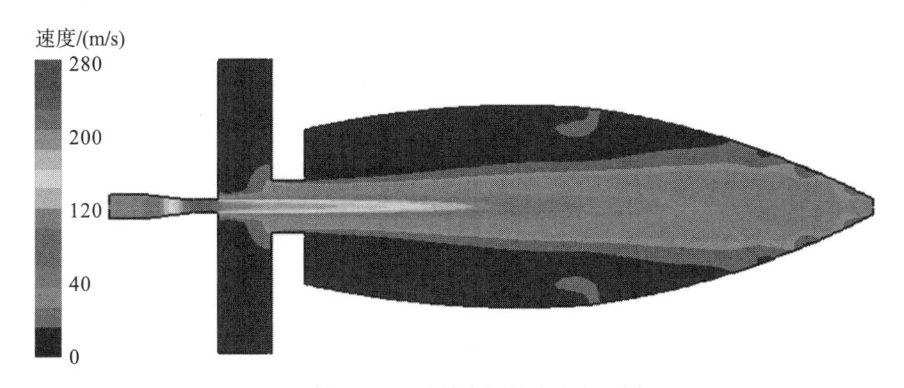

图 3-20　压裂阶段射流速度云图

参 考 文 献

[1] 李根生, 沈忠厚. 自振空化射流理论与应用. 东营：中国石油大学出版社, 2008.

[2] 王学杰, 李根生, 康延军, 等. 利用水力脉冲空化射流复合钻井技术提高钻速. 石油学报, 2009, 30(1)：117-120.

[3] 汪志明, 薛亮. 射流式井底增压器水力参数理论模型研究. 石油学报, 2008, 9(2): 308-312.

[4] 李根生, 黄中伟, 张德斌, 等. 高压水射流与化学剂复合解堵工艺的机理及应用. 石油学报, 2005, 26(1): 96-99.

[5] 袁光杰, 申瑞臣, 田中兰, 等. 快速造腔技术的研究及现场应用. 石油学报, 2006, 27(4): 139-142.

[6] 李根生, 马加计, 沈晓明, 等. 高压水射流处理地层的机理及实验. 石油学报, 1998, 19(1): 96-99.

[7] 王福军. 计算流体动力学分析——CFD 软件原理与应用. 北京: 清华大学出版社, 2004.

[8] 陶文铨. 数值传热学. 第 2 版. 西安: 西安交通大学出版社, 2001.

[9] 韩占忠, 王敬, 兰小平. FLUENT 流体工程仿真实例与应用. 北京: 北京理工大学出版社, 2004.

[10] 曲海, 梁政. 直线电机抽油泵流场数值研究. 西南石油大学学报, 2010, 2(32): 164-168.

[11] 曲海, 杨芳, 周月波, 等. 直线电机抽油泵泵阀总成工作性能分析. 流体机械, 2010, 1(38): 46-49.

[12] 沈忠厚. 水射流理论与技术. 东营: 石油大学出版社, 1998.

[13]牛继磊, 李根生, 宋剑, 等. 水力喷砂射孔参数实验研究. 石油钻探技, 2003, 2(31): 14-16.

第四章　水力喷射分段压裂增压机理研究

在室内实验的基础上，结合计算流体力学方法，得到水力喷射分段压裂孔道内的压力分布。分析喷嘴压降、喷嘴直径和套管孔眼直径对射流增压的影响，结果表明：在水力射流和套管孔眼密封的共同作用下，水力喷射产生的孔道内部存在增压现象，从而在套管压力低于地层起裂压裂下，压开地层；孔道压力随喷嘴压降和喷嘴直径的增大而增加；套管孔眼起到密封作用，能够大幅提高孔道压力，对孔道的增压影响很大；水力喷射分段压裂技术应用于裸眼井时，射流增压有限，需要提高套管压力，压裂地层。应用多元非线性回归方法，得到射流增压计算模型。

第一节　室 内 实 验

一、实验原理

为研究水力喷射分段压裂过程中的孔道压力分布及其增压机理，设计了水力喷射分段压裂室内实验方案，如图 4-1 所示。该实验由一套泵注系统向实验装置输送高压液体。实验系统的入口及出口高压管线上安装节流阀和压力表，根据压力表调整节流阀开口度，调整实验装置的入口及出口压力值，从而模拟地面不同的油管压力和套管压力。实验装置中安装有压力传感器实时获取流体压力，并将孔道压力传输至数据采集控制台。

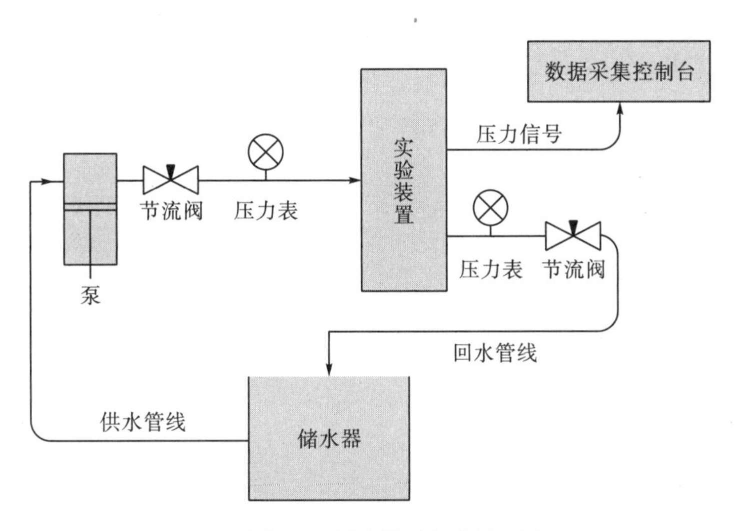

图 4-1　射流增压实验原理图

二、实验装置

为测试水力喷射过程中的孔内压力，设计了如图 4-2 所示的实验装置。该实验装置由支座、喷嘴、模拟套管、模拟孔道、丝杠以及压帽组成[1]。

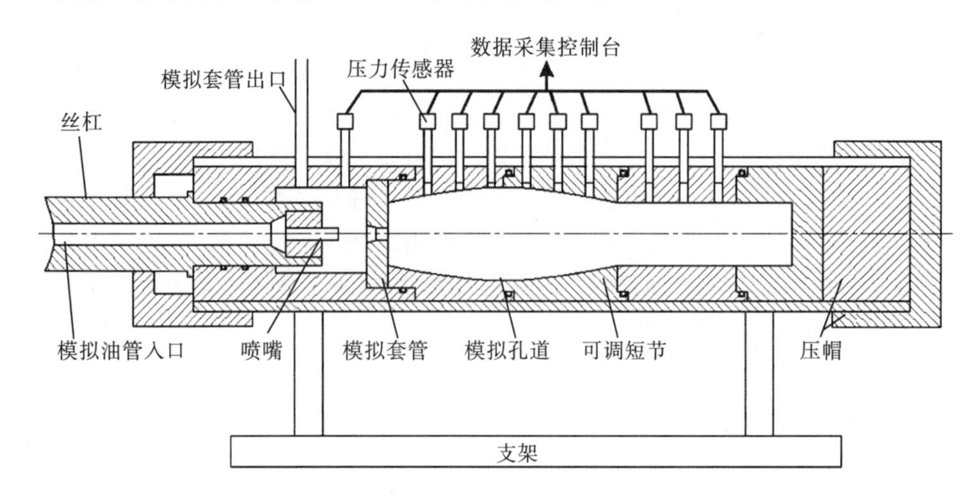

图 4-2 实验架示意图

实验装置原理：高压液体经模拟油管入口进入喷嘴，液体加速后高速射入套管环空，经模拟套管壁孔眼进入射孔孔道。模拟的地层孔道由一系列可调短节组合而成，其内表面便形成模拟孔道，每个短节上安装有压力传感器，实时监测孔道不同位置的压力数据，然后传输至数据采集控制台。液体到达孔道底端后将返回套管环空，并由模拟套管出口流出。通过调节丝杠，可以改变喷距(喷嘴与模拟套管壁的距离)；使用不同数量的可调短节进行组合，得到不同大小和深度的模拟射孔孔眼；可以方便更换喷嘴及模拟套管。

利用此装置能够测试不同喷嘴、套管孔道、喷距、孔道形状的内部压力分布，可调整参数如下：

(1) 入口压力：5.0～40.0MPa；

(2) 出口压力：5.0～40.0MPa；

(3) 喷嘴直径：Φ3mm～Φ7mm；

(4) 套管孔眼直径可以根据喷嘴直径进行调整，范围为 7.5～25mm；

(5) 模拟孔深：300～600mm 可调；

(6) 传感器布置数量：10～16 个，可同步采集数据。

实验装置组成如下：

1. 喷嘴

工作液经高压泵加压后通过喷嘴高速射出，进入模拟射孔孔眼，实现喷射压裂的模拟过程。喷嘴直径为 Φ3.0mm、Φ4.0mm、Φ5.0mm、Φ6.0mm 和 Φ7.0mm 五个系列。通过调节溢流阀，可以改变喷嘴入口压力。通过调节喷距调节丝杠，喷距可以在 0～70mm 内实现无级调节，如图 4-3 所示。

图 4-3　喷嘴安装位置

2. 模拟套管

模拟套管壁上有模拟射孔孔眼，孔眼直径可根据实验要求进行组装。不加此套管壁，可以获得裸眼时孔内的压力，如图 4-4 所示。

图 4-4　模拟套管壁面上的孔眼

3. 模拟孔道

前端孔道距离喷嘴最近，射流流场压力变化剧烈，因此采用加密压力传感器的设计方法，尽量多的获取此区域的压力数据。前端孔道布置传感器的有效距离短，为实现传感器加密布置方案，利用 Φ6mm 高压钢管连接传感器和孔道。将孔道上钢管的安装点错开，同时钢管存在一定弯度，可使得传感器之间不存在位置干扰。实现传感器加密布置，如图 4-5 所示。

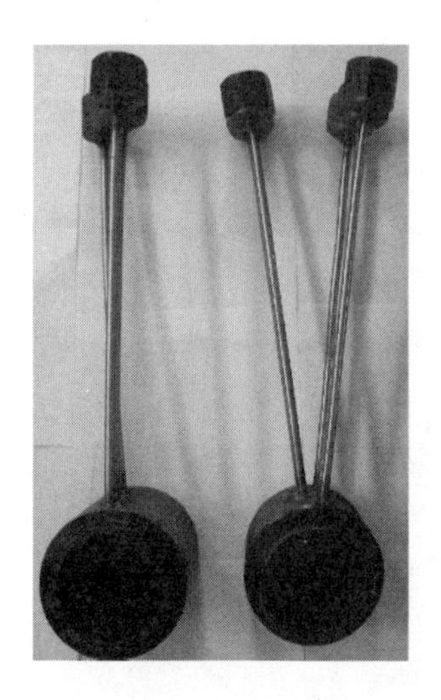

图 4-5　模拟孔道示意图

4. 组装台架

实验各部分装配完成后如图 4-6 所示。

图 4-6　组装后的实验架

第二节　射流增压机理研究

一、增压机理

如图 4-7 所示，油管下入带有多个喷嘴的喷砂射孔工具到预定层位，高压磨料浆体通过喷嘴高速射出，射穿套管，然后作用于地层。经过一段时间，地层孔道的长度达到最大值[2]。如果地层未压裂，高速流体将冲击孔道内部流体，受到其阻碍作用，致使一部分射流动能转化为射流静压能，提高了孔道压力。连续射流冲击到孔道前端，产生稳定的滞止压力，增加了孔道前端区域的压力，使得裂缝易于在孔道末端产生。返回流体必须通过套管孔眼进入井筒，同时高速射流从同一孔眼进入地层，只不过射流处于孔眼中心，返回流体处于外围。由于套管孔眼很小，返回流体与射流之间存在强烈对流作用，使得返回流体产生回流压力，进一步提高了孔道压力[3-6]。

在射流冲击作用和套管孔眼的密封作用下，孔道压力得到提高。当射流增压值 ΔP_b 与井底压力 P_a 的叠加超过地层破裂压力 P_{fb} 时，裂缝将在孔道顶端产生并向前延伸，可用公式表示为

$$P_a + \Delta P_b \geq P_{fb} \tag{4-1}$$

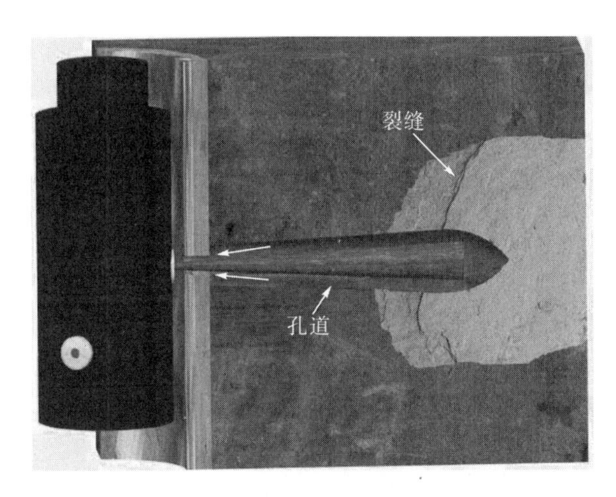

图 4-7　水力喷射分段压裂机理示意

二、孔道流场研究

射流-孔道流场数值计算采用 N-S 控制方程及 $k-\varepsilon$ 湍流方程共同求解。方程组的求解采用压力修正算法，空间导数选用二阶精度格式，运用有限体积方法对计算流场进行离散，流动假定为等温过程，不考虑能量守恒方程，具体计算采用 Fluent 软件求解器进行。

图 4-8 为 Φ6mm 喷嘴在套管孔眼分别为 Φ15mm 和 Φ23mm，并具有相同的入口与出口边界条件时实验与计算结果的比较。高压流体在喷嘴内部实现了压力能向动能的转换，到达喷嘴出口时压力达到最低值 10MPa，其值与环空压力值相同。高速流体进入套管环空，压力开始上涨，实验得到的环空压力数据与计算结果相吻合。流体经套管孔眼进入孔道，压力迅速上升并达到稳定值，该值明显比套管环空压力高，压力差值分别为 7.3MPa 及 4.4MPa，证明了射流增压现象的存在。由图 4-8 可知，数值计算结果与实验数据吻合很好，计算精度达到 98%以上，说明所采用的数值计算方法正确，能够用于不同边界条件下的计算预测。

利用相同流体数值计算方法，能够清楚地展示射流增压现象，并能获得不同条件下的压力及速度场数据，成为实验的良好补充。图 4-9 中 Φ6mm 喷嘴，套管孔眼直径为 Φ18mm，油管压力和井筒压力分别设为 40MPa 和 10MPa。孔道压力可以达到 17.4MPa，射流增压值为 7.4MPa。

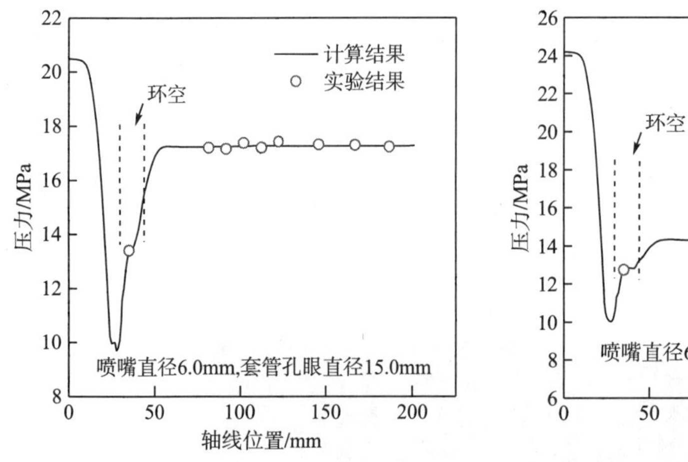

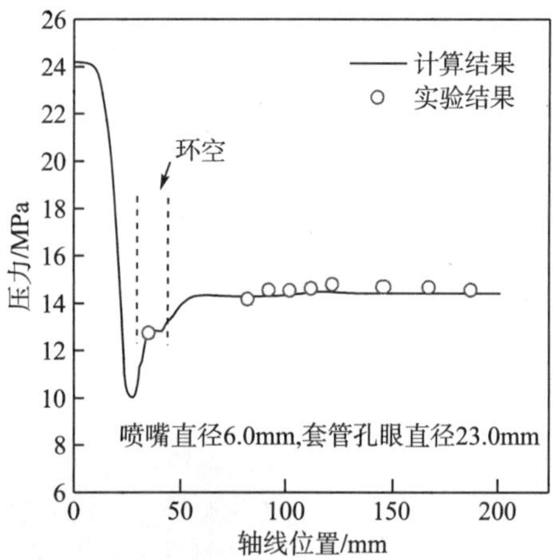

图 4-8　实验与数值计算数据对比曲线

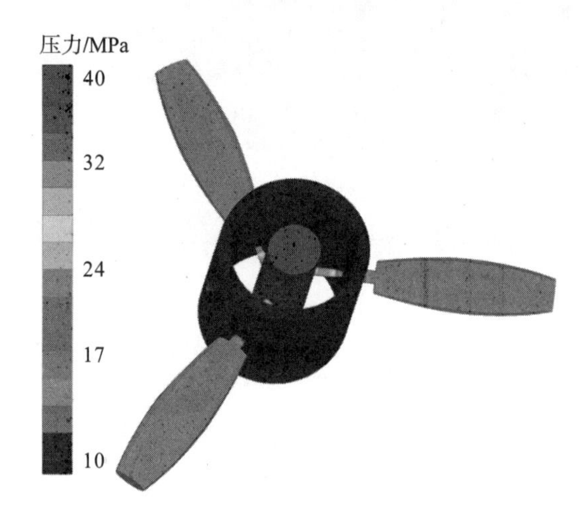

图 4-9　三维流场压力分布云图

提取三维流场的速度计算数据，建立二维射流-孔道速度分布剖面，如图 4-10 所示。高压流体经喷嘴加速后，压力下降速度上升，在喷嘴出口速度达到 260m/s，且存在射流等速核。等速核内射流轴线上压力、速度基本保持恒定，流线基本与轴线相平行。当高速射流穿过套管进入地层孔道后，射流流线出现偏离，并进而开始发散。与普通淹没射流相比，本书研究的射流速度衰减很快，其特殊的原因：一是射流处于高围压状态，周围流体对它的约束很强；二是存在固壁约束，在有限的空间内射流与回流液体之间强剪切和对流作用，使得在套管孔眼处存在强烈涡旋，射流能量大幅耗散；三是射流与环境介质的能量交换，在前进过程中不断卷吸环境液体，射流能量损失增大，随喷射距离增加，速度快速衰减。

射流轴线上的压力和速度是射流的重要参数，可用于分析射流流场的变化，提取图 4-10 中射流轴线上的这两个参数，如图 4-11 所示。流体进入喷嘴收缩段，压力急剧降低，而速度大幅增加，喷嘴出口处喷嘴压降降至 10MPa，与套管环空压力相同，射流速度增加至 260m/s，由能量守恒可知是压力能转化为动能。在喷嘴直段，射流速度保持不变，存在等速核，速度保持 260m/s 不变。高速射流穿越环空及套管孔眼，进入地层孔道，射流能量一部分被耗散，一部分转化为孔内流体压力能，孔内压力上升至17.4MPa，射流速度逐渐衰减，当到达孔道末端时速度降为 0m/s。以上过程实质是射流动能与压力能相互转化的过程，依靠射流能量实现地层孔道内部流体的增压。

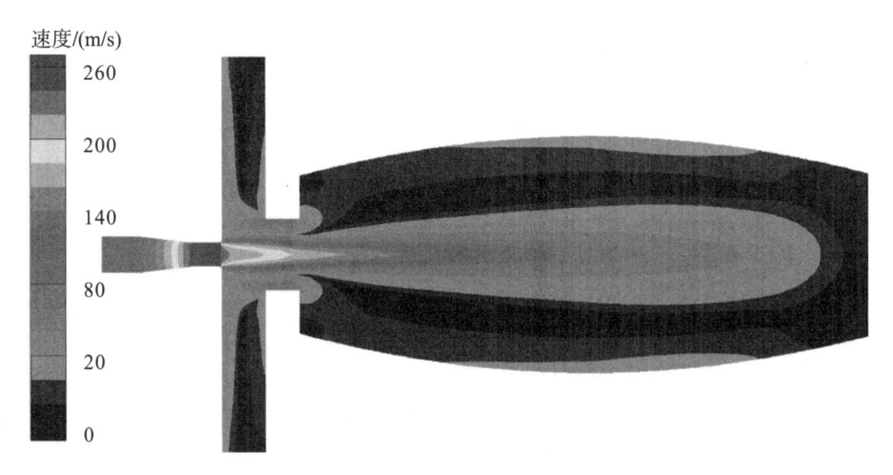

图 4-10 射流-孔道速度分布云图

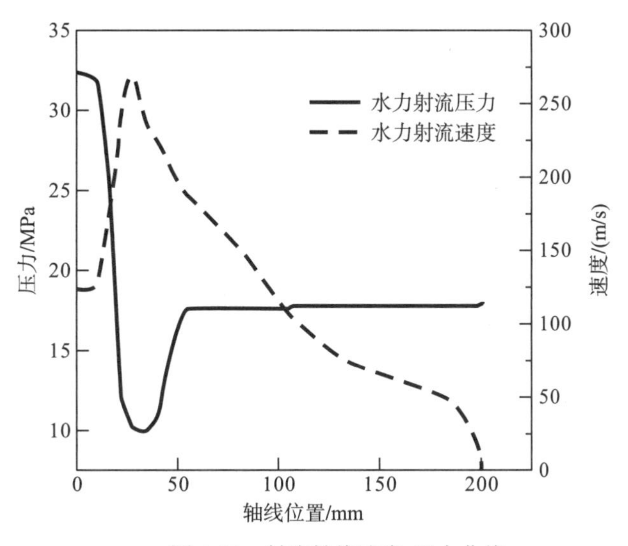

图 4-11 射流轴线速度-压力曲线

第三节 射流增压规律分析

一、多喷嘴对孔道压力影响规律

图 4-12 是在 Φ6mm 喷嘴、油管压力为 20MPa、环空压力为 10MPa 的情况下，将空间位置不同的三个射流轴线上的计算压力值提取出来并与单喷嘴工作时孔道压力的实验结果进行比较，误差精度在 5%以内。喷嘴工作数量的增加以及空间位置的变化对孔道内部压力的影响十分小，说明高速射流之间不会发生干扰，具有很强的独立性。因此可以灵

活选择喷嘴组合及布孔方式，例如 6 个 Φ6mm 喷嘴组合可以采用螺旋方式或两层方式安装于喷射工具上。同时根据井况、储层特点、管串摩阻等因素，Φ5mm×6、Φ6mm×4、Φ6mm×8 和 Φ7mm×6 喷嘴组合都可满足施工中排量及压力要求。

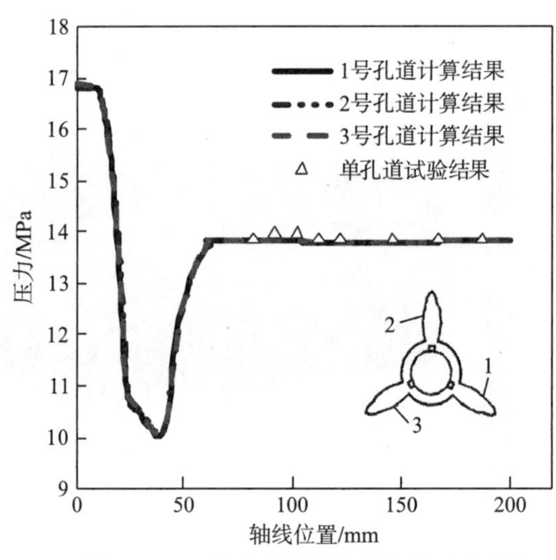

图 4-12　三个喷嘴射流轴线上的压力曲线

二、喷嘴压降对射流增压的影响

图 4-13 是 Φ6mm 喷嘴在出口压力为 15MPa，喷嘴压降为 5～25MPa 情况下的模拟和实验结果。由图 4-13 的模拟结果可知，流体经过喷嘴和套管环空，其压力急剧降低。当进入套管孔眼时，压力开始快速上升，在距离套管孔眼入口大约 20mm 时，压力保持恒定。当喷嘴压降为 5MPa 时，孔道压力恒定值为 16.7MPa，比出口压力高 1.7MPa。相似的，当喷嘴压降为 10MPa、15MPa、20MPa 和 25MPa 时，增压值分别为 3.4MPa、4.8MPa、6.4MPa 和 8.2MPa。

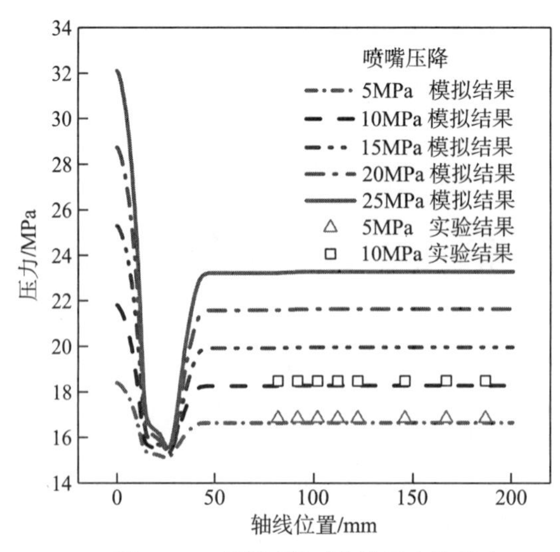

图 4-13　喷嘴压降对孔道压力的影响

图 4-13 的实验结果表明，喷嘴压降为 5MPa 和 10MPa 时，孔道压力分别为 17MPa 和 18.7MPa，增压值分别为 2MPa 和 3.7MPa。可以看出，孔道压力的实验结果与模拟结果吻合很好。由分析可知，喷嘴直径一定，随着喷嘴压降的增大，孔道压力也随之增加，增压效果也越明显。因此，在现场施工条件允许的情况下，可以适当增大喷嘴压降。

三、喷嘴直径对射流增压的影响

图 4-14 是喷嘴直径为 Φ3mm、Φ4mm、Φ5mm 和 Φ6mm 时，在不同喷嘴压降下射流增压的实验结果。由图 4-14 可知，增压值与喷嘴压降呈现很好的线性关系，喷嘴直径为 Φ3mm、Φ4mm、Φ5mm 和 Φ6mm 时，射流增压曲线斜率分别为 0.21、0.25、0.29 和 0.34。当喷嘴压降不变时，随着喷嘴直径的增大，其射流增压效果也增强，这是因为保持喷嘴压降不变，加大喷嘴直径则增大了射流所携带的能量，那么更多的射流能量将用于增加孔道压力，因此射流增压值也越大。同时，图 4-14 也表明，在大喷嘴压降情况下，喷嘴直径对射流增压效果更加明显。结合水力喷射分段压裂施工现场地面泵注压力高、排量大的特点，同时考虑喷嘴的磨损因素，推荐选用 Φ5mm 和 Φ6mm 喷嘴直径。

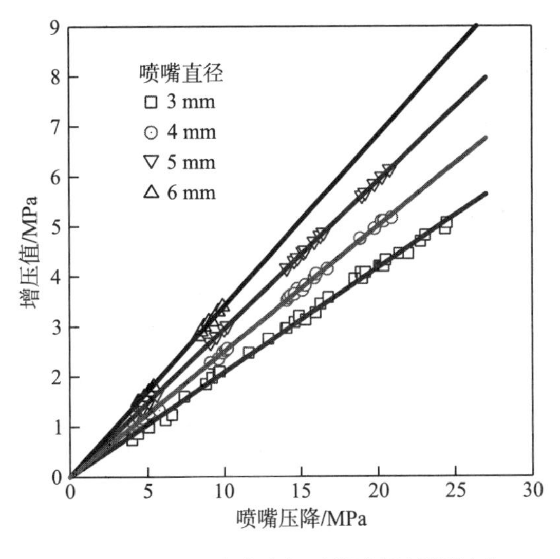

图 4-14　喷嘴直径对射流增压的影响

四、套管孔眼直径对射流增压的影响

套管孔眼直径一般是喷嘴直径的两倍，当喷嘴直径为 Φ6mm 时，套管孔眼直径为 Φ12mm。为证明孔眼对射流增压的影响，在入口压力为 25MPa，出口压力为 15MPa(喷嘴压降 10MPa)的情况下，分别模拟了套管孔眼直径为 Φ15mm、Φ18mm、Φ20mm、Φ22mm 和 Φ23mm 时射流轴线上的压力分布，结果如图 4-15 所示。

当套管孔眼直径为 Φ20mm 时，与地层孔道入口直径相同，套管孔眼对孔道压力不产生影响，犹如裸眼井。从其压力曲线可以看出，射流进入套管孔眼后，压力开始逐渐上升。在距离套管孔眼入口大约 80mm 处，压力保持稳定，其值为 15.9MPa，增压值仅为 0.9MPa。

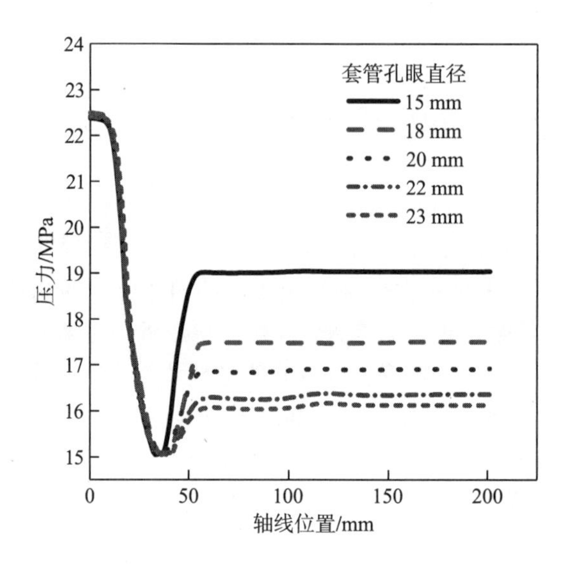

图 4-15　套管孔眼直径对孔道压力的影响

由图 4-15 可知，当孔眼直径为 Φ15mm、Φ18mm、Φ20mm 时，射流进入套管孔眼后，压力急剧上升，液体进入套管孔眼 20mm 后，压力保持恒定，增压值分别为 2.3MPa、2.8MPa 和 3.3MPa。由此可知，随着套管孔眼直径的减小，射流增压效果越明显。这是因为套管孔眼直径越小，密封作用便越强，使得返回流体产生的回流压力越大，从而大幅提高孔道压力。

五、射流增压计算模型

通过上述射流孔道内部压力及数值计算结果分析，发现射流增压 ΔP_{b} 与喷嘴压降 P_{j}、套管孔眼直径 D 和喷嘴直径 d 三个因素相关，因变量 ΔP_{b} 与三个自变量之间关系可表示为

$$\Delta P_{\mathrm{b}} = f(P_{\mathrm{j}}, D, d) \tag{4-2}$$

利用多元非线性回归方法，对与三个自变量相关的实验结果进行分析，建立关系式如下：

$$\Delta P_{\mathrm{b}} = 0.05\frac{d^{2.5}P_{\mathrm{j}}}{\mathrm{e}^{0.16D}} \tag{4-3}$$

由式(4-3)可以计算不同喷嘴压降、喷嘴直径和套管孔眼直径组合下的射流增压值，计算整体精度在 90%以上。图 4-16 是 Φ6mm 和 Φ5mm 喷嘴射流增压值实验数据与计算数据比较结果。

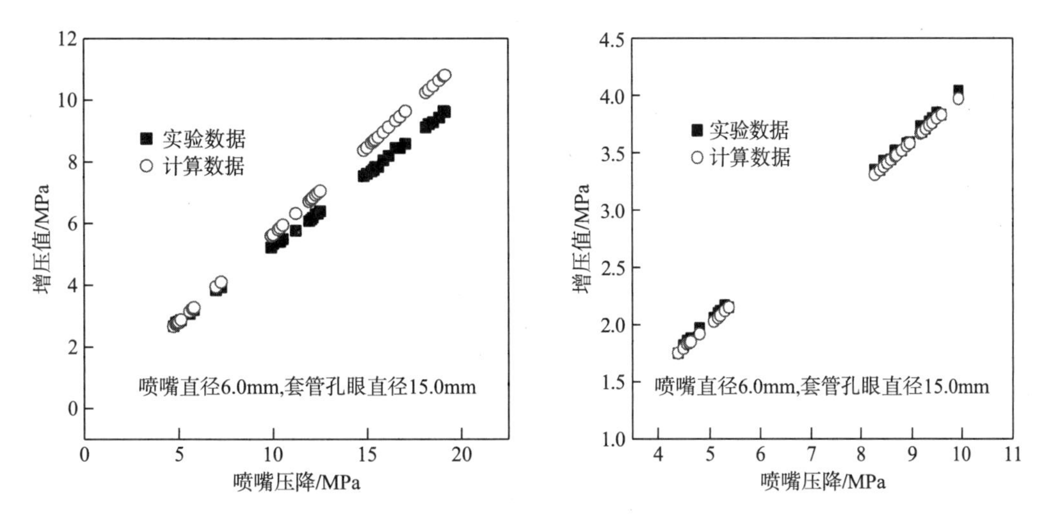

图 4-16　Φ5mm 和 Φ6mm 喷嘴射流增压值

参 考 文 献

[1] Qu H, Li G H, Huang Z W, et al. The boosting mechanism and effects in cavity during hydrajet fracturing process. Petrol Sci Technol, 2010, 28(13): 1345-1350.

[2] Li G S, Niu J L, Song J, et al. Abrasive water jet perforation: analternative approach to enhance oil production. Petroleum Science and Technology. 2004, 22(5&6): 491-504.

[3] 曲海, 李根生, 黄中伟, 等. 水力喷射压裂孔道内部增压机制. 中国石油大学学报, 2010, 5(34): 73-75.

[4] 夏强, 黄中伟, 李根生, 等. 水力喷射孔内射流增压规律实验研究. 流体机械, 2009, 37(2): 1-5.

[5] 曲海, 李根生, 黄中伟, 等. 水力喷射压裂孔内压力分布研究. 西南石油大学学报, 2011, 33(4): 85-88.

[6] Huang Z W, Li G S, Tian S C, et al. Mechanism and numerical simulation of pressure stagnation during water jetting perforation. Petroleum Science, 2010, 1(3): 11-15.

第五章　水力喷射分段压裂密封机理研究

采用室内实验，结合计算流体力学方法，系统研究水力喷射分段压裂过程中的密封机理[1]，确定影响射流密封性能的 3 个因素，即喷嘴压降、喷嘴直径和套管孔眼直径，并得到相应的影响规律及计算模型。研究结果表明：高速射流周围存在低压区域，促使环空注入的高压液体流入喷射位置，然后在射流黏滞作用下被带入裂缝中，依靠射流实现密封；密封压力随喷嘴压降和喷嘴直径的增大而增加；套管孔眼能够防止孔道的高压液体影响密封压力，辅助高速射流进一步增强其密封性能；水力喷射分段压裂技术应用于裸眼井时，射流密封性能有限。

第一节　室 内 实 验

一、实验原理

水力喷射分段压裂阶段现场施工工艺为：油管和油套环空同时向地层注入液体，油管为主要注入渠道，套管为补充地层中的滤失液体，流量通常为油管流量的 20%～40%。油管液体经喷嘴高速射向地层孔道，由伯努利方程可知，在射流影响下喷嘴附近及孔道入口处会存在一个相对低压区，此低压区域会将环空液体吸入地层孔道中，而不会使液体流入其他地层，实现了射流动态密封，无需机械封隔器即可定点压裂。

为研究水力喷射分段压裂过程中孔道的压力分布及其射流密封机理，设计了水力喷射分段压裂室内实验方案，如图 5-1 所示。两套泵注系统同时向实验装置注入液体，一套泵

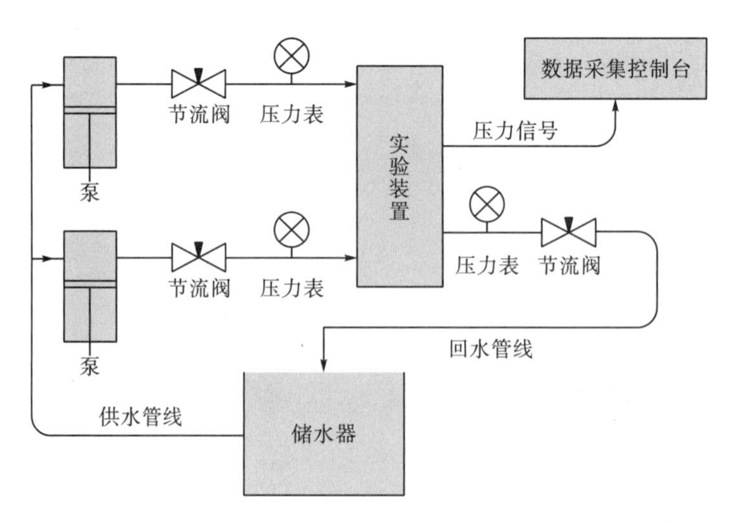

图 5-1　射流密封实验方案图

注系统用于模拟油管注入，另一套用于模拟套管注入。两套泵注系统的高压管线上安装节流阀和压力表，根据压力表读数调整节流阀开口度即可使实验装置的入口压力数值产生变化，实现不同油管压力和套管压力组合条件。

在两个入口压力和出口压力一定的情况下，利用压力传感器实时获取实验装置内的流体压力，同时将压力数据传输到数据采集控制台。

二、实验原理及应用范围

根据实验方案，设计了水力喷射分段压裂实验台架，该台架是在水力喷射分段压裂射流增压实验台架中增加模拟孔道出口。如图 5-2 所示。利用本实验装置，能够实现模拟水力喷射分段压裂过程中的“环空加液、射孔裂缝渗流”这一物理过程。

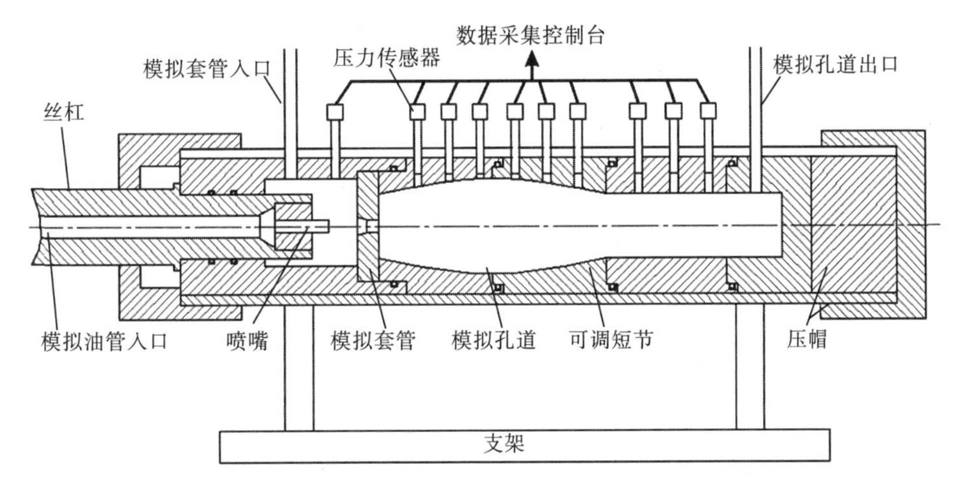

图 5-2　实验装置示意图

实验装置工作原理如下：工作液经两套高压泵系统加压后通过高压管汇送至喷嘴和环空，高速射出的流体进入模拟孔道。同时高速射流在喷嘴及孔道入口处形成相对低压区，环空液体被高速射流吸入孔道中，实现喷射压裂的模拟过程。模拟地层孔道由可调短节组成，可调短节内壁形成不同形状的孔道。可调短节上安装有压力传感器，可以测量孔道不同位置的压力，并且能够观察到压力的衰减变化。通过丝杠，能够调节喷距(喷嘴与模拟套管壁的距离)；使用不同数量的可调短节进行组合，可得到不同大小和深度的模拟射孔孔道；方便更换喷嘴及模拟套管。

第二节　射流密封机理研究

一、密封机理

在射流增压和套管环空压力共同作用下，裂缝将在水力射孔孔道处起裂并延伸[2]，如图 5-3 所示。

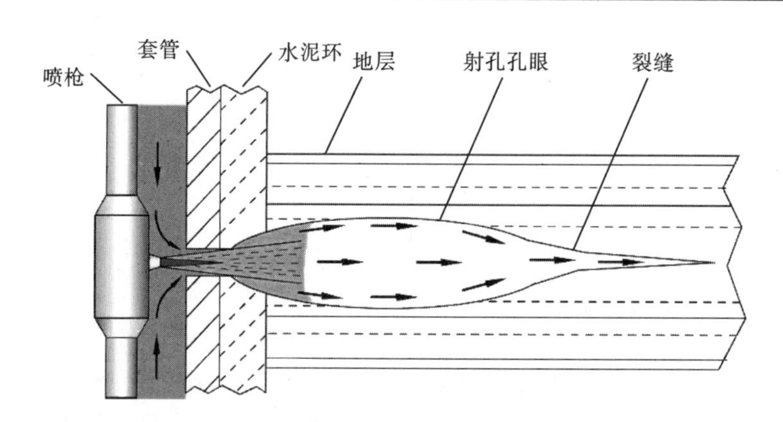

图 5-3　水力喷射分段压裂射流密封示意

由伯努利能量守恒方程[3]：

$$V^2/2+P/\rho=\mathrm{C} \tag{5-1}$$

式中，V 为液体速度；P 为液体压力；ρ 为液体密度。

可知，在射流能量保持恒定的情况下，射流速度越高，其压力相应的越低。流体经喷嘴射出，喷嘴出口处射流速度最高、压力最低，随射流向前发展，受周围介质影响其速度逐渐减少、压力增加。因此，高速射流能够在喷嘴出口处产生一个低压区域，其压力为井下流场中的最低值。受压力控制，环空中注入的高压液体势必流向该低压区域，而不会进入已压裂层段的裂缝中。当环空流体进入该区域后，在射流液体的黏滞作用下被带入地层，维持裂缝扩展。水力喷射分段压裂工艺依靠高速射流能够在井下产生一个低压区域，促使环空流体进入施工目的层段，实现压裂过程的密封，无需机械密封装置。

二、孔道流场研究

图 5-4 为 Φ5mm 喷嘴在套管孔眼分别为 Φ10mm、Φ15mm，并具有相同的入口与出口边界条件时实验与计算结果的比较。高压流体在喷嘴内部实现了压力能向动能的转换，到达喷嘴出口时压力达到最低值 7.5MPa 和 10.6MPa，其值与环空压力值相同。高速流体进

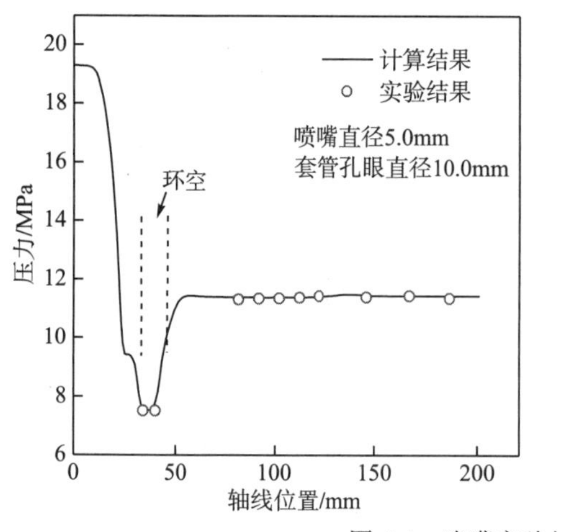

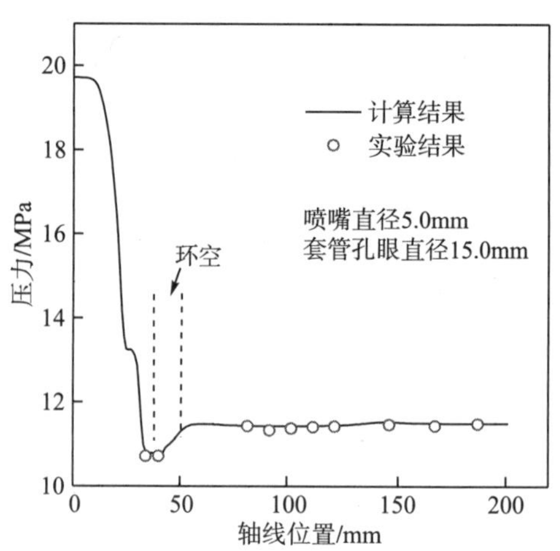

图 5-4　喷嘴实验与数值计算数据对比曲线

入油管和套管之间的环空，压力开始上涨，实验监测到的环空压力数据与计算结果相吻合。流体经套管孔眼进入孔道，压力迅速上升并达到稳定值，其值等于裂缝延伸压力。该值比环空压力高，压力差值分别为3.8MPa及0.8MPa，证明了射流密封现象的存在。由图5-4可知数值计算结果与实验数据吻合很好，计算精度达到98%以上，说明所采用的数值计算方法正确，能够用于不同边界条件下的计算预测。

通过计算流体软件模拟，能够清楚地展示该低压区域[4]，如图5-5所示。

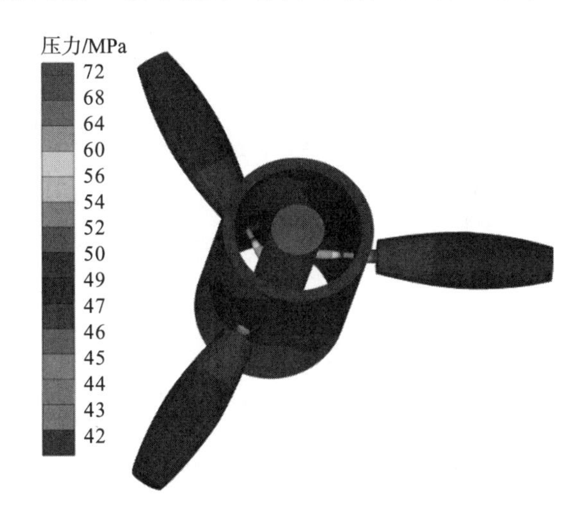

图5-5 三维流场压力分布云图

油管压力和孔道出口压力分别为72.0MPa和47.0MPa，喷嘴周围环空区域压力为该井下流场的最低值(42.2MPa)，孔道出口压力与环空压力差值ΔP_s为4.8MPa。受射流影响，地层孔道前端压力为46.1MPa，此处ΔP_s为0.9MPa。多个射流产生的低压区域相互连通，使其范围可以覆盖喷射工具。ΔP_s作为评价水射流密封能力的指标，该值越大说明水力密封性能越好，环空中的液体只进入正在生成的裂缝中。

提取三维流场的速度计算数据，建立二维射流-孔道速度分布剖面，如图5-6所示。高压流体经喷嘴加速后，压力下降速度上升，在喷嘴出口速度达到211m/s，且存在射流等速核。高速流体进入环空后，将卷吸环境液体，两部分流体之间存在强烈的剪切作用，使得射流形态出现扩散。高速射流穿过套管进入地层孔道后，其形态出现快速扩散。这是由于孔道出口破裂，射入孔道的液体全部进入地层裂缝，套管孔眼处不存在强烈对流作用，使得射流速度衰减减缓，到达孔道出口处射流速度为22m/s，射流明显向孔道内部延伸。由此可知，地层破裂后射流将继续冲蚀孔道，进一步增加其长度。

射流轴线上的压力和速度是射流的重要参数，可用于分析射流流场的变化，因此，可提取这两个参数，如图5-7所示。流体经喷嘴高速射出，射流速度达到211m/s，且存在极短的等速核，该区域内射流轴向流速及压力保持不变，压力达到最小值(42.2MPa)。高速射流卷吸周围流体，并将动能传递给被吸入流体使其速度和压力增加，一部分转化为自身压力能。两股流体之间发生剧烈能量和质量的交换。在轴线位置80mm处，被吸入液体的速度上升到最大值77m/s，射流速度下降至100m/s，压力快速上升至46.6MPa。两股流体向前发展，其速度逐渐减小，压力缓慢增加。在孔道出口处，射流动能转化为混合液体恒定的压力能，喷嘴压降达到47MPa，两股流体混合为一体，速度为22m/s。

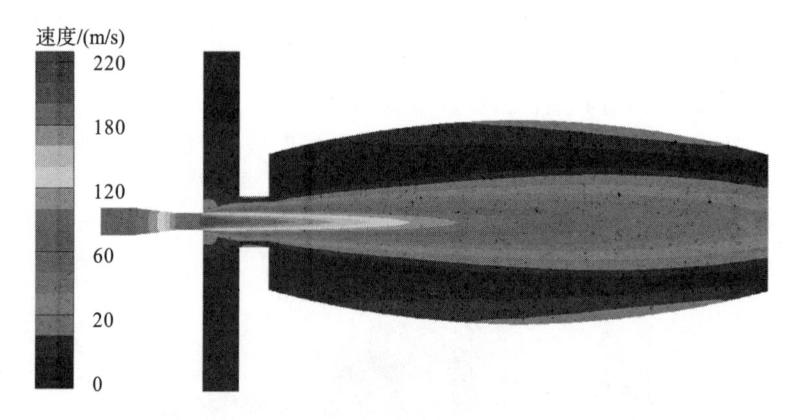

图 5-6　射流-孔道速度分布云图

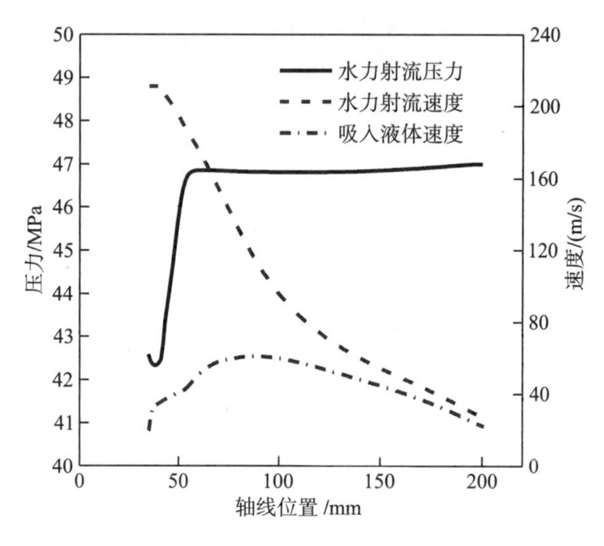

图 5-7　射流-孔道速度及压力曲线

第三节　射流密封规律分析

一、多喷嘴对射流密封的影响

图 5-8 是 Φ5mm 喷嘴在油管压力为 65MPa、环空压力为 40MPa、孔道出口压力为 45MPa 的情况下，三个射流轴线上的数值模拟计算压力曲线。喷嘴工作数量的增加以及空间位置的变化对射流密封压力的影响十分小，密封压力 ΔP_s 值都为 5MPa，说明高速射流之间不会发生干扰，具有很强的独立性。由分析可知，喷嘴的组合及布孔方式，不会影响射流密封性能。

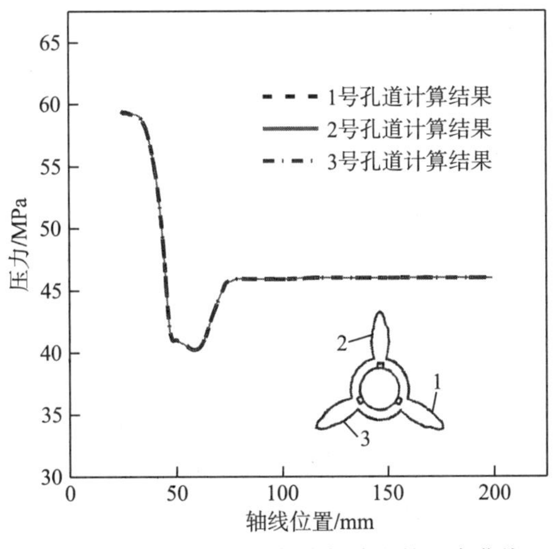

图 5-8 三个喷嘴射流轴线上的压力曲线

二、喷嘴压降对射流密封的影响

图 5-9 是 Φ5mm 喷嘴在出口压力为 15.0MPa，喷嘴压降为 8.0～15.0MPa 的情况下的实验结果。由图 5-9 可知，当喷嘴压降为 8.0MPa 时，环空压力值只有 13.5MPa，该值比出口压力低 1.5MPa。实验测得的两个环空压力值明显比孔道内压力小，证明了低压区域的存在。相似的，当喷嘴压降为 9.7MPa、12.0MPa 和 15.0MPa 时，ΔP_s 分别为 1.9MPa、2.3MPa 和 2.9MPa。由实验数据可知，随喷嘴压降的增加，射流密封性能越好。这是由于喷嘴压降越大，射流速度增加，低压区幅值越大，环空中高压液体越容易流向该处。

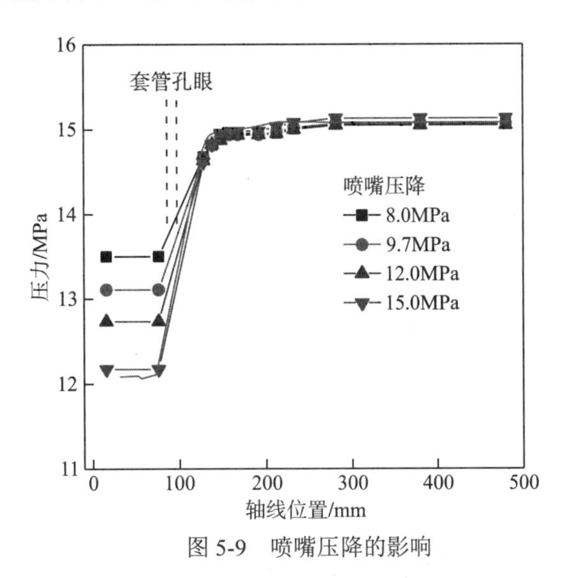

图 5-9 喷嘴压降的影响

高速流体经过套管孔眼进入地层孔道，压力迅速增加。孔道最前端第一个测试压力为 14.7MPa，随后压力逐渐上升，当进入孔道中部时，压力恒定为 15.0MPa，与出口压力相同。当喷嘴压降为 15MPa 时，实验与模拟结果吻合很好，证明了低压区域的真实性。由此可知，受到高速射流影响，孔道前端存在一个压力幅值较小的低压区域，其将液体抽吸到地层孔道，维持裂缝延伸。孔道前端的低压区域进一步增强了射流的密封性。

三、喷嘴直径对射流密封的影响

由图 5-10 可知，环空低压区压力差值与喷嘴压降呈现很好的线性关系，喷嘴直径为 Φ3mm、Φ4mm、Φ5mm 和 Φ6mm 时，拟合线斜率分别为 0.12、0.16、0.19 和 0.23。当喷嘴压降不变时，随着喷嘴直径的增大，射流密封性能也增强，二者之间存在正相关性。这是因为保持喷嘴压降不变，加大喷嘴直径则增加了射流所携带的能量[5,6]，使得射流速度增加。同时图 5-10 也表明，在高喷嘴压降情况下，喷嘴直径对压力差值的影响加剧。因此，水力喷射分段压裂施工时应选择大喷嘴、高喷嘴压降，提高射流密封性能。考虑喷嘴的磨损因素，推荐选用 Φ5mm 和 Φ6mm 喷嘴。

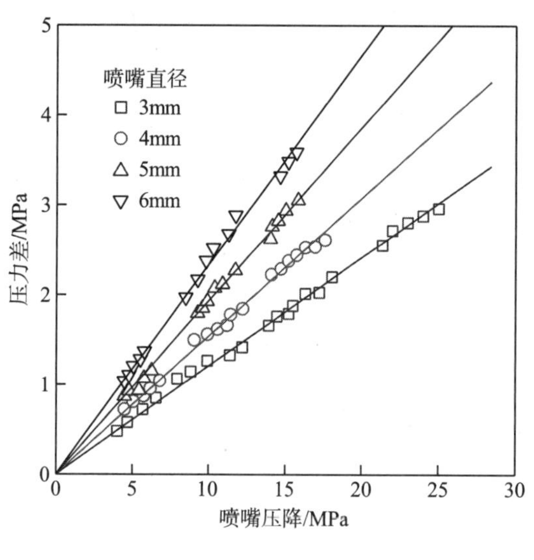

图 5-10　喷嘴直径的影响

四、套管孔眼直径对射流密封的影响

当喷嘴直径为 Φ5mm 时，在喷嘴入口压力为 25.9MPa、出口压力为 15.6MPa 的情况下，得到了套管孔眼直径对环空及孔道压力影响的实验数据，如图 5-11 所示。当套管孔眼直径为 Φ15.0mm、Φ12.5mm 和 Φ10.0mm 时，ΔP_s 分别为 0.9MPa、1.9MPa 和 3.8MPa。随着套管孔眼直径的减小，射流密封性能增强，二者存在负相关性。

流体经喷嘴高速射出后，其形态会快速扩散，当进入套管孔眼后高速射流占据中心区域。环空液体则环向包裹射流。两部分液体将套管孔眼填满，该结构将环空和地层孔道分隔为两个腔室，使得环空压力不受孔道高压影响。如果套管孔眼增大至液体不能将其填满，那么两个腔室存在连通空间，孔道液体的高压回传至环空，ΔP_s 幅值变小。套管孔眼起到防止孔道的高压液体影响低压区域压力的作用，辅助高速射流进一步增强其密封性能，具有十分关键的作用。

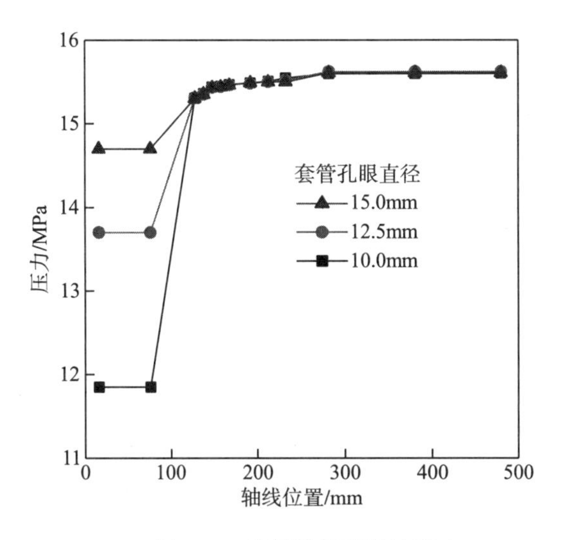

图 5-11　套管孔眼直径的影响

五、射流密封计算模型

通过上述对水力喷射分段压裂阶段环空-孔道压力实验数据的分析，发现喷嘴出口周围环空压力与孔道的压力差值 ΔP_s 与喷嘴压降 P_j、套管孔眼直径 D 和喷嘴直径 d 三个因素相关[7]，因变量 ΔP_s 与三个自变量之间的关系可表示为

$$\Delta P_s = f(P_j, D, d) \tag{5-2}$$

利用多元非线性回归方法，对与三个自变量相关实验数据进行分析，建立关系式如下：

$$\Delta P = 0.33\frac{d^2 P}{e^{0.3D}} \tag{5-3}$$

由式(5-3)可以计算不同喷嘴压降、喷嘴直径和套管孔眼直径组合下环空低压区的压力差值，计算整体精度在 90%以上。图 5-12 是 Φ6mm 和 Φ5mm 喷嘴的环空低压区压力差值实验数据与计算数据的比较结果。

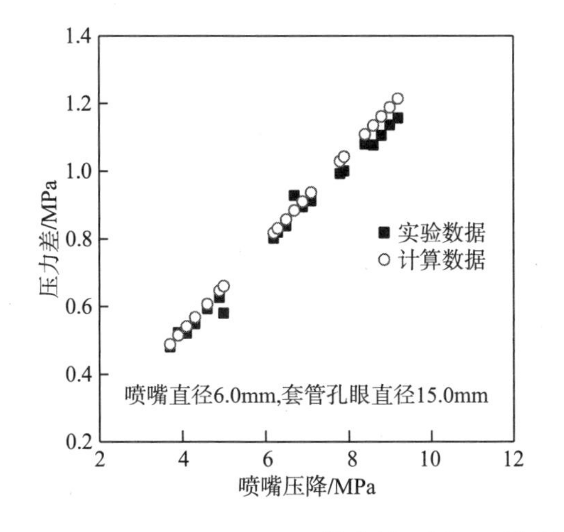

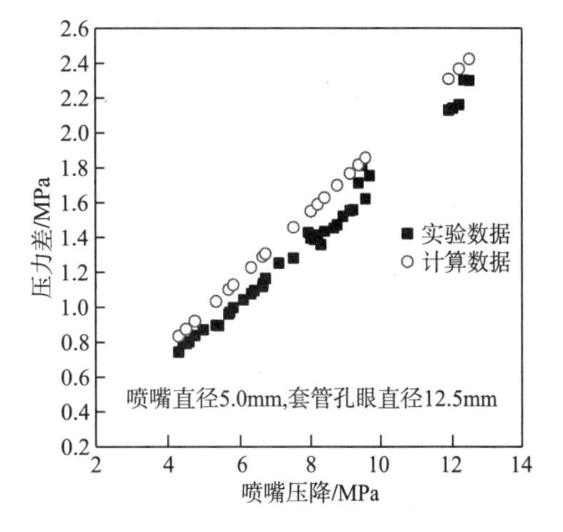

图 5-12　Φ5mm 和 Φ6mm 喷嘴射流密封压力差值

参 考 文 献

[1] Qu H, Li Ge S, Huang Z W, et al. An experimental study of sealing mechanism during hydrajet-fracturing treatment. Energy Sources, Part A, 2013, 36(2): 222-229.

[2] 李根生, 曲海, 黄中伟, 等. 水力喷射分段压裂技术在油气井压裂中的应用. 水平井油田开发技术文集, 2010: 518-522.

[3] Jessica H, Rafael H. Pinpoint fracture using a multiple-cutting process. SPE 122949, 2009.

[4] 曲海, 李根生, 刘营, 等. 水力喷射压裂射流密封压力场研究. 流体机械, 2012, 40(11): 21-24.

[5] Huang Z W, Niu J L, Li G S, et al. Surface experiment of abrasive water jet perforation. Petroleum Science and Technology. 2008, 26(6): 726-733.

[6] Huang Z W, Li G S, Niu J L, et al. Application of abrasive water jet perforation assisting fracturing. Petroleum Science and Technology. 2008, 53(6): 612-615.

[7] 曲海, 李根生, 黄中伟, 等. 水力喷射分段压裂密封机理. 石油学报, 2011, 32(3): 514-517.

第六章　水力喷射分段压裂裂缝起裂及扩展研究

采用三维有限元计算方法，研究水力喷砂射孔孔道周围的应力场。在不同水平井筒方位角度下，得到螺旋布置、两层布置和对称布置三种布孔方式对裂缝起裂方式和方位的影响规律。比较套管完井与裸眼完井方式情况下，水力喷砂射孔孔道对裂缝起裂压力和套管损伤的影响程度。在水平井筒与水平最小主应力平行的情况下，研究了裂缝在水力喷砂射孔孔道中起裂后的扩展机理，得到岩石弹性模量、地层间应力差、岩石强度对裂缝形态的影响规律。利用弹性理论，采用数值计算方法，解决多条横向裂缝间的应力干扰问题，优化裂缝间距，为在水平井中合理布置水力喷砂射孔位置提供理论依据。

第一节　水力射孔孔道布置优化

一、控制方程

1. 平衡方程

岩石受力变形为静态过程，地层岩石内部微小单元所受应力满足如下应力平衡方程[1]：

$$\begin{cases} \dfrac{\partial \sigma_{xx}}{\partial x}+\dfrac{\partial \tau_{xy}}{\partial y}+\dfrac{\partial \tau_{xz}}{\partial x}+F_x=0 \\ \dfrac{\partial \tau_{yx}}{\partial x}+\dfrac{\partial \sigma_{yy}}{\partial y}+\dfrac{\partial \tau_{yz}}{\partial z}+F_y=0 \\ \dfrac{\partial \tau_{zx}}{\partial x}+\dfrac{\partial \tau_{zy}}{\partial y}+\dfrac{\partial \sigma_{zz}}{\partial z}+F_z=0 \end{cases} \tag{6-1}$$

式中，σ_{xx}、σ_{yy}、σ_{zz}、τ_{xy}、τ_{zy}、τ_{zx}为岩石所受应力分量，其下标顺序互换后大小相等，MPa；F_x、F_y、F_z为地层岩石所受体积力分量，MPa/m。

2. 塑性屈服准则

岩石受力进入塑性阶段，采用 DRUCKER-PRAGER 准则[2]判断岩石的塑性剪切破坏。屈服函数：

$$F(I_1,J_2)=\alpha I_1+\sqrt{J_2}-k \tag{6-2}$$

$$I_1=\sigma_{xx}+\sigma_{yy}+\sigma_{zz} \tag{6-3}$$

$$J_2=\frac{1}{6}\left[(\sigma_{xx}+\sigma_{yy})^2+(\sigma_{yy}+\sigma_{zz})^2+(\sigma_{zz}+\sigma_{xx})^2+6(\sigma_{xy}^2+\sigma_{yz}^2+\sigma_{xz}^2)\right] \tag{6-4}$$

其中，

$$a=\frac{2\sin\varphi}{\sqrt{3}(3-\sin\varphi)},\quad k=\frac{6c\sin\varphi}{\sqrt{3}(3-\sin\varphi)}$$

式中，c 为岩石黏聚力，MPa；φ 为岩石内摩擦角，(°)。

3. 岩石拉伸破坏准则[3]

水力喷射分段压裂过程中，近井区域井壁和孔道周围的岩石处于高度应力集中非线性状态，随着施工压力的增加，岩石应力状态从弹性阶段迅速到达塑性阶段，由于岩石抗拉强度相对小，当三向主应力中最大主应力等于或超过地层岩石的抗拉强度 σ_t 与孔隙压力 P_p 之差时，井壁或孔眼壁上将产裂纹并起裂，此时即为地层起裂压力 σ_f，判断公式如下：

$$\sigma_f \geqslant \sigma_t \tag{6-5}$$

二、计算模型、边界条件及参数

1. 有限元模型

依据目前水力喷砂射孔现场的施工工艺，选择三种喷嘴布置方式：①螺旋布置，喷嘴沿喷枪轴向依次分布 6 个，相邻喷嘴间相位角为 60°；②对称布置，喷嘴沿喷枪轴向分布 3 组，每组 2 个喷嘴，相位角 180°；3 组喷嘴在空间错开 60°；③两层布置，喷嘴沿喷枪轴向分布 2 组，每组 3 个喷嘴，相位角为 120°，2 组喷嘴在空间错开 60°。根据喷枪长度要求，喷嘴沿喷枪轴向间距取 60mm、100mm 和 200mm。喷枪如图 6-1 所示。

图 6-1　水力喷砂射孔枪

由地面水力喷砂射孔实验结果可知，孔道形状为纺锤形，本书模型中将孔道视为等直径圆柱体，以便计算。考虑有限元求解边界效应，取地层模型的水平尺寸为水力射孔间距的 17 倍，垂向尺寸为水力射孔长度的 7 倍。

基于以上水力喷砂射孔工艺的相关知识，建立与实际情况相吻合的三种布孔模型，图 6-2 为螺旋布孔示意图。

在建立含孔道的裸眼水平井三维地应力分析计算模型中，射孔区域存在应力集中问题，为提高此区域的计算精度，采用加密的六面体网格划分。距离射孔区域较远的采用较粗糙的六面体单元。这样既能保证射孔区域得到较为精确的计算结果，又能节省计算时间。含裸眼水平井射孔地应力分析三维实体有限元模型，如图 6-3 和图 6-4 所示。

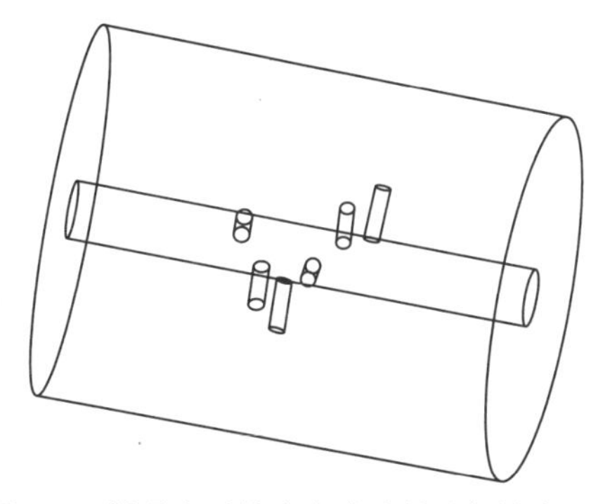

图 6-2　裸眼水平井水力喷砂射孔螺旋布置示意图

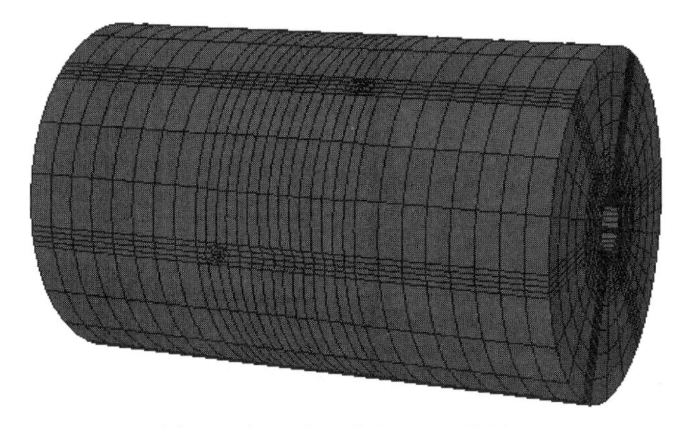

图 6-3　裸眼水平井有限元网格模型

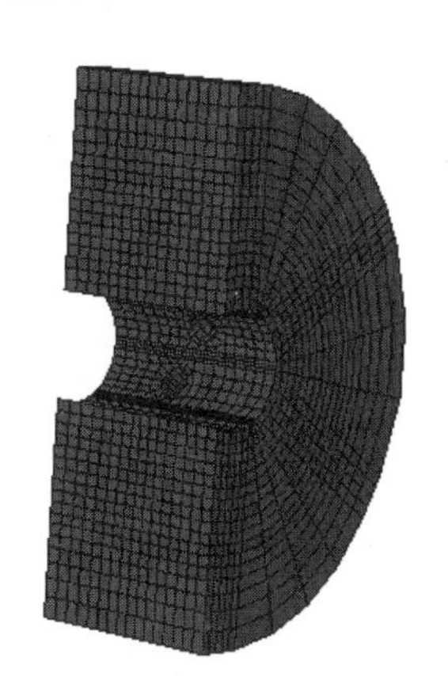

图 6-4　孔眼局部有限元模型

2. 边界条件

长裸眼水平井中水力射孔孔道压裂，属于无限大弹塑性体中局部范围内高度应力集中的非线性问题。将地层视为均质的各项同性弹塑性体，并考虑多孔介质中孔隙压力的影响，利用非线性有限元方法进行求解。

套管外径 Φ139.7mm，壁厚 7.72mm，钢级为 P110，弹性模量 206×10^3MPa，泊松比 0.3；储层为砂岩，弹性模量 32×10^3MPa，泊松比 0.33，孔隙度 0.18；水力喷砂射孔孔道长度为 300mm，孔道直径为 Φ40mm，孔道间距分别取：60mm、100mm 和 200mm；地层三向主应力即 $\sigma_{x,\min}=24\text{MPa}$ ，$\sigma_{x,\max}=32\text{MPa}$ ，$\sigma_z=40\text{MPa}$ 。

由于水力喷砂射孔工艺尚未实现定向射孔，因此在水平井筒中水力射孔孔道在两种状态之间，如图 6-5 所示。

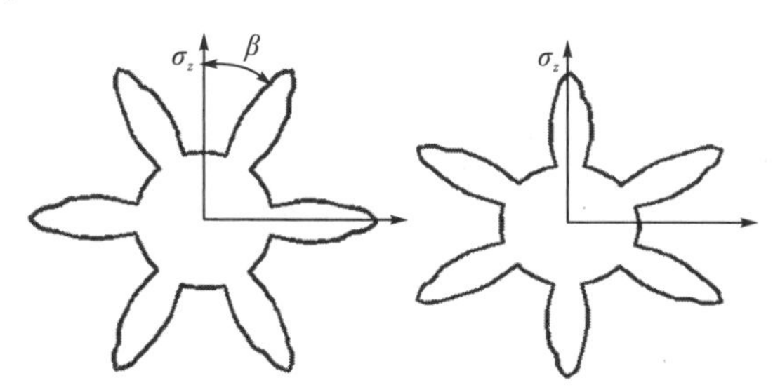

图 6-5　水平井筒水力喷射射孔孔道布置

根据以上边界条件，3 种射孔方式×2 种射孔方位×10 个水平井筒方位角×2 种完井方式=120 组计算数据。

三、水力喷砂射孔孔道塑性分析

图 6-6 为三个孔道壁面沿其轴向的塑性应变曲线。三个孔道壁面塑性应变趋势相同，在孔道与井壁交汇处产生的塑性应变最大，随孔道长度增加，其值相应减小，在距孔道入口 120mm 时孔壁岩石塑性特征消失，处于弹性状态。图 6-7 为孔道与井壁交汇处三个孔道圆周方向的塑性变化，孔道周向塑性值按最大最小值交替出现。

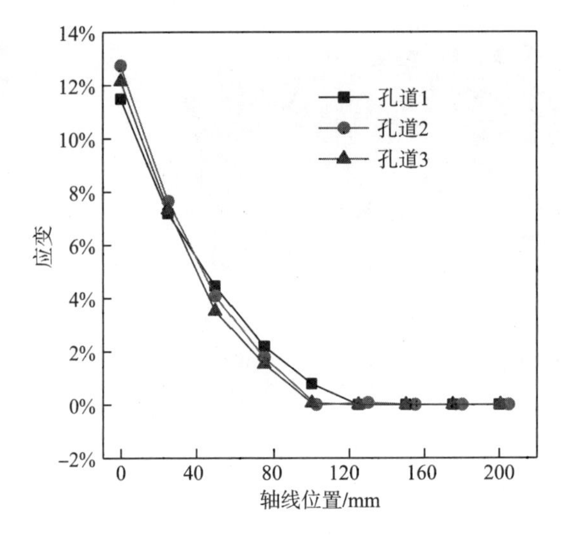

图 6-6　沿孔道轴向塑性应变曲线

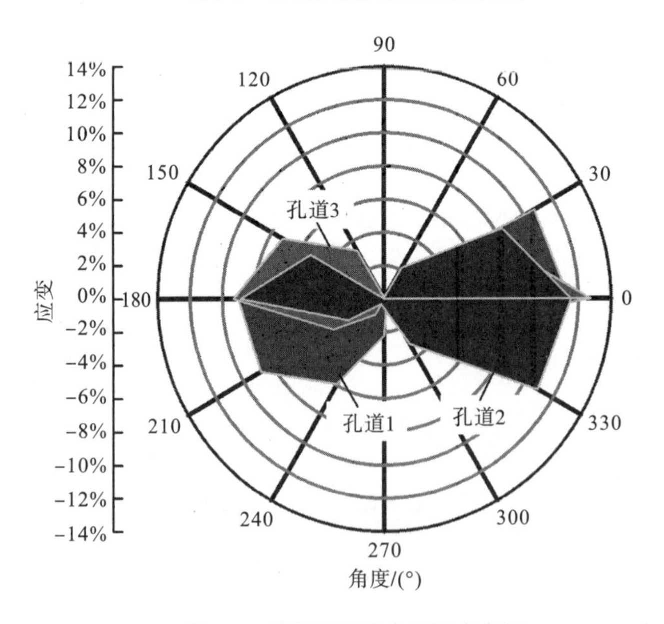

图 6-7　孔道根部周向塑性应变图

在水力喷射分段压裂阶段，通过提高环空及油管压力，施工层位处的井壁及孔道壁面压力增加，孔道根部岩石更加易于进入塑性阶段，进而发生屈服破坏。由以上分析可知，裂缝将倾向于在水力喷砂射孔孔道的根部区域产生，该结果与 Behrmann 室内实验[4]结果一致，表明裂缝总是在水力喷砂射孔孔道根部起裂。

四、水力喷射分段压裂裂缝起裂方式及方位

图 6-8 为井筒轴线与最小主应力 σ_h 平行时三种射孔方式下的孔道轴向力云图。孔道内部所受压力边界条件相同，由于 σ_h 应力值相对较小，在此方向岩石更易于受到压缩作用。孔道在 σ_h 方向受到极大的拉伸作用。

图 6-8 为三种布孔方式轴向力起作用示意图。当水平井筒轴线与水平最小主应力 σ_h 平行时，孔道内壁受到轴向拉伸力作用，上下两侧所受拉应力连线与井筒轴线垂直，将产生垂直于井筒轴线的横向裂缝[5,6]。按照最大拉应力破坏准则，螺旋布孔和对称布孔方式会使近井筒区域产生多条贯串孔道并垂直于井筒轴线的裂缝。同时，根据孔道之间拉应力的分布及裂缝扩展原则[7]，亦会产生多条裂缝使得部分孔道相互沟通，如图 6-8 所示。按照上述分析，两层布孔方式易于产生一条沟通孔道并近似垂直于井筒轴线的裂缝。横向缝覆盖油藏面积大，生产效果比纵向缝好。

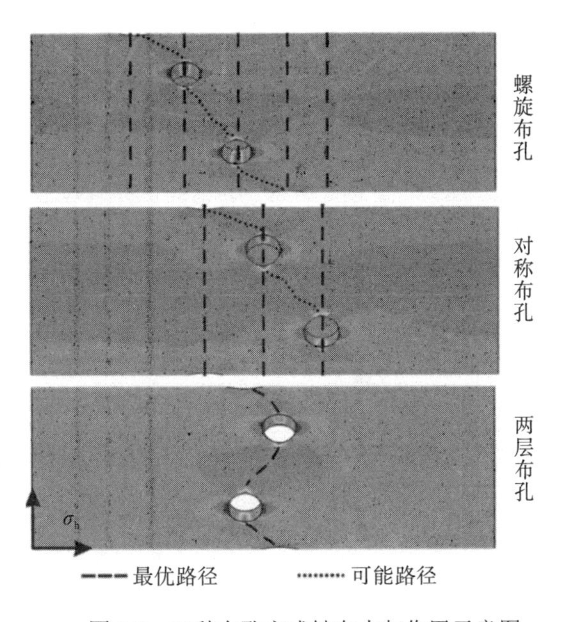

图 6-8 三种布孔方式轴向力起作用示意图

当水平井筒轴线与水平最小主应力 σ_h 垂直时，井筒壁面受到切向力作用，使得井壁上下两侧拉应力最大，将产生平行井筒轴线的纵向裂缝。根据最大拉应力破坏准则，三种布孔方式都会使井壁上下两侧产生一条主裂缝，同时孔道根部拉应力最为集中，此处亦会产生贯串孔道的裂缝，并可能与主裂缝沟通，如图 6-9 所示。纵向缝覆盖油藏面积小，裂缝体积相同，增产效果没有横向缝明显，但纵向裂缝提高了油藏垂向渗透率。

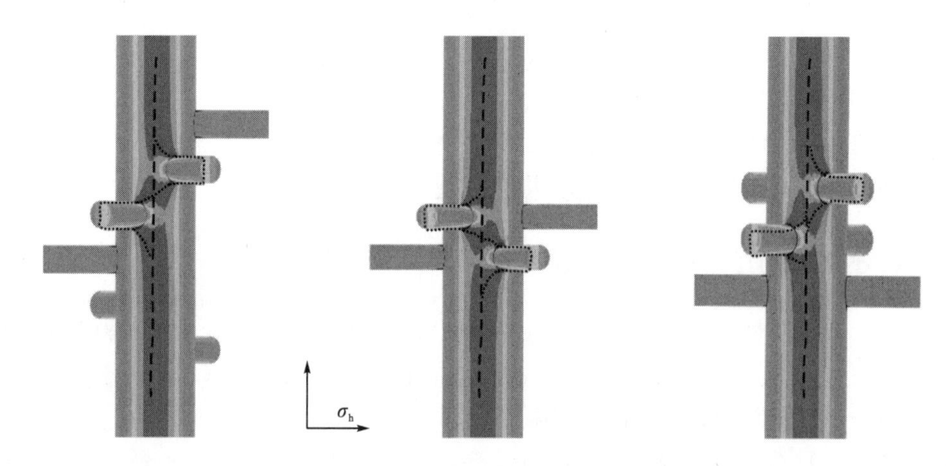

图 6-9　三种布孔方式切向力起作用

夹角 θ 在极限角度 0°及 90°时，由于作用力不同，水平井筒中所产生的裂缝形态亦不同。通过计算，得到不同夹角 θ 时井筒岩石轴向应力及切向应力曲线，如图 6-10 所示。可以看出三种布孔方式的两种作用力变化趋势相同，角度 β 的变化对轴向力影响很小，而对切向力有比较大的影响。β=30°时，产生的切向力相对更大，特别是在 θ>40°以后，纵向裂缝比横向裂缝更容易产生。

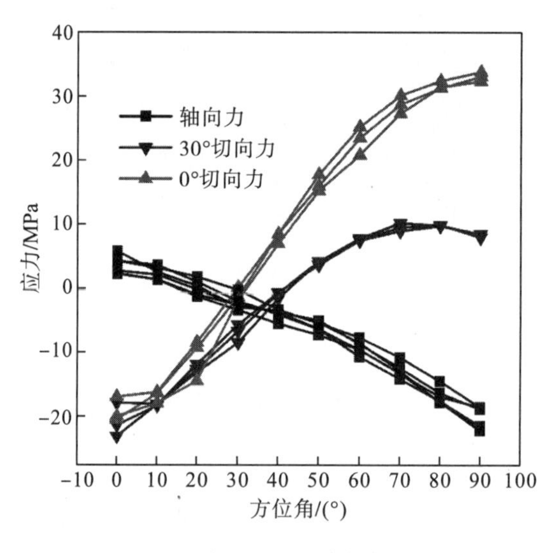

图 6-10　孔道应力值

θ 为 40°～80°时，切向力占据主导地位，将首先沿水平井筒产生纵向裂缝并延伸一定距离，然后裂缝面将转向 σ_h 方向，因为在这个方向裂缝扩展所需的能量最小，产生的是一条非平面裂缝，如图 6-11 所示。存在裂缝的转向，将导致裂缝有效宽度变窄，使得裂缝有效长度和宽度减小，裂缝导流能力也受影响，从而增产效果不明显[8,9]。裂缝转向会导致更高的裂缝摩擦力，所需裂缝延伸压裂增大，地面施工压力增加，影响支撑剂运移，产生压裂液早期脱砂，具有砂堵风险。

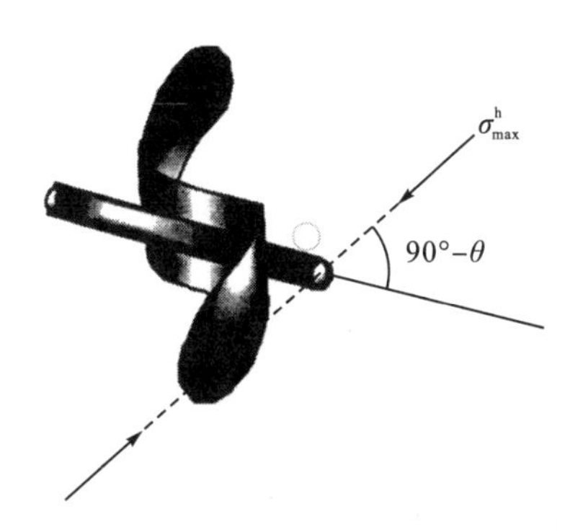

图 6-11　裂缝转向形态示意图

θ 为 80°～90°时，产生裂缝基本沿井筒延伸，即便发生转向，受最小水平主应力控制其转向角度不会很大，对施工的影响减小。

水平井筒方位角度 θ 及布孔方式对近井范围内的裂缝形态及数量具有很大的影响。水平井中产生的裂缝的形态与地应力分布、井筒方位、射孔方式有关，可以看出纵向缝相比横向缝更易产生，如图 6-12 所示。

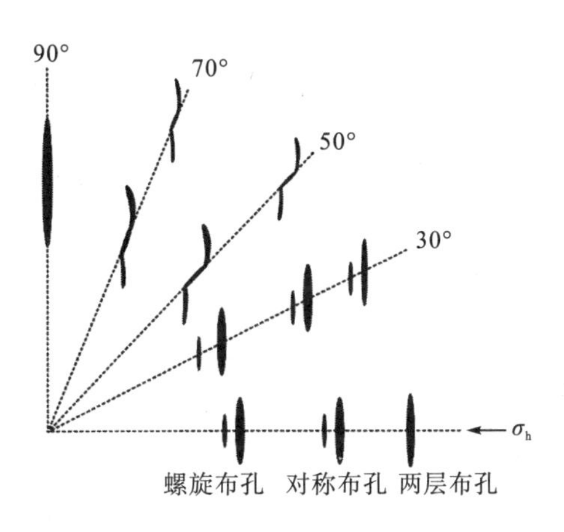

图 6-12　裂缝形态图

五、起裂压力及套管受力云图

水力喷射分段压裂工艺已经应用于套管完井的直井及水平井中，该工艺利用高速射流冲击套管，对套管具有一定的损伤，研究水力射孔布孔方式及射孔密度，以确保压裂施工后套管的安全。建立套管-地层有限元模型，计算得到三种射孔方式下套管井的地层应力分布(图 6-13)。

由图 6-13 可以看出，应力集中发生在套管孔眼的周围及相邻孔连线附近，其中套管孔眼周围的应力集中最明显，这也是影响其强度的主要原因。套管内壁的应力集中比外壁更明显，最大应力发生在沿水平井筒轴向套管内壁与孔眼交界的两个位置，最小应力方向基本与最大应力方向垂直。

当外部受力条件改变时，由于套管孔眼附近应力集中，使其发生塑性变形，直至屈服破坏，裂缝会选择相邻孔间易于扩展的路径，沟通部分孔眼。由于布孔方式的差异，相邻孔眼间的应力干扰不同，套管发生破裂的形式也不尽相同，如图 6-14 所示。

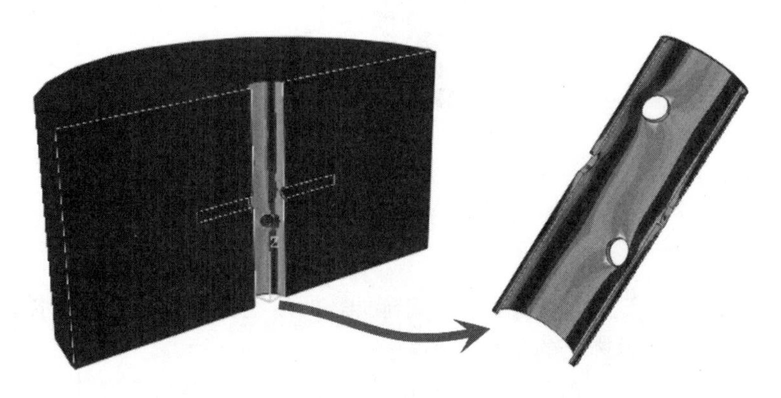

图 6-13　套管-地层应力分布云图

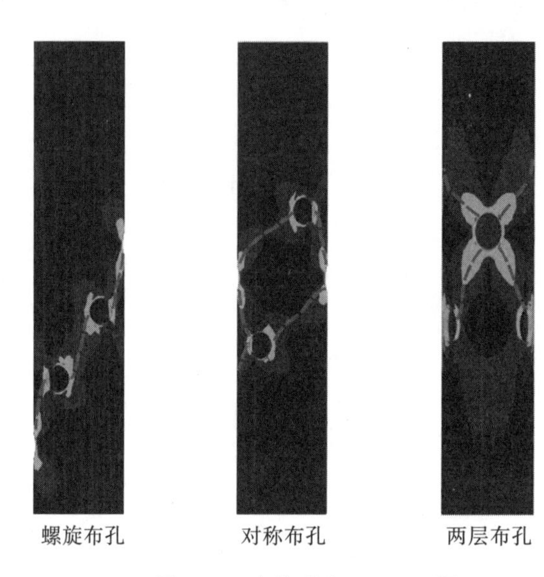

图 6-14　套管受力 Mises 云图

射孔套管在井下受到内外压力及轴向拉力的作用时处于复杂的三轴应力状态。为方便分析套管应力集中，引入应力集中系数 K_s[10]。本书的应力集中系数 K_s 是在相同内压作用下，相同位置射孔前后的 Von-Mises 等效应力之比，即：

$$K_s = \frac{\sigma_o}{\sigma_u} \tag{6-6}$$

式中，σ_u 为射孔前应力值，MPa；σ_o 为射孔后应力值，MPa。

应力集中系数越大，则水力射孔引起的套管强度损失越大。

图 6-15、图 6-16 为水平井筒在两个方位角度时套管的应力集中系数，通过比较可以看出，在相同边界条件下，当 θ=90°时 K_s 值明显增大，且随角度 β 增加，套管集中系数增

加，套管受损倾向性增加。当θ=0°时，套管应力集中系数随着角度β的增加而下降，当β=30°时，三种布孔方式的套管应力集中系数达到最小值。

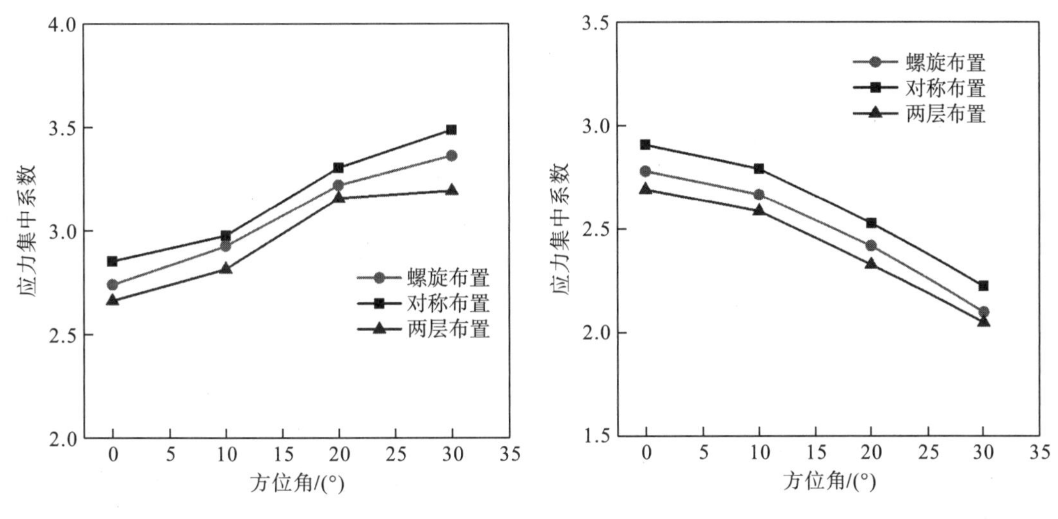

图 6-15　θ=90°时套管应力集中系数变化曲线　　图 6-16　θ=0°时套管应力集中系数变化曲线

布孔间距对套管应力集中系数的影响如图 6-17 所示。由于喷射工具长度的限制，两孔间距 L_p 最大为 200mm，可以看出 L_p 越大 K_s 越小，套管受损程度减小，避免了孔眼间应力集中的相互干扰。

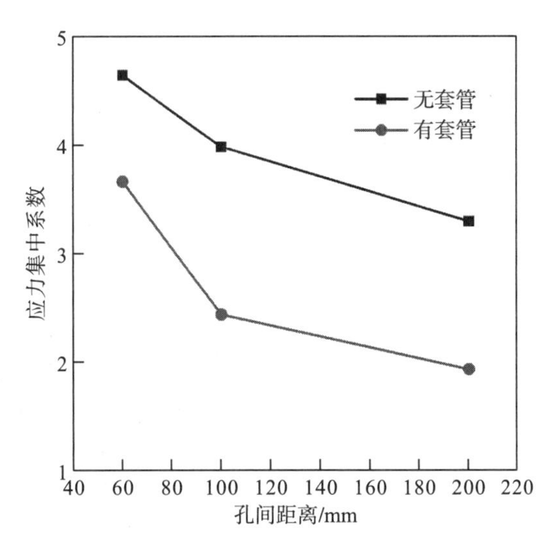

图 6-17　应力集中系数随孔间距变化曲线

在地层条件相同的情况下，θ、β、L_p 及布孔方式共同影响套管，进行水平井水力喷砂射孔时应根据井况结合套管应力集中系数，选择合理的布孔方案，保证套管井的生产阶段不会变形或失效。

第二节　三维裂缝延伸机理研究

一、裂缝扩展控制方程

1. 流固耦合方程

1）应力平衡方程

依据虚功原理，根据孔隙介质力平衡方程，建立低渗透岩体应力平衡方程[11]，即：

$$\int_V \sigma : \delta\varepsilon \mathrm{d}V = \int_S t \cdot \delta v \mathrm{d}S + \int_V \left[f + (s n_\mathrm{p} + n_\mathrm{t}) \rho_\mathrm{w} g \right] \cdot \delta v \mathrm{d}V \tag{6-7}$$

式中，V 为积分区域体积，m^3；S 为积分区域的表面积，m^2；$\delta\varepsilon$ 为虚应变；δv 为虚速度场，m/s；σ 为有效应力，Pa；t 为单位面积的表面外力，N；f 为岩体骨架的单位体积力，N；s 为饱和度，%；n_p 为孔隙度，%；n_t 为岩体吸附的液体体积，m^3；ρ_w 为孔隙液体密度，$\mathrm{kg/m^3}$；g 为重力加速度，$\mathrm{m/s^2}$。

2）渗流连续性方程

渗流连续性方程是根据同一时间内流入土体的水量等于岩石的体积变化量这一连续条件来建立的，即：

$$\frac{\mathrm{d}}{\mathrm{d}t}\left(\int_V \frac{\rho_\mathrm{w}}{\rho_\mathrm{w}^0} n_\mathrm{p} \mathrm{d}V \right) = -\int_V \frac{\rho_\mathrm{w}}{\rho_\mathrm{w}^0} n_\mathrm{p} \boldsymbol{n} \cdot v_\mathrm{w} \mathrm{d}S \tag{6-8}$$

式中，v_w 为渗流速度；ρ_w^0 为流体参考密度；$\boldsymbol{n}$ 为表面 S 的外法线方向。

2. 裂缝起裂-扩展机理

1）损伤模式

基于物体损伤机理，可将裂缝扩展分为裂缝起裂和裂缝扩展两个阶段。结合有限元计算方法，将裂缝抽象成厚度为零的模单元嵌入到地层单元中。裂缝单元与地层单元具有相同的力学性质。裂缝起裂及扩展过程中，损伤模型的计算机理如图 6-18 所示[12]。

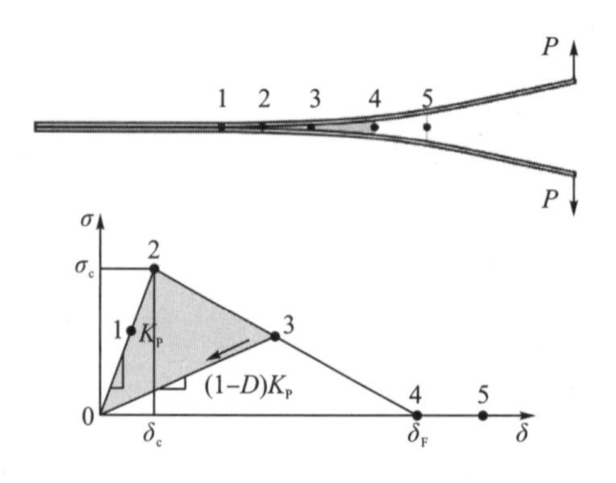

图 6-18　单元损伤机理示意

岩石在一定的内聚力作用下保持完好，当受到一定外力后产生裂缝，裂缝端点处于弹性区域，岩石的受力与位移呈较好的线性关系，如“1”点所示。外力增加达到岩石抗拉强度极限 σ_c 时，此时位移为 Δ_c,裂缝起裂。随裂缝两个表面法向位移的增加，裂缝单元损伤逐渐积累，可承受的应力减小，如“4”点所示，当法向距离达到 Δ_F 裂缝上下表面承受的拉应力为 0，裂缝完全起裂，对于任何法向位移大于“4”点的都将不再承受任何外力(“5”点)。

2) 裂缝起裂准则

当裂缝单元任意一个方向承受的应力达到其临界应力后，裂缝起裂，表达式为

$$\max\left\{\frac{t_n}{t_n^0},\frac{t_s}{t_s^0},\frac{t_t}{t_t^0}\right\}=1 \tag{6-9}$$

式中，t_n^0 为裂缝单元法向临界应力，即岩石的抗拉强度，MPa；t_s^0 和 t_t^0 分别为第一切向和第二切向的临界应力，MPa。

3) 裂缝扩展准则

当裂缝单元两个表面法向位移达到极限值 D 后岩石将彻底损伤，不再承受外力。

$$D=\frac{d_m^f(d_m-d_m^0)}{d_m(d_m^f-d_m^0)} \tag{6-10}$$

式中，d_m^f 为裂缝单元最大位移，m；d_m^0 为裂缝单元初始损伤时的位移，m；d_m 为加载过程中单元达到的位移，m。

4) 裂缝单元流动性质

压裂液体在裂缝中流动时存在切向流和法向流，如图 6-19 所示。

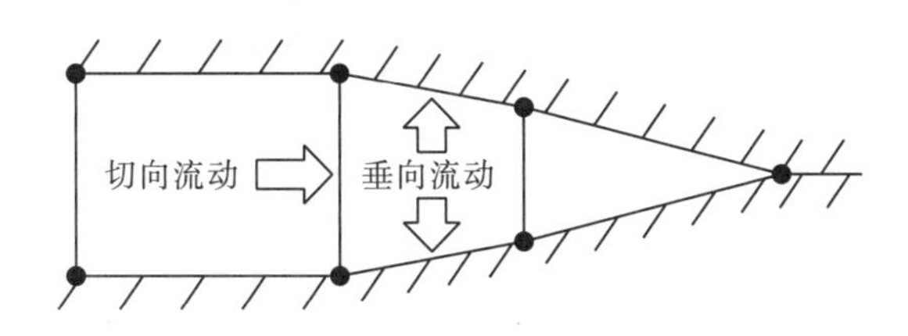

图 6-19　裂缝内液体流动示意

(1) 切向流动。切向流用于携带支撑剂并维持裂缝扩展。假设流体沿裂缝壁面的切向流动按照牛顿流公式计算，其公式为

$$qd=\frac{d^3}{12\mu}\Delta p \tag{6-11}$$

式中，q 为裂缝单元的质量流，kg/s；d 为裂缝单元张开位移，m；μ 为压裂液体黏度系数；Δp 为切向流动压力梯度，MPa。

(2) 法向流动。在压裂过程中，压裂液体会向储层滤失，因此还存在垂直裂缝表面的法向流。液体在裂缝单元两个表面上的法向流计算公式为

$$\begin{cases} q_t = c_t(p_i - p_t) \\ q_h = c_h(p_i - p_b) \end{cases} \tag{6-12}$$

式中，q_t和q_h分别为流体进入裂缝单元上、下表面的流量，m^3/min；c_t和c_h分别为裂缝上、下表面的滤失系数；p_t和p_b为裂缝上、下表面孔隙压力，MPa；p_i为裂缝中流体压力，MPa。

二、计算模型

应用有限元分析软件Abaqus建立三维裂缝扩展模型，模拟水平井横向裂缝的起裂和扩展机理。图6-20为计算模型示意图，该三维模型包括油层、上下隔层、射孔孔眼、水平井井筒。模型在X、Y和Z三个方向的尺寸分别为30m、100m和40m。水平井井眼直径为Φ0.2m；射孔孔眼直径为Φ50mm，长度0.4m；套管外径Φ139.7mm，壁厚7.72mm；上下隔层厚度为10m；油层厚度为20m；模型承受上覆岩层压力(Z方向)，以及在水平面内产生的X方向和Y方向的初始有效应力。油层和上下隔层的饱和度为1，初始孔隙度为15%，初始孔隙压力为15MPa。模型外表面约束法相位移。裂缝扩展平面与最小水平地应力垂直，因此裂缝在射孔位置起裂，并沿Y和Z方向扩展。将裂缝布置于Y方向中间位置，并使其贯穿储层和上下隔层，并与孔道相连接。

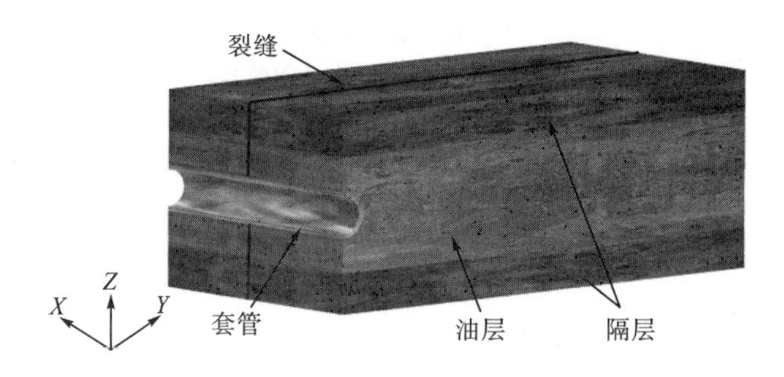

图6-20　裂缝扩展三维计算模型示意图

地层物性参数见表6-1。

表6-1　地层物性参数

地层	弹性模量/GPa	泊松比	渗透率/mD	孔隙度/%
油层	36	0.20	5.0	15
隔层	50	0.24	0.5	3

三、计算结果分析及影响因素

1. 计算结果分析

最小水平主应力与水平井筒平行，裂缝将沿垂直于井筒的方向扩展。图6-21为压裂终止时刻地层中裂缝的形态，可以看到，在油层中裂缝宽度最大，这是由于滤失速率较高，裂缝壁面的孔隙压力较高；由于上隔层最小水平应力相对较小，裂缝更加易于向上扩展，穿越上隔层；下隔层中裂缝横截面基本上呈楔形，这主要是因为下隔层渗透率低，滤失进入地层的液体少，使得相应裂缝壁面孔隙压力小，而且下隔层最小水平主应力最大，较小的孔隙压力难以克服较大的水平主应力。

为便于观察裂缝形态和裂缝壁面上各物理量的分布云图，将裂缝单独提取出来，如图 6-22、图 6-23 所示。图 6-22 为压裂终止时刻裂缝壁面的法向应力分布云图，当裂缝内水力压力超过裂缝单元的抗拉强度时便产生裂缝。近井筒范围内法向应力达到裂缝单元抗拉强度(1MPa)，裂缝开启。在远井筒范围，裂缝前端存在过渡区，高压液体进入裂

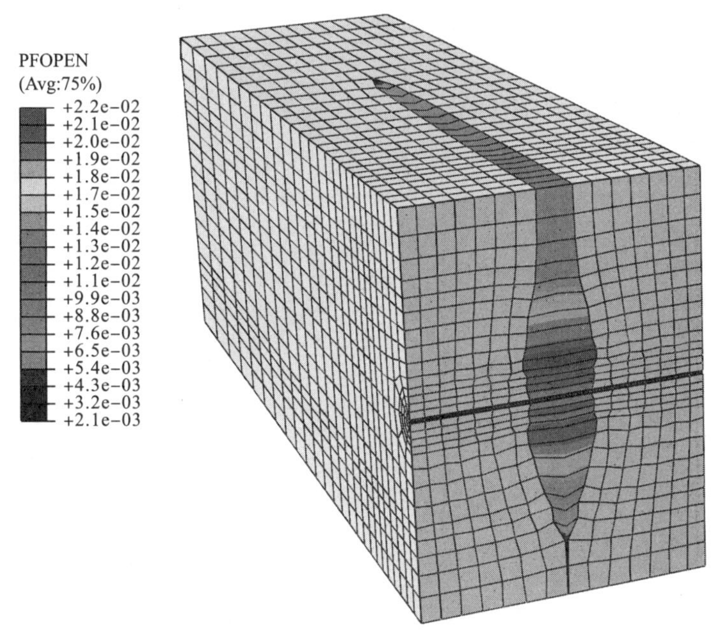

图 6-21　裂缝扩展云图

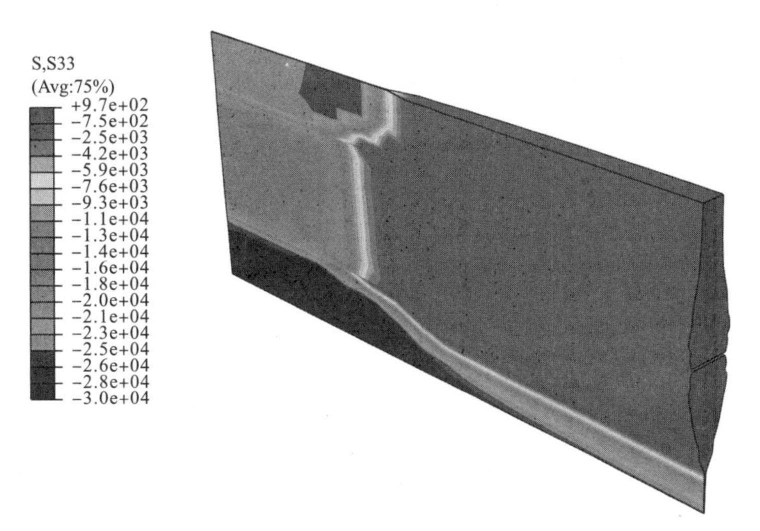

图 6-22　压裂终止时刻裂缝壁面法向的应力分布

缝单元，产生一定压力，当超过裂缝单元的抗拉强度后，裂缝单元开始出现损伤，单元刚度减小，随着裂缝单元两个壁面间距离的增大，单元刚度进一步减小，直至减小为 0，完全丧失抵抗能力。

图 6-23 为压裂终止时刻裂缝壁面单元的损伤因子分布图。压裂终止时刻横向裂缝半缝长为 71.3m，裂缝半缝高为 37.2m，裂缝宽度为 20mm。对于不具有抗拉强度的裂缝单元，其损伤因子为 1，处于完全失效状态，裂缝在油层和隔层中前缘损伤因子值从 0 逐渐变为 1，裂缝逐渐开启并向前延伸。

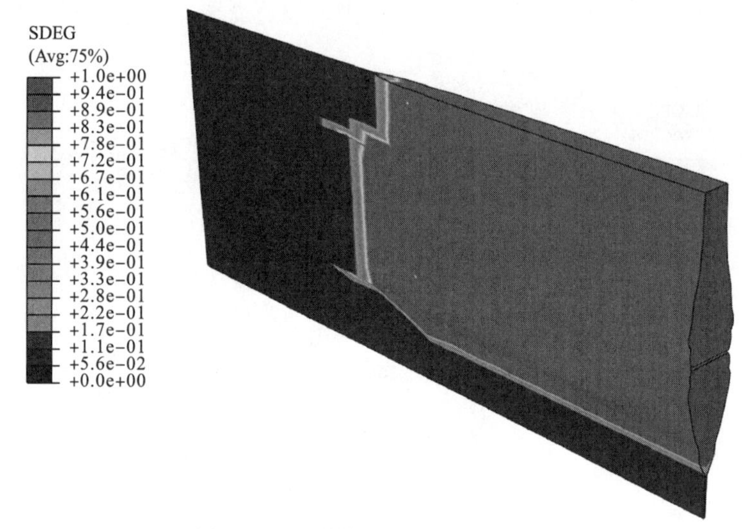

图 6-23　压裂终止时刻裂缝的几何形态

2. 岩石弹性模量的影响

维持所有其他参数不变，更改隔层弹性模量为 50GPa、70GPa 和 90GPa，逐渐增加隔层与油层弹性模量差值，研究其对裂缝形态的影响。

图 6-24 为不同弹性模量下裂缝横截面的轮廓，可知不同隔层弹性模量差值对裂缝截面有比较大的影响。

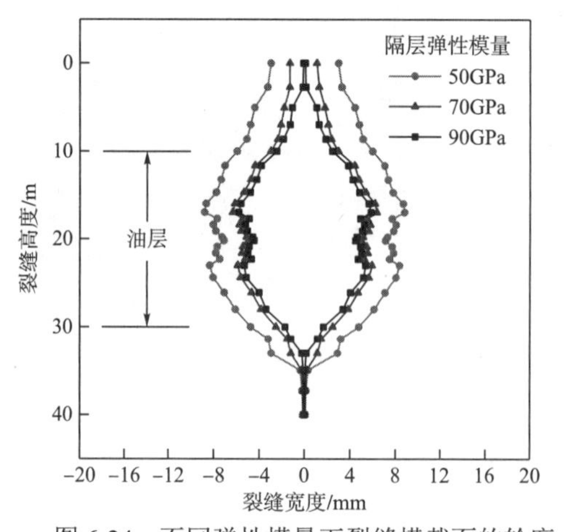

图 6-24　不同弹性模量下裂缝横截面的轮廓

表 6-2 为不同隔层弹性模量情况下裂缝形态的数据。隔层弹性模量越大，裂缝宽度和高度会越小，裂缝长度增长。由此可知，隔层与油层弹性模量差值增加，将阻碍裂缝向隔层扩展，同时减小了裂缝宽度。这使得产生的裂缝在压裂液体作用下易于向远离井筒的方向扩展，更多地沟通储层[13]。由分析可知，弹性模量差值具有阻碍裂缝穿越隔层和增加裂缝长度的效果。

表 6-2　不同隔层弹性模量差下裂缝的形态

弹性模量/GPa	裂缝半长/m	裂缝高度/m	裂缝宽度/mm
50	85.3	35.0	16.2
70	93.7	34.5	12.1
90	98.4	30.0	10.2

3. 地层应力的影响

维持所有其他参数不变，更改油层和隔层之间 X 方向的地层应力差值为 4MPa、8MPa 和 11MPa，研究地层应力差值对裂缝形态的影响。

图 6-25 为 X 方向不同地层应力差值下裂缝横截面的轮廓。由图可知，随着地层应力差值减小，裂缝易于向上发展，穿越上隔层。下隔层由于应力差值较大，裂缝未能穿越。当地层应力差值为 4MPa 时，裂缝已经穿越上隔层而下隔层未能穿越，在上隔层裂缝宽度达到 13.8mm。随地层应力差值增加至 8MPa，裂缝在隔层中的宽度减小为 8.8mm。当地层应力差值增加至 11MPa 时，裂缝穿越上下隔层的距离有限，基本被限制在油层内。

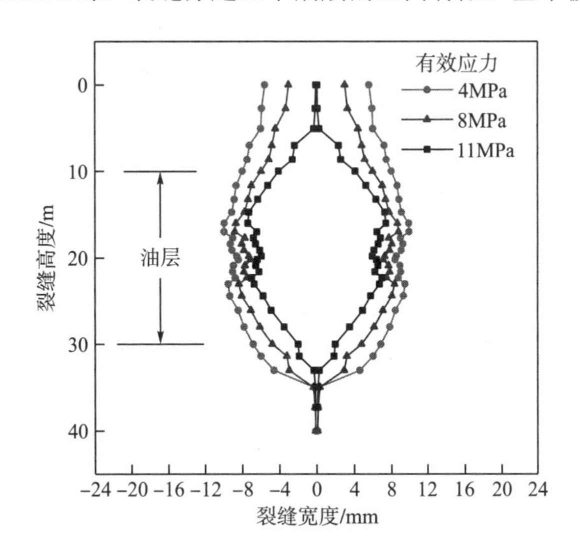

图 6-25　不同隔层有效地应力差值下裂缝横截面的轮廓

表 6-3 为不同地层应力差值情况下裂缝的形态数据。由此可知，随地层应力差值增加，裂缝宽度和裂缝高度减小，裂缝长度增加。

表 6-3　不同隔层有效应力差下裂缝的形态

水平有效应力差/MPa	裂缝半长/m	裂缝高度/m	裂缝宽度/mm
4	80.1	35.0	18.0
8	85.4	35.0	16.2
11.2	95.2	30.1	12.2

4. 岩石抗拉强度的影响

维持所有其他参数不变，更改油层岩石抗拉强度为 1MPa、3MPa 和 5MPa，研究岩石抗拉强度对裂缝形态的影响。

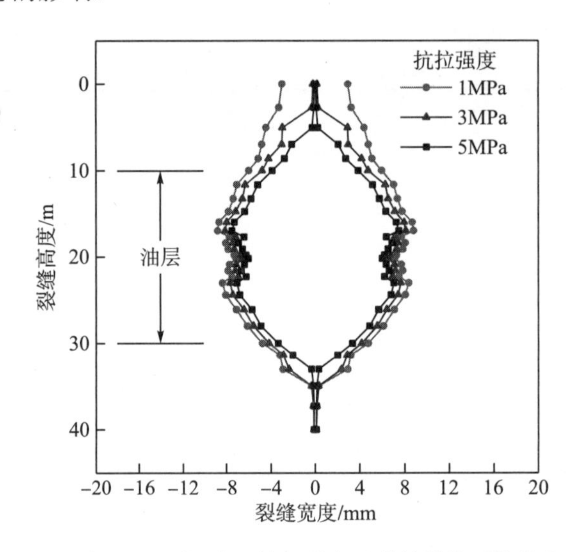

图 6-26　不同岩石抗拉强度下裂缝横截面的轮廓

图 6-26 为不同油层岩石抗拉强度情况下裂缝横截面的轮廓。由图可知，随着油层岩石抗拉强度增加，裂缝难以向上下隔层扩展，被限制在油层内部，对裂缝高度有比较大的影响，而对裂缝宽度影响较小。当抗拉强度为 3MPa 时，裂缝已被限制在上下隔层中，此时裂缝高度为 32.5m；抗拉强度增加至 5MPa，裂缝在隔层中扩展的距离进一步受限，高度仅有 27.5m。

表 6-4 为不同油层岩石抗拉强度情况下裂缝的形态数据。储层岩石抗拉强度越大，裂缝长度增加，裂缝高度和宽度越小。

表 6-4　不同岩石抗拉强度下裂缝的形态

岩石抗拉强度/MPa	裂缝半长/m	裂缝高度/m	裂缝宽度/mm
1	85.1	35.0	16.2
3	89.3	32.5	15.4
5	94.6	27.5	11.5

第三节 裂缝形态比较

美国对 Antelope 页岩储层开展了水力喷射压裂方法和泵送桥塞压裂方法的裂缝长度和高度的研究，同时采用井下微地震和地面测斜仪两种方法对实施的 2 口直井的压裂过程进行实时监测[14]，如图 6-27 所示。

泵送桥塞压裂方式采用每个压裂段 3～4 簇射孔，在直井压裂中裂缝高度能够沿井筒方向充分延伸。相比于水力喷射压裂方法，其射孔长度只有 1.5m，所产生的裂缝高度势必较小。如图 6-28 所示，微地震测得的裂缝高度要比地面测斜仪方法获得的数据大。

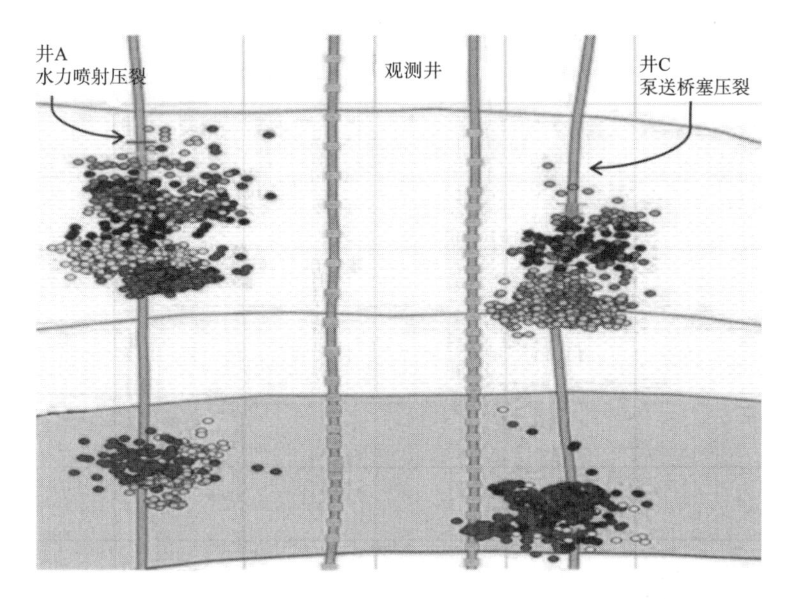

图 6-27 水力喷射压裂和泵送桥塞压裂裂缝监测结果

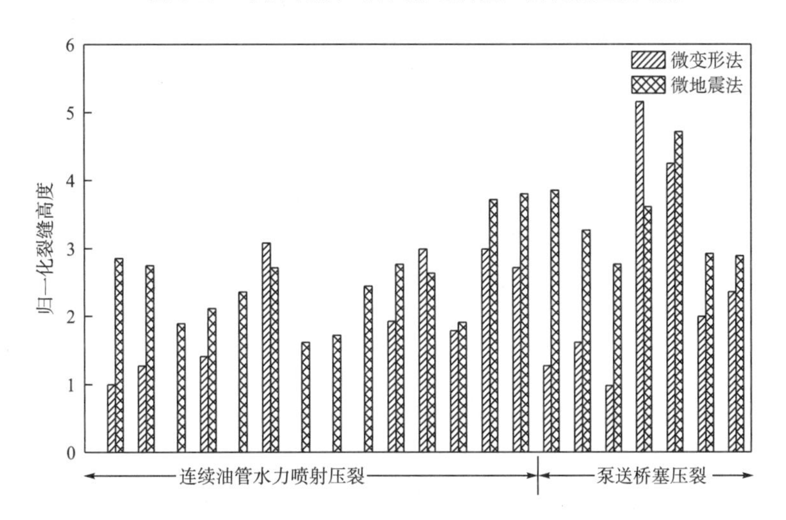

图 6-28 归一化裂缝高度比较

如图 6-29 所示归一化后泵送桥塞压裂工艺所产生的裂缝长度要比水力喷射压裂工艺稍微长一些，这主要是由于更高的施工排量会促使裂缝沿缝长方向延伸。

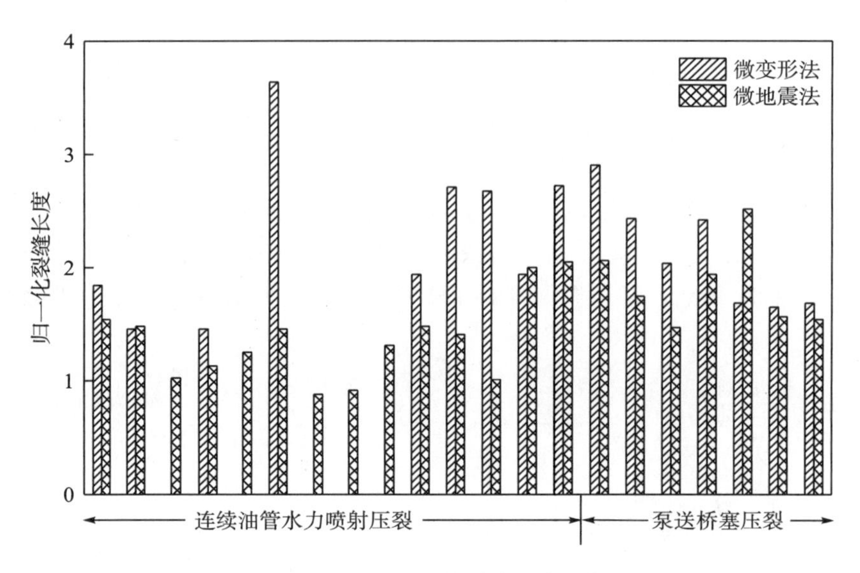

图 6-29　归一化裂缝长度比较

第四节　裂缝布置优化

水力喷射分段压裂可以预防目的层多裂缝的产生，能够保证一次施工产生一条裂缝，一趟管柱对水平井布置多条横向裂缝[15]。裂缝间存在应力干扰，会造成后续施工压力增加[16]，因此裂缝间距优化有望为水平井压裂施工设计和提高压后产能提供依据。

Sneddon 等[17]研究了均质各向同性无限大弹性体中裂缝周围应力分布的问题。为简化计算，裂缝形态为：高度为固定值，长度无限大，宽度相对高度和长度而言非常小。裂缝在水平面投影的形态如图 6-30 所示。

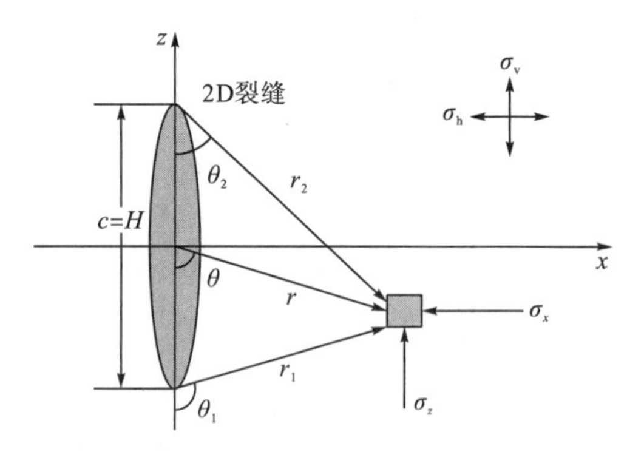

图 6-30　二维垂直裂缝示意图

由于水平井眼轨迹沿最小主应力方向，分段压裂时形成的裂缝形态主要为垂直于井筒方向的横向裂缝，因此对裂缝形成后产生的诱导应力场的研究以均质、各向同性的二维平面应变模型为基础，建立裂缝诱导应力几何模型。

模型假设条件：裂缝形态为垂直缝，裂缝纵剖面为椭圆形，半缝高为 $H/2$，以缝高方向为 z 轴，以垂直于裂缝的方向(水平井井筒方向)为 x 轴，建立图 6-30 所示的水力裂缝诱导应力场几何模型。定义拉应力为正，压应力为负。

初次裂缝在井筒周围某质点(x，y，z)处产生的诱导正应力和剪切应力大小为

$$\sigma_{x诱导} = p_0 \frac{r}{c}\left(\frac{c^2}{r_1 r_2}\right)^{\frac{3}{2}} \sin\theta \sin\frac{3}{2}\left(\theta_1+\theta_2\right) + p_0\left[\frac{r}{\left(r_1 r_2\right)^{\frac{1}{2}}}\cos\left(\theta-\frac{1}{2}\theta_1-\frac{1}{2}\theta_2\right)-1\right] \tag{6-13}$$

$$\sigma_{z诱导} = -p_0 \frac{r}{c}\left(\frac{c^2}{r_1 r_2}\right)^{\frac{3}{2}} \sin\theta \sin\frac{3}{2}\left(\theta_1+\theta_2\right) + p_0\left[\frac{r}{\left(r_1 r_2\right)^{\frac{1}{2}}}\cos\left(\theta-\frac{1}{2}\theta_1-\frac{1}{2}\theta_2\right)-1\right] \tag{6-14}$$

$$\tau_{xz诱导} = p_0 \frac{r}{c}\left(\frac{c^2}{r_1 r_2}\right)^{\frac{3}{2}} \sin\theta \cos\frac{3}{2}\left(\theta_1+\theta_2\right) \tag{6-15}$$

由胡克定律：

$$\sigma_{y诱导} = \nu\left(\sigma_{x诱导}+\sigma_{z诱导}\right) \tag{6-16}$$

同时，各几何参数间存在以下关系：

$$\begin{cases} r=\sqrt{x^2+y^2} \\ r_1=\sqrt{x^2+\left(y+c\right)^2} \\ r_2=\sqrt{x^2+\left(y-c\right)^2} \end{cases} \tag{6-17}$$

$$\begin{cases} \theta=\tan^{-1}\left(x/y\right) \\ \theta_1=\tan^{-1}\left[x/\left(-y-c\right)\right] \\ \theta_2=\tan^{-1}\left[x/\left(c-y\right)\right] \end{cases} \tag{6-18}$$

式(6-13)～式(6-18)中，p_0 为裂缝面上延伸的净压力，Pa；$\sigma_{x诱导}$、$\sigma_{y诱导}$、$\sigma_{z诱导}$ 分别为 x、y、z 方向上的诱导应力，Pa；$\tau_{xz诱导}$ 为 xz 平面上的诱导剪切应力，Pa；r 为裂缝面任意一点距井眼的距离，m；θ 为裂缝方位角，(°)；H 为裂缝高度，$c=H/2$，m。

如果 θ、θ_1 和 θ_2 为负值，那么应分别用 θ+180°、θ_1+180°和 θ_2+180°来代替。利用式(6-13)～式(6-15)可以计算裂缝诱导应力的大小。得到 x 轴上远离裂缝方向上的应力分布，应力 σ 与裂缝延伸净压力 p_0 及距离 L 与裂缝高度 H 进行无因次处理，如图 6-31 所示。L/H=1.0 时，σ_x 值降为 p_0 的 65%。但是当 L/H=2.0 时，σ_x 值已降为 p_0 的 28%。由于模型建立在弹性材料基础上，应力可以叠加累积。当压裂后续裂缝时，裂缝延伸所需净压力势必增加，导致后续施工压力也增加。

裂缝间距对水平井横向裂缝的设计、起裂、延伸的影响很大。图 6-32 为不同裂缝间距情况下，压裂 7 条横向裂缝时所需的净压力。由图可知，当 L/H=1 时，与第一条裂缝延伸净压力相比，第四条裂缝延伸净压力增加 58%，第五条增加 61%。如果间距缩短，L/H=0.5 时，第三条裂缝延伸净压力增加 210%，后续裂缝增加更多。

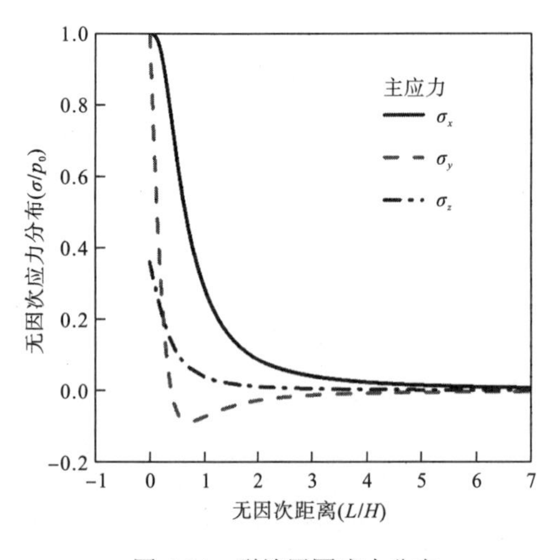

图 6-31　裂缝周围应力分布

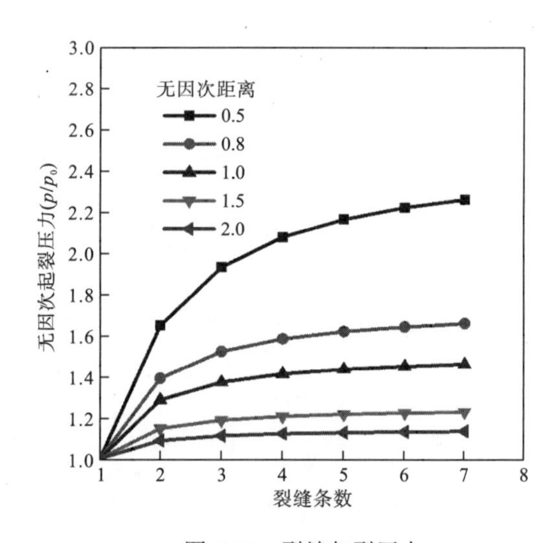

图 6-32　裂缝起裂压力

裂缝间距越小，水平段布置裂缝数量越多，裂缝间应力干扰的情况越加严重，使得后续施工压力大幅增加。相反，增加裂缝间距可以有效减小裂缝间干扰。当 L/H=2 时，裂缝间基本不存在干扰，如图 6-33 所示。

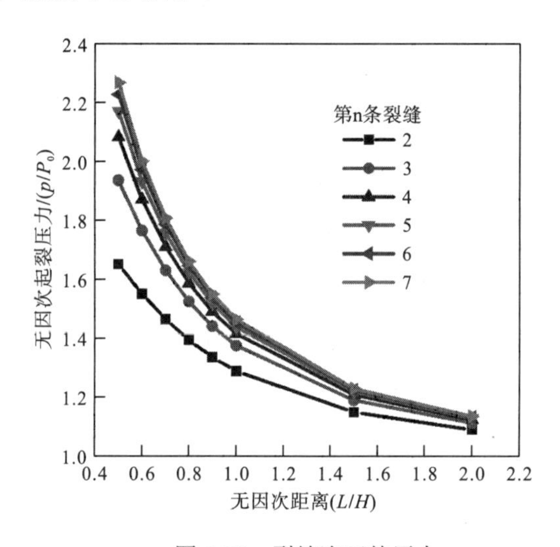

图 6-33　裂缝净延伸压力

通过现场施工数据，可以验证裂缝间存在应力干扰问题。图 6-34 为一口水平井水力喷射三段压裂的施工数据曲线。可以看出，地面油管和套管施工压力逐渐上升，监测到三条裂缝起裂压力分别为 20.1MPa、25.8MP 和 35.6MPa。

三条裂缝之间的间距为 126.3m 和 70.5m，第二条裂缝起裂压力比第一条增加 5.7MPa，第三条裂缝起裂压力比第一条增加 15.5MPa。裂缝产生对地层的挤压，由于水平段储层为致密砂岩，孔隙度为 2%～10%，使得垂直裂缝表面的地应力更容易累积，后续裂缝起裂困难。

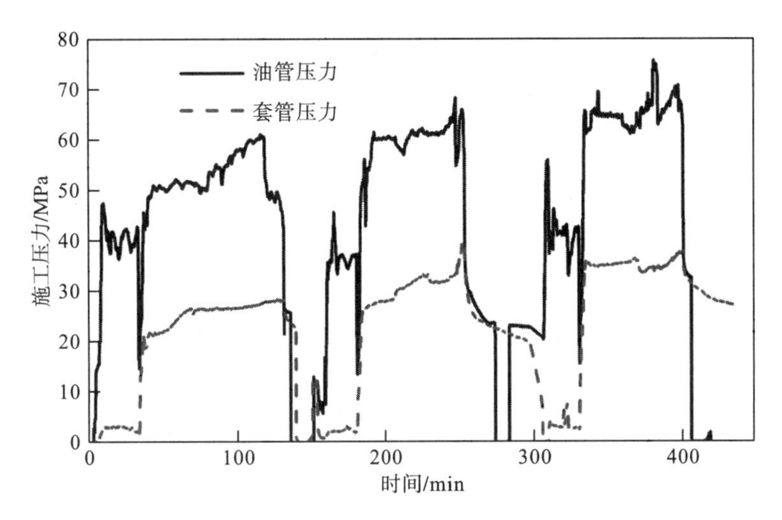

图 6-34　水平井水力喷射三段压裂施工曲线

水力喷射分段压裂施工时全井段没有封隔器，如果后续裂缝延伸净压力增加，必会造成井底水平段压力高于前期裂缝闭合压力，裂缝重新张启。部分液体被压入前期裂缝中，破坏裂缝支撑剂剖面，使近井筒砂比减小，导流能力减低，压后增产效果不明显。因此设计水平井压裂时，应综合考虑施工及压后产能，优化裂缝间距。

参考文献

[1] 楼一珊. 岩石力学与石油工程. 北京：石油工业出版社, 2006.

[2] 殷有泉. 非线性有限元引论. 北京：北京大学出版社, 1988.

[3] 张广清, 陈勉. 定向射孔水力压裂复杂裂缝形态. 石油勘探与开发, 2009, 1(36)： 103-107.

[4] Behrmann L A, Elbel J L. Effect of perforations on fracture initiation. Society of petroleum technology, 1991, 43 (5) : 608-615.

[5] Abass H H, Soliman M Y, Tahini A M, et al. Oriented fracturing: anew technique to hydraulically ffacture openhole horizontal well. SPE 124483, 2009.

[6] 曲海, 刘营, 徐颖. 水力喷砂射孔孔道-裂缝起裂机理研究. 西南石油大学学报, 2015, 37(5): 111-116.

[7] Crosby D G, Yang Z, Rahman S S. Transversely fractured horizontal wells a technical appraisal of gas production in Australia. SPE 50093, 1998.

[8] Surjaatmadja J B, McDaniel B W. Sutherland R. Unconventional multiple fracture treatments using dynamic diversion and downhole mixing. SPE 77905, 2002.

[9] Sneddon I N, Elliott H A. The opening of a griffith crack under internal pressure. Quart. Appl. Math. , 1996, 3: 262-267.

[10] 董平川, 牛彦良, 李莉, 等. 螺旋布孔射孔对套管强度的影响. 大庆石油地质开发, 2007, 2(26)： 91-95.

[11] Zhang G M, Liu H, Zhang J, et al. Three-dimensional finite element simulation and parametric study for horizontal well hydraulic fracture. Journal of Petroleum Science and Engineering, 2010, 72(1)： 310-317.

[12] Chen Z R, Bunger A P, Zhang X, et al. Cohesive zone finite element based modelling of hydraulic fractures. Acta Mechanica Solida, 2009, 22(5): 443-452.

[13] Qu H, Liu Y, Zhou C D, et al. The characteristics of hydraulic fracture growth in woodford shale, the Anadarko Basin, Oklahoma. SPE 184850, 2015.

[14] Singh A, Soriano L, Manish K L. Comparision of multi-stage fracture placement methods for economic learning and unconventional completion optimization: a casing history. SPE 184839, 2017.

[15] 田守嶒, 李根生, 黄中伟. 连续油管水力喷射压裂技术. 天然气工业, 2008, 28(8): 61-63.

[16] Soliman M Y, East L, Adams D. Geomechanics aspects of multiple fracturing of horizontal and vertical wells. SPE 86992, 2004.

[17] Sneddon I N. Thedistribution of stress in the neighbourhood of a crack in an elastic solid. Proc. , Royal society of London, Series A. 1946, (187): 229-260.

第七章　水力喷射分段压裂优化设计

第一节　水力喷射压裂工艺适应性

一、水力喷射分段压裂工艺适应的地层

低渗透地层的分段压裂。低渗油藏一般储层物性差，渗透率低；储层孔隙度一般偏低，横向或纵向变化幅度大；油层中砂泥岩互层，非均质性严重；油层产能递减快等，需要通过压裂改造提高产能。低渗透地层往往岩石强度高，破裂压力大，这会导致地面施工泵车压力高，施工压力易于超过限压。其次是近井筒地层地应力环境复杂，压裂施工出现砂堵的可能性高。针对这些问题，水力喷射压裂工艺表现出良好的适用性。水力喷砂射孔时由于磨料射流的冲击作用，孔眼壁面会产生微裂纹，从而降低起裂压力。此外，水力喷砂射孔孔道较长，易于形成单一主裂缝，降低近井裂缝扭曲程度。

薄互层油藏压裂。由于油层薄，利用直井和常规定向井开发，油层裸露面积有限，通常需要通过增产改造才能建产。同时，薄互层的储层与隔层应力差值小，水力裂缝高度通常会过度延伸至上下隔层中，使得裂缝长度大幅减小，造成有效改造体积减小。由于裂缝高度过大，压裂支撑剂会沉降至下部隔层中，造成水力裂缝在储层中的有效导流体积大幅减小。若采用常规压裂工艺，压裂效果难以有效保证。水力喷射压裂工艺的近井筒形成单一主裂缝，高速喷射流体易使得压裂液向储层深部流动促使裂缝沿长度方向生长，从而一定程度上抑制裂缝沿高度扩展，减小进入上下隔层的程度。

边底水的油气藏。若压裂储层距离上下含水层近，常规水力压裂过程中，人工裂缝易于贯串水层，形成具有导流能力的通道，生产过程中，会导致储层水淹，油气产量受到极大影响。由于水力喷射压裂工艺能够有效控制裂缝高度，因此能够很好地满足该类储层的压裂需求。

2. 不适应的地层

地层应力异常，层间应力差大的地层。对于地应力情况复杂的储层，容易产生多裂缝，砂堵风险大。如果上部地应力比下部地应力大很多，超过水力密封压力数值，会造成环空压力高于已施工层段的裂缝开启压力，促使部分压裂液进入已施工裂缝，破坏裂缝内支撑剂的布置，影响导流能力。

出砂严重的水平井。出砂严重会导致放喷时地层砂和支撑剂大量返出，造成工具砂埋。

二、拖动式水力喷射压裂工艺

对于筛管井、衬管井、裸眼井和出砂严重井，为防止压裂后支撑剂卡住压裂管柱及工具，通常选用水力喷射压裂拖动工艺[1]实施多层段改造。依据压裂段数和每段加砂数量，综合评估所用水力喷射工具的数量。然后将喷枪通过油管或油管短节连接起来，当一个压裂层段施工结束后，上提压裂管柱，使第二个喷枪对准所需压裂的层位，从而使整个井下工具串远离已施工层位，有效防止压裂管柱在水平段的多个位置出现砂卡点，降低解决卡管柱的难度。

详细工艺流程如下：

(1) 下入工具。将压裂管柱准确下至施工层位，要求喷枪所在井深的误差不超过 0.5m。

(2) 现场准备。地面管线循环、试压、套管环空敞开等。

(3) 检查喷嘴。用排量 0.5～1.0m^3/min 的压裂液基液顶替油管内的液体，通过地面油管的压力检测喷嘴是否通畅。

(4) 喷砂射孔。提高油管排量至设计排量，并加入砂浓度 100～120kg/m^3，颗粒直径 Φ0.4mm～Φ0.8mm 的射孔石英砂。达到设计砂量后，用压裂液基液顶替一个完整的油管和套管环空体积，如图 7-1 所示。

(5) 试挤地层。降低油管排量，缓慢关闭套管阀门。油管和套管小排量泵注压裂液基液，观察套管压力曲线的变化，辨别地层起裂。

(6) 加砂压裂。按照泵注程序进行加砂压裂，前置液阶段油管加入交联剂，携砂液阶段仅油管加入支撑剂。套管环空注入基液，如图 7-2 所示。

(7) 顶替。油管和套管环空同时注入压裂液基液。

(8) 顶替完毕后停泵扩散压力，待裂缝闭合后，缓慢打开套管闸门，控制压力降落。当地面井口压力为零时，上提管柱一定距离，使得喷枪喷嘴对准第二个压裂层段，重复步骤 (2)～(7)。若喷枪使用寿命达到规定要求，需要将压裂管柱中的第二个喷枪对准压裂位置，然后地面投入压裂球，用 0.5m^3/min 排量泵送球，当球到达放置在喷枪内的滑套时，在压力作用下促使滑套打开，如图 7-3 所示。

(9) 返排求产。压裂施工结束以后，依次使用直径为 Φ3.0mm、Φ4.0mm 和 Φ5.0mm 的油嘴控制放喷压裂液，当井口压力为零时，更换生产管柱，排液求产。

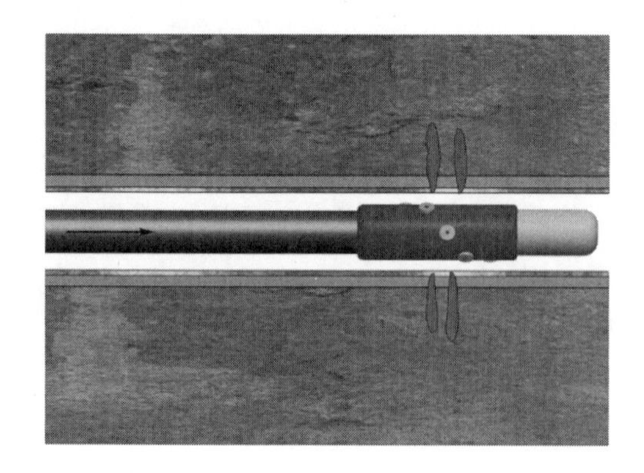

图 7-1　水力喷砂射孔

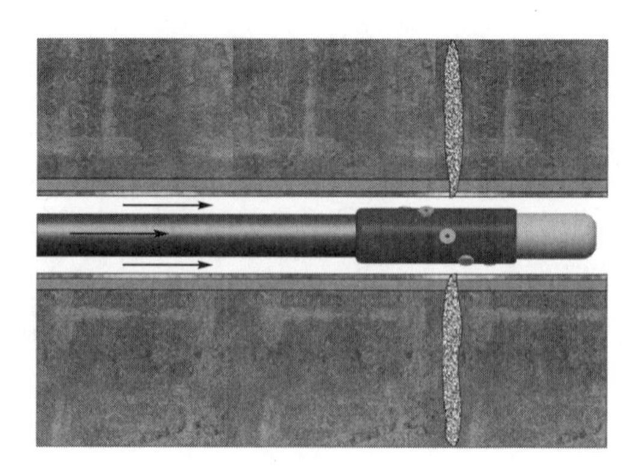

图 7-2　定点水力压裂

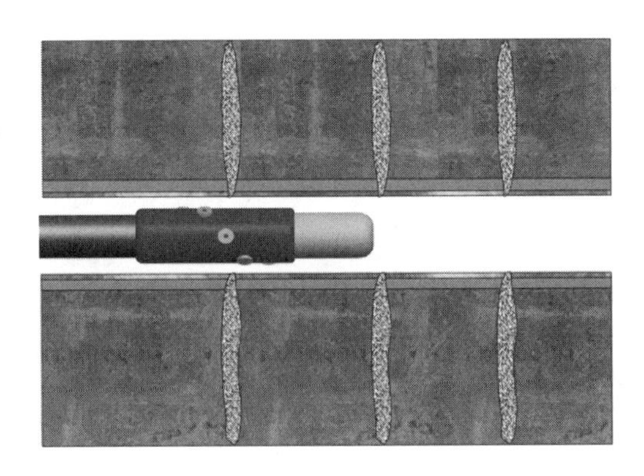

图 7-3 上提管柱多段压裂

三、不动管柱水力喷射分段压裂工艺

不动管柱式压裂工艺[2]依靠多级滑套式喷枪完成，采用逐层投球打滑套的方式分别压裂多层，特别适合于高压气井、复杂结构井的分段压裂，如图 7-4～图 7-6 所示。目前，压裂滑套级差可以达到 2mm，大幅提高压裂工具段数至 10～15 级。对于致密油气藏，需要多层段大规模压裂，采用该工艺压裂施工结束后，井下压裂管柱可以充当生产管柱，这样既节约了生产成本，也加快了压后投产进度。

详细工艺流程如下：

(1) 管柱组合，下放工具。按照压裂设计施工要求，根据喷枪射孔位置，进行压裂油管配置，确保喷枪本体上喷嘴的位置与设计一致。同时，根据喷枪上滑套的打开顺序，按照球座内径从小到大依次连接喷枪。

(2) 现场准备。地面管线循环、试压、套管环空敞开等。

(3) 检查喷嘴。用排量 0.5～1.0m^3/min 的压裂液基液顶替油管内的液体，通过地面油管压力检测喷嘴是否通畅。

(4) 喷砂射孔。提高油管排量至设计排量，并加入砂浓度 100～120kg/m^3，颗粒直径 Φ0.4mm～Φ0.8mm 的射孔石英砂。达到设计砂量后，用压裂液基液顶替一个完整的油管和套管环空体积。

(5) 试挤地层。降低油管排量，缓慢关闭套管阀门。油管和套管小排量泵注压裂液基液，观察套管压力曲线的变化，辨别地层起裂。

(6) 加砂压裂。按照泵注程序进行加砂压裂，前置液阶段油管加入交联剂，携砂液阶段仅油管加入支撑剂。套管环空注入基液。

(7) 顶替。油管和套管环空同时注入压裂液基液。

(8) 顶替完毕后停泵扩散压力，待裂缝闭合后，缓慢打开套管闸门，控制压力降落。当地面压力下降至允许第二段压裂施工操作时，通过压裂井口，向油管内投入压裂球，低排量送球入座打滑套，重复步骤(2)～(7)，进行下一层段的压裂施工。

(9) 返排求产。压裂施工结束以后，依次使用直径为 Φ3.0mm、Φ4.0mm 和 Φ5.0mm 的油嘴控制放喷压裂液，当井口压力为零时，起出压裂管柱，更换生产管柱，排液求产。

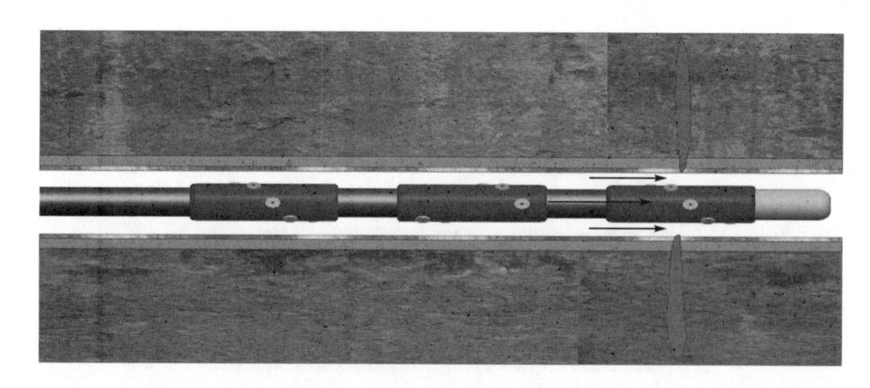

图 7-4　第一层水力喷射分段压裂

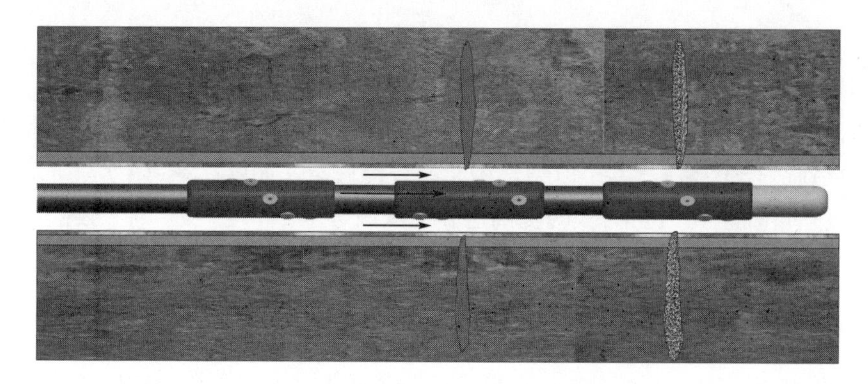

图 7-5　第二层水力喷射分段压裂

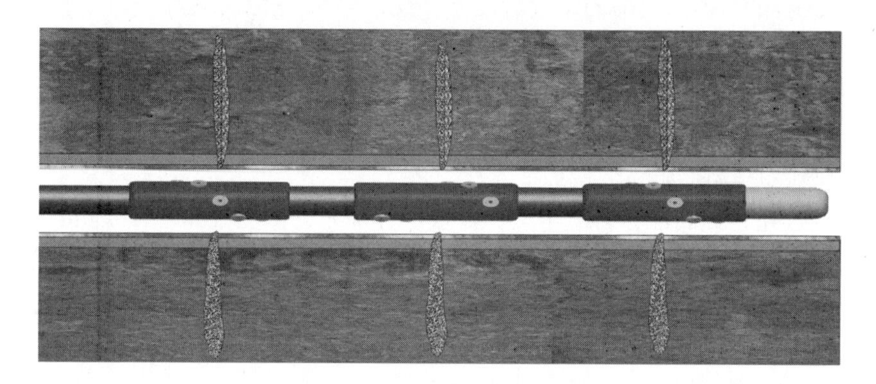

图 7-6　多层水力喷射分段压裂

四、连续油管水力喷射砂塞封隔多级压裂

该压裂工艺流程[3,4]如下：

(1)组装、下放工具。如图 7-7 所示，依次连接连续油管短节、上扶正器、喷枪、单向阀、下扶正器、喷砂器和单向限位反洗阀。连续油管短节上部连接安全接头和连续油管，将连接好的水力喷射砂塞封隔多层压裂工艺管柱下到套管完井的水平井中。射流器的喷嘴数量为 3 个，喷嘴直径 Φ6mm，喷嘴在同一平面内，相位角 120°。喷砂器的喷砂孔为 4 个，孔径 Φ20mm，相位角 90°。

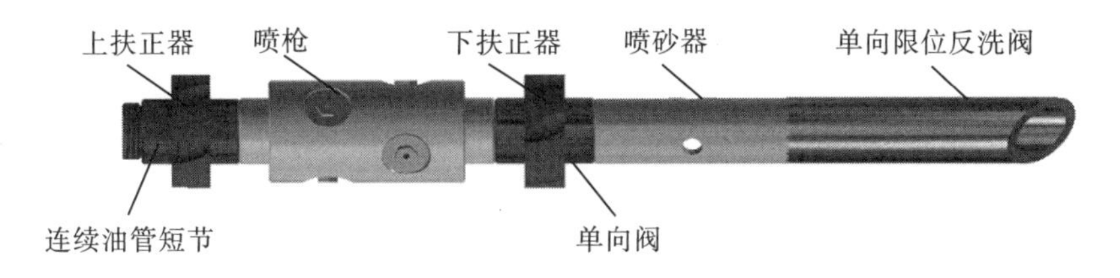

图 7-7　水力喷射环空砂塞多级压裂工具组合

(2) 投球，喷砂射孔。将 Φ55mm 低密度球放入连续油管中，连续油管中注入清水，排量 1.0m^3/min，送球到达单向阀，二者实现密封。连续油管保持排量不变，注入含有射孔石英砂的液体，通过射流器进行磨料射孔，石英砂浓度为 100kg/m^3，颗粒直径为 Φ0.4mm～Φ0.8mm，射孔时间 12min，石英砂用量达到 1.2m^3，如图 7-8 所示。

(3) 上提管柱，反洗球。上提连续油管 30m，使射砂塞封隔多层压裂工艺管柱远离压裂位置。油套环空注入清水，液体将携带单向阀中的低密度球经连续油管返出地面。

(4) 压裂地层。连续油管注入交联压裂液体，排量为 3.5m^3/min，液体通过喷砂器射出。套管环空注入交联压裂液体，排量为 1.2m^3/min。当套管压力达到 24MPa 时地层出现破裂。两种液体进入裂缝并充分混合，用于维持地层裂缝扩展，如图 7-9 所示。

(5) 加砂压裂。连续油管排量保持不变，注入交联混砂压裂液，支撑剂浓度依次为 180kg/m^3、300kg/m^3、430kg/m^3、540kg/m^3、670kg/m^3、780kg/m^3、910kg/m^3、1020kg/m^3，加入支撑剂量达到 30m^3。

(6) 制造砂塞。当加入支撑剂数量达到 30m^3 后，迅速提高砂浓度至 2450kg/m^3，支撑剂用量为 1.5m^3。当高浓度支撑剂达到施工裂缝位置时，降低连续油管排量至 1m^3/min。施工压力迅速上升至 70～80MPa，表明在此处产生了耐压 70MPa 的砂塞，如图 7-10 所示。

(7) 上提管柱，多层压裂。第一层位压裂结束，停止向连续油管和套管环空注入液体，上提连续油管，使射流器对准第二压裂层位，重复上述 (2)～(6) 步施工。由于存在砂塞，后续压裂施工液体不会进入已压裂施工层位，如图 7-11 所示。

(8) 冲砂洗井。按照上述步骤，对水平井实施 3 层段压裂改造后，下放射砂塞封隔多层压裂工艺管柱，并同时在油套环空中注入清水，排量为 1.5m^3/min。清水携带井筒中的砂塞经单向限位反洗阀进入管柱内部，通过连续油管上返至地面，工艺管柱下放距离超过第一段施工位置 30m，增加洗井效果，如图 7-12 所示。

(9) 排液求产。提出多段喷射压裂砂塞封隔工艺管柱，下入生产管柱，求产。

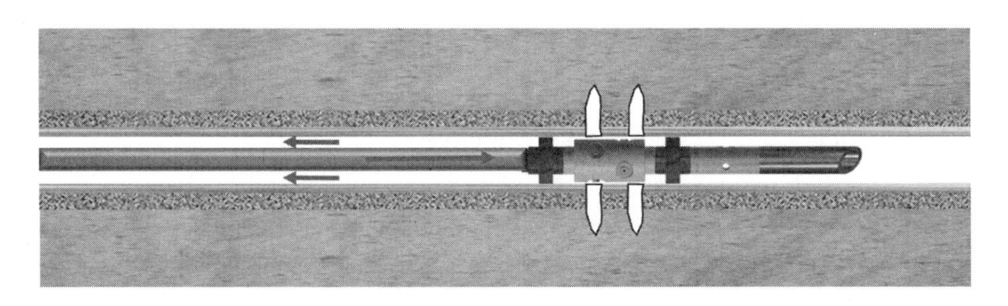

图 7-8　水力喷砂射孔

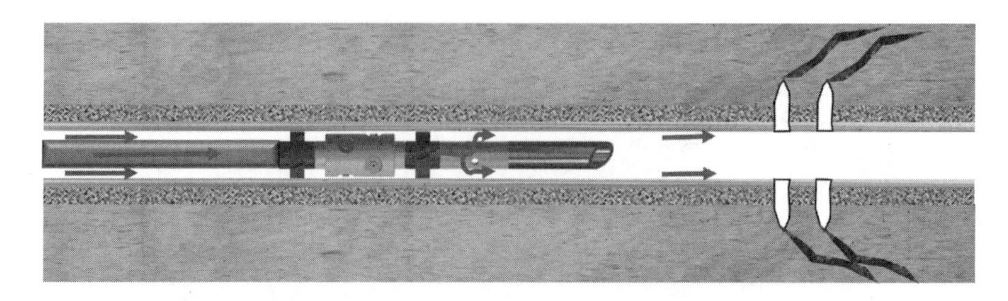

图 7-9　水力喷环空压裂

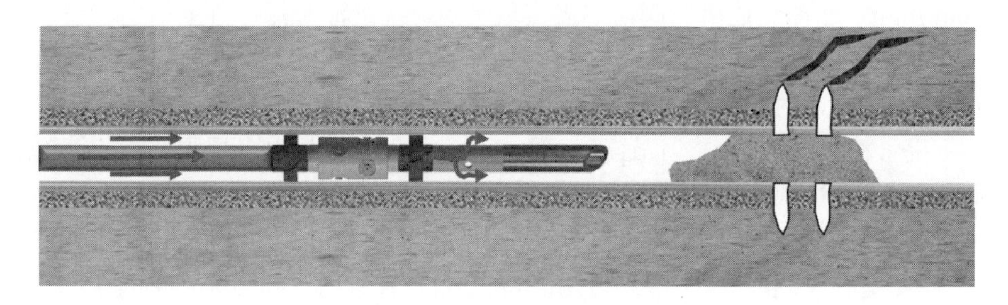

图 7-10　水力喷环空填制砂塞

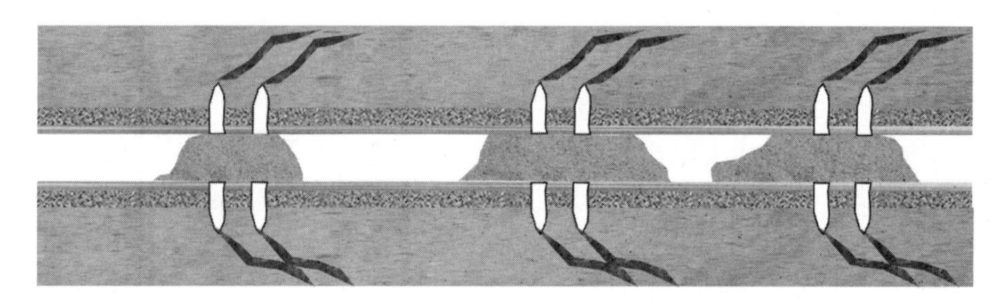

图 7-11　水力喷射压裂多级砂塞填埋

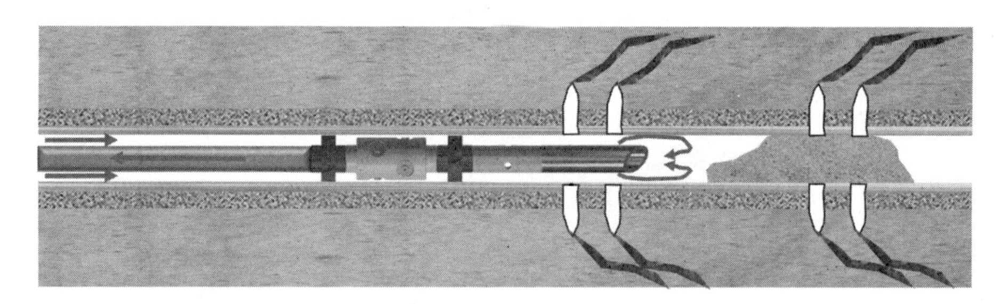

图 7-12　反洗清理砂塞

五、连续油管水力喷射封隔器多级压裂

该压裂工艺流程[5]如下：

(1)组装、下放工具。如图 7-13 所示，将从上到下依次连接连续油管短节、上扶正器、喷枪、下扶正器、压差膨胀封隔器、防砂水力锚、机械接箍定位器的水平井连续油管射流封隔器环空压裂工艺管柱下到水平井套管内。喷枪的喷嘴数量为 3 个，喷嘴直径 Φ6mm，

喷嘴在同一平面内，相位角 120°。

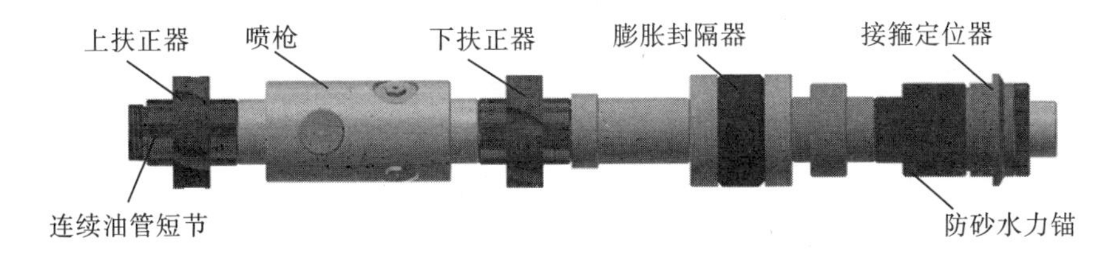

图 7-13 水力喷射封隔器压裂工具组合

(2) 套管接箍定位。下放工艺管柱的过程中，无线接箍定位器遇到套管接箍会向地面发送一个电压脉冲信号，表明遇到一根套管。通过比对该井下入套管时的数据，能够计算出水平井连续油管射流-封隔器环空多段压裂工艺管柱下放的位置。

(3) 坐封封隔器，锚定管柱。以 1.0m³/min 排量向连续油管内注入压裂液基液，液体流经喷枪射出，由于存在射流压差，使得连续油管内压力高于油管和套管之间的环空压力18MPa，在压力差值作用下膨胀封隔器将坐封于套管上，同时防砂水力锚撑开，锚定到套管上，确保水平井连续油管射流-封隔器环空多段压裂工艺管柱不发生轴向移动。

(4) 喷砂射孔。保持连续油管排量 1.0m³/min，注入磨料携砂液体进行喷砂射孔，磨料砂浓度为 100kg/m³，颗粒直径为 Φ0.4mm～Φ0.8mm，射孔时间为 10min。当射孔磨料数量达到 1.0m³ 后，连续油管注入压裂液基液清洗井内砂粒，清洗液体携带砂粒从连续油管和油套环空之间返出地面，如图 7-14 所示。

(5) 压裂地层。油管和套管之间环空注入过交联压裂液，排量为 3.4m³/min。连续油管排量为 1.0m³/min，注入压裂液基液，当套管压力达到 24MPa 时地层出现破裂。两种液体进入裂缝，并充分混合为交联压裂液，用于维持地层裂缝扩展。

(6) 加砂压裂。套管环形空间排量 3.4m³/min，注入过交联混砂压裂液，加入混砂液砂粒浓度依次为 180kg/m³、300kg/m³、420kg/m³、540kg/m³、660kg/m³、780kg/m³、900kg/m³、1020kg/m³。连续油管排量 1.0m³/min。当加入支撑剂量达到 30m³ 后，连续油管和油套环空共同注入压裂液基液将井内混砂液顶入地层裂缝中，使井内不含砂粒，如图 7-15 所示。

(7) 上提管柱。第一层位压裂结束，停止向连续油管和油管和套管之间环空注入液体，此时二者压力相同，封隔器和防砂水力锚将恢复原状。上提连续油管，配合无线接箍定位器，使喷枪对准第二压裂层位。

(8) 坐封、锚定、射孔、压裂第二层位。快速提升连续油管排量至 1.0m³/min，进行喷砂射孔及压裂。膨胀封隔器将油管和套管之间环空封隔为两个空间，用于压裂的液体只会进入第二层位，如图 7-16 所示。

(9) 多层压裂，排液求产。按照上述步骤，对水平井实施 6 层段压裂改造后，将水平井连续油管射流-封隔器环空多段压裂工艺管柱上提至直井段，油管和套管之间环空出口安装油嘴控制放喷压裂。当油管和套管之间环空压力大于 25MPa，使用直径为 Φ3.0mm 油嘴。当油管和套管之间环空压力小于 25MPa 大于 15MPa，使用直径为 Φ4.0mm 油嘴。当油管和套管之间环空压力小于 15MPa，使用直径为 Φ5.0mm 油嘴。当井口压力为 0，提出射流封隔器压裂工艺方法及装置，下入生产管柱，求产。

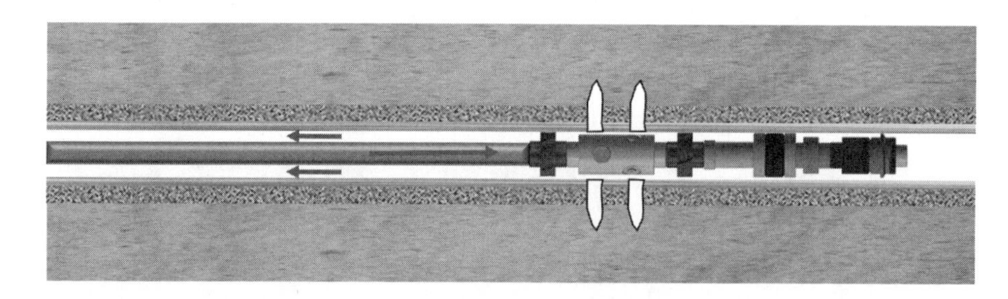

图 7-14　水力喷砂射孔

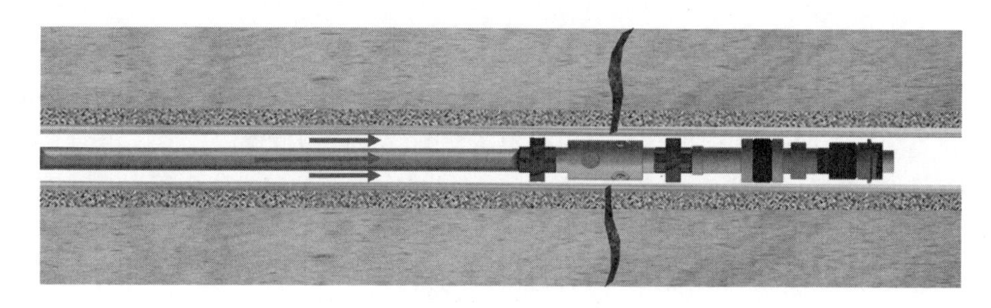

图 7-15　水力喷砂压裂

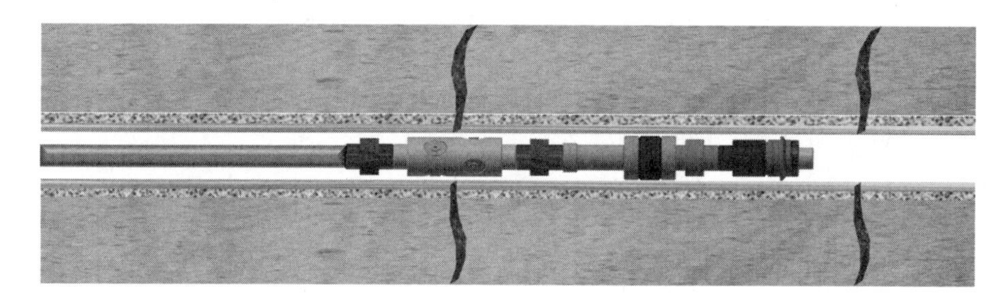

图 7-16　水力喷射多级压裂

第二节　水力喷射压裂参数优化

一、水力喷射压力设计方案

水力喷射分段压裂设计包括两部分：①水力喷砂射孔工艺设计；②水力喷射与压裂联作设计。水力喷砂射孔工艺设计主要包括优选喷嘴组合方式、油管尺寸、施工排量、磨料数量及浓度。高速射流能够击穿套管和水泥环，并在在地层中得到具有一定直径和长度的多个孔道，穿透近井污染带，沟通井筒与地层，为后续压裂顺利实施提供必要的保障。水力喷射与压裂过程设计包括优选环空注入排量，满足裂缝延伸压力及弥补压裂液体滤失，同时需要控制地面套管压力使已压开裂缝不再开启，实现该工艺的射流密封要求，达到分段压裂目的。同时优化泵注程序，使得支撑剂能够顺利通过喷嘴进入地层，获得合理支撑剖面。因此水力喷射分段压裂设计需要综合考虑多种施工因素，设计流程见图 7-17。

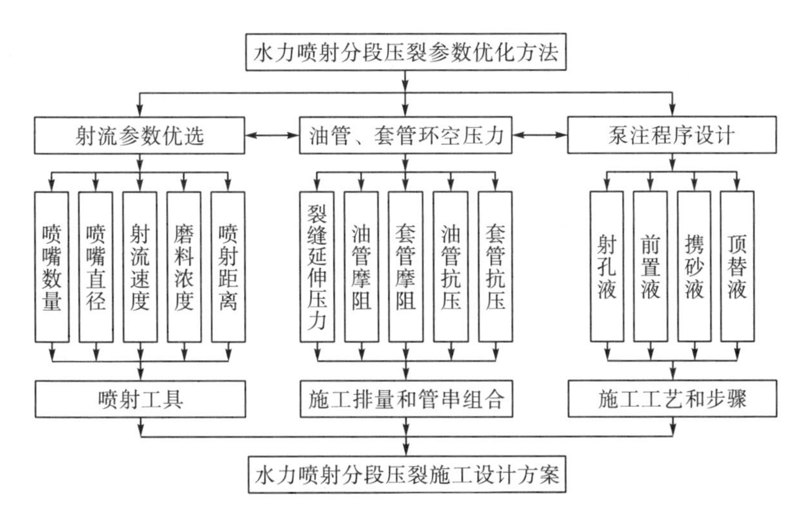

图 7-17　水力喷射分段压裂优化设计流程示意

在地面施工设备方面，相比于传统压裂方法，水力喷射压裂工艺需要两条注入管线：油管和套管，如图 7-18 所示。同时，需要配置一条套管放喷管线。由于受到水力喷射压降和油管摩阻影响，油管端的所需的压裂车组总马力要高于套管端。

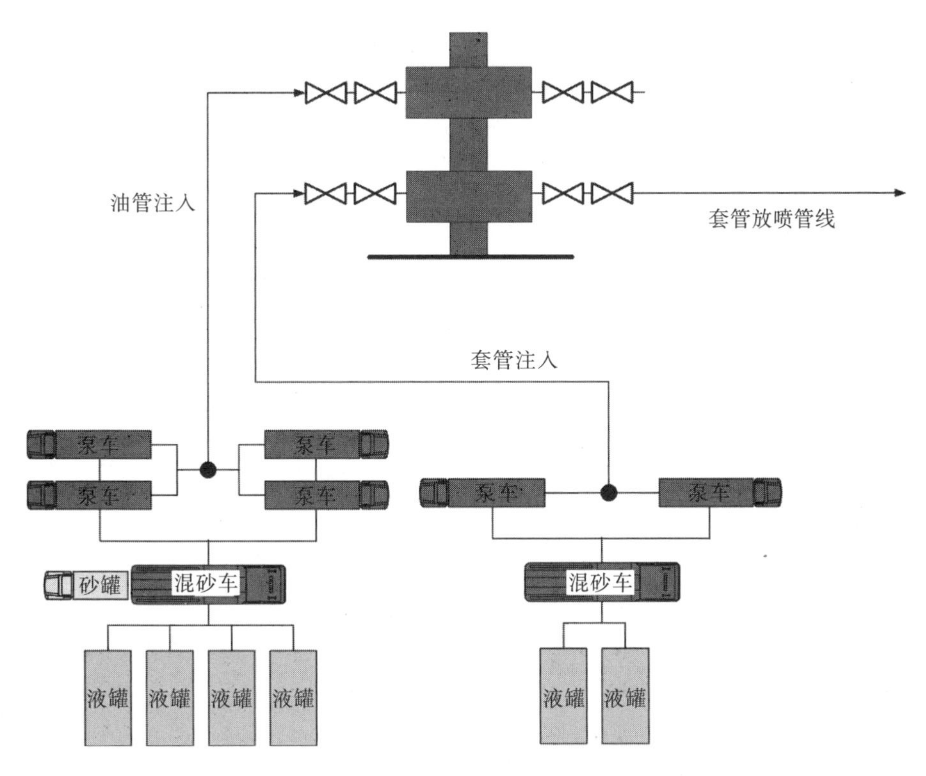

图 7-18　水力喷射压裂地面设备布置示意

水力喷砂射孔过程中，油管注入管线开启，套管注入端管线关闭，套管放喷管线敞开。施工过程中，含有磨料的液体经过油管端泵入到井内，从套管放喷管线进入液灌中。

水力压裂过程中，油管和套管注入端全部打开，套管放喷管线关闭。压裂液和支撑剂全部通过油管端的混砂车和砂罐车配合加入。同时交联剂、破胶剂等压裂液添加剂也在此处的混砂车中加入。油管端压裂液体所加入交联剂等比例需要考虑套管注入液量，使得压裂液体进入裂缝后重新混合的比例达到液体携砂要求，因此油管端液体都是过交联。套管端只需要配置一台供液泵车，并具备每分钟 $1.0m^3/min$ 的供液能力即可。

水力喷射压裂施工典型泵注程序见附表。

二、地面泵压预测

地面泵压预测是压裂泵车选型和施工压力控制的基础，水力喷射分段压裂地面泵压主要包括水力喷砂射孔和水力喷射分段压裂两个不同阶段的地面油压和地面套压。结合这两个阶段表现出的不同流动特点，分析得出了地面油压和地面套压的计算公式。

1. 水力喷砂射孔阶段地面油压预测

水力喷砂射孔阶段，开启油套环空，通过油管注入射孔液，射孔液经喷射工具喷出射入地层形成孔眼，随后射孔液从孔眼流出，经油套环空返回地面，地面油管压力 P_t 可由下式表示：

$$P_t = P_{ft} + P_j + P_{fc} \tag{7-1}$$

式中，P_t 为地面油管压力，MPa；P_{ft} 为压裂液在油管中摩阻，MPa；P_j 为喷嘴压降，MPa；P_{fc} 为压裂液在裂缝中摩阻，MPa。

2. 水力喷射分段压裂起裂阶段

水力喷射分段压裂阶段，结合水力喷射增压机理可知，成功压裂地层的条件是：

$$P_a + \Delta P_b \geqslant P_{fb} \tag{7-2}$$

$$P_a = P_t + P_h - P_{ft} - P_j \tag{7-3}$$

$$P_a = P_c + P_h - P_{fc} \tag{7-4}$$

式中，P_h 为静液柱压力，MPa；ΔP_b 为射流增压值，MPa；P_c 为地面套管压力，MPa；P_{fb} 为地层破裂压力，MPa。

经式(7-2)推导可知，要使得水力喷砂射孔孔道在目的层顺利起裂，地面油管和套管施工的最小压力为

$$\begin{aligned} P_t &\geqslant P_{fb} - P_h + P_{ft} + P_j - \Delta P_b \\ P_c &\geqslant P_{fb} - P_h + P_{fc} - \Delta P_b \end{aligned} \tag{7-5}$$

3. 水力喷射分段压裂阶段地面油压及套压预测

当裂缝在水力喷砂射孔位置起裂后，油管和套管环空液体将共同进入维持裂缝延伸。压裂过程，携砂液只通过油管注入，经喷嘴加速后，高速射入地层裂缝中，推动和挤压裂缝中的液体，保持裂缝向远端扩展。

因此，水力喷射分段压裂阶段，地面油管压力可表示为

$$P_t = P_{ft} + P_j + P_{ff} \tag{7-6}$$

式中，P_{ff}为裂缝延伸净压力，MPa。

套管环空注入液体仅为压裂液基液，主要用途是：①增加井底压力，维持裂缝的开启状态，保证射流液体顺利进入裂缝；②弥补井底压裂液体损失。套管环空压力计算公式为

$$P_c = P_{fc} + P_{ff} + P_{fe} - P_h \tag{7-7}$$

位于井口的第一根油管所受拉力 P_p 表示为

$$P_p = W + P_t \frac{A_i}{A_g} \tag{7-8}$$

式中，W 为油管柱总重量，kg；A_i 为油管内面积，mm^2；A_g 为油管截面面积，mm^2。

通过上述公式计算，得到水力喷砂射孔阶段及压裂阶段施工压力均应低于油管及套管的最小抗内压强度，并保证处于井口的油管所受拉力应小于其抗拉强度。从而优选喷嘴数量，施工排量及施工管柱，使得施工压力在合理范围内满足水力喷射分段压裂工艺要求。

$$P_t < P_{tl} \,\&\, P_p \tag{7-9}$$

$$P_c < P_{cl} \tag{7-10}$$

式中，P_{tl} 为油管最小抗内压强度，MPa；P_{cl} 为套管最小抗内压强度，MPa。

三、喷嘴数量及排量

水力喷射压裂工具的喷嘴排量和压降参数是水力喷射压裂工艺参数的重要部分[6]。只有确定了水力喷射压裂工具喷嘴的直径、排量、压降、数量等参数，才能够进行施工排量、施工压力等其他参数的计算和确定。通过实验和理论研究，水力喷射压裂工具的喷嘴压降可用下式表示：

$$P_j = \frac{513.559 Q^2 \rho}{A^2 C^2} \tag{7-11}$$

工作排量可表示为

$$Q = \left[\frac{P_j C A}{513.559 \rho} \right]^{0.5} \tag{7-12}$$

式中，Q 为排量，L/s；ρ 为流体密度，g/cm^3；A 为喷嘴总面积，mm^2；C 为喷嘴流量系数，一般取 0.9。

图 7-19 为三种（Φ6mm×4、Φ6mm×6 和 Φ6mm×8）喷嘴组合方式在不同排量下喷嘴压降及喷射速度关系曲线。结果表明，随施工排量增加，喷嘴压降及喷射速度同时增加。Φ6mm×6 喷嘴组合在排量为 $2.8m^3/min$ 时，喷嘴压降达到 38.9MPa，射流速度为 275.2m/s。由图 7-19 可知，Φ6mm×4 喷嘴组合在排量为 $2.2m^3/min$ 时，喷嘴压降达到 54MPa，而 Φ6mm×8 喷嘴组合在排量为 $4.0m^3/min$ 时，喷嘴压降仅为 44MPa。由此可知，通过调整喷嘴数量可以保证施工排量及喷嘴压降在施工允许范围内。

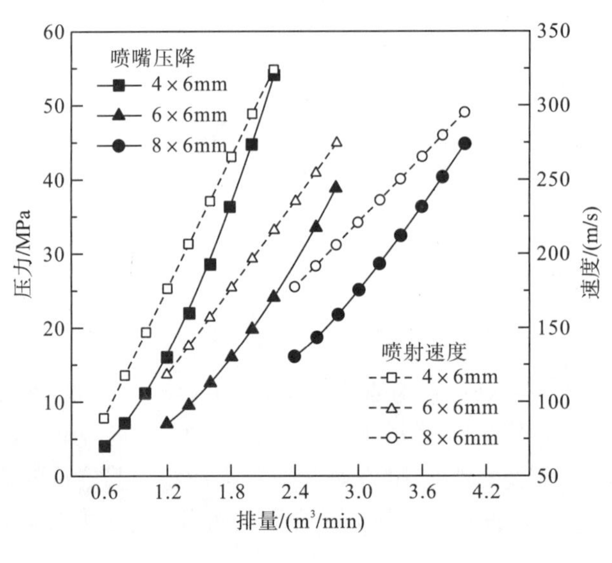

图 7-19　地面施工压力曲线

水力喷砂射孔能有效地穿透套管并在天然砂岩上射出直径30mm以上、长度达780mm的孔道。因此，可提高水力喷砂射孔排量，获得高速射流，产生大而长的孔道，突破近井污染带。图7-20为计算得到砂岩中喷射速度与孔道长度关系曲线，当射流速度超过250m/s后，在砂岩储层中产生的孔道长度可以达到1m以上，喷射速度越高，在目的储层中产生的孔道越长。

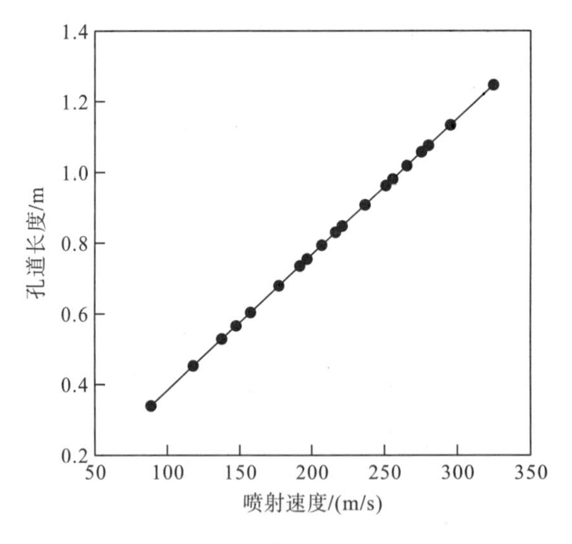

图 7-20　水力喷砂射孔长度

四、压裂流体流动摩阻

水力压裂过程中所用的瓜胶压裂液体属于非牛顿流体，具有剪切稀释作用以及较明显的减阻效应。由于压裂液体组分、流动尺寸和井下温度经常变化，正确预测其在油管内、套管内以及油管和套管环空间的流动摩阻很难。另外，两相(液体和支撑剂)流动甚至是三相(液体、支撑剂和气体)流动十分常见。目前，油田压裂工程师通常采用降阻比法计算流动压耗。水力喷砂射孔过程中液体流动要从规则圆管流动到环形空间流动，压裂过程中，两条注入路径分别为规则圆管流动和环形空间流动。由于在井筒中需要采用不同直径的管柱组合，压裂液体流动阻力存在较多变化。

1. 油管内流动摩阻计算

1)雷诺数及流态判别

早在1883年，雷诺在大量实验的基础上，发现在管流中存在着两种截然不同的流态，并找出了划分两种流态的判别标准，即雷诺数 Re。

对于牛顿流体，雷诺数可用下式计算：

$$Re = \frac{vd\rho}{\mu} \tag{7-13}$$

式中，d 为油管内径，m；v 为油管内流体平均速度，m/s；ρ 为流体密度，kg/m^3；μ 为流体运动黏度，m^2/s。

习惯上取 Re=2000 作为标准，Re≤2000 时即认为是层流，Re>2900 时则认为是紊流，当介于二者之间时称为过渡流。

对于幂律流体，雷诺数的计算公式为

$$Re = \frac{\rho v^{(2-n)} d^n}{k^{8(n-1)}} \left(\frac{4n}{2n+1} \right)^n \tag{7-14}$$

一般地，当 Re<(3470～1370)时认为是层流，Re>(4270～1370)则认为是紊流。

2)油管内流体摩阻系数

不论流体是牛顿流体，还是非牛顿流体，其在油管内流动时的摩阻系数均可用下式计算：

$$f = \frac{a}{Re^b} \tag{7-15}$$

对于层流而言，$a=16$，$b=1.0$。

对于紊流而言，a、b 的值可分别由流态指数 n 确定。其中，

$$a = \frac{\log_{10}^n + 3.93}{50} \tag{7-16}$$

$$b = \frac{1.75 - \log_{10}^n}{7} \tag{7-17}$$

对于牛顿流体和宾汉流体，流态指数 $n=1$。不同的油管段流态可能不同，需判断流态，分别按紊流和层流计算压耗。

3)油管内流体摩阻压力损失

根据范宁(Fanning)方程，流体在油管中流动的压力损失可由下式计算得到：

$$P_{\text{ft}} = \frac{2f\rho v^2 L}{d_\text{i}} \tag{7-18}$$

式中，d_i为油管内径，m；L为油管长度，m；f为范宁阻力系数，无因次。

2. 环空流动摩阻计算

不同的环空段流态可能不同，需要判断流态，由于环空压耗相对油管在数值上较小，采用紊流来考虑，设计中精度已经足够，其计算模型为

$$P_{\text{fc}} = \frac{4.9\rho^{0.8}\mu^{0.2}LQ^{1.8}}{(d_\text{w}+d_\text{o})^3(d_\text{w}-d_\text{o})^3} \tag{7-19}$$

式中，d_w为套管内径，m；d_o为油管外径，m；Q为液体排量，m^3/min。

五、油管伸长量

在井下高温高压环境中，压裂油管柱受到自重、喷嘴压降、油管内外压差、地层温度以及摩阻的影响其长度会发生变化，根据弹塑性力学原理可计算油管在井下环境中长度的变化量，这对于喷射工具的定位，避免射穿套管接箍有重要的工程意义。

1) 油管自重伸长量

根据弹塑性力学公式，有

$$\Delta L_1 = \frac{\gamma H^2}{2EA_\text{g}} = \frac{\rho_\text{g} g H^2}{2E} \tag{7-20}$$

式中，H为垂深，m；γ为油管每米重量，kg；A_g为油管截面积，m^2；ρ_g为油管材料密度，kg/m^3；E为油管弹性模量，Pa。

2) 喷嘴压降产生的伸长量

有喷嘴压降产生的油管伸长量为

$$\Delta L_2 = \frac{P_\text{j} A_\text{i} L}{EA_\text{g}} \tag{7-21}$$

式中，A_i为油管内圆面积，m^2；P_j为喷嘴压降，Pa。

3) 油管内外压差产生的轴向变形量

将油管看作一厚壁圆筒，油管内外压差产生径向力与轴向力。由弹塑性力学公式可以计算轴向变形

$$\Delta L_3 = \int_0^L \frac{2\times10^5\mu}{E} \times \frac{P_{\text{ftz}} d_\text{i}^2 - P_{\text{fcz}} d_\text{o}^2}{d_\text{o}^2 - d_\text{i}^2} \text{d}Z \tag{7-22}$$

$$P_{\text{ftz}} = 10P_\text{s} + L/10 - 10P_{\text{ft}} Z/L \tag{7-23}$$

$$P_{\text{fcz}} = L/10 + 10P_{\text{fc}} Z/L \tag{7-24}$$

式中，μ为油管泊松比，无量纲；P_s为泵压，Pa；Z为积分变量，m；下标z表示轴向。

4) 温度引起的轴向变形

随着油管从地表向地层深部布置，温度逐渐升高，正常地层温度梯度为3℃/100m，在异常地热区温度梯度会增加4～5℃/100m，井筒中的热量会引起压裂管柱的变形。

$$\Delta L_4 = \int_0^L \alpha \frac{3Z}{100} \mathrm{d}Z = \frac{3\alpha L^2}{200} \tag{7-25}$$

式中，α为油管线膨胀系数，$℃^{-1}$；

5) 油管总伸长量

油管总伸长量L由下式计算：

$$L = \Delta L_1 + \Delta L_2 + \Delta L_3 + \Delta L_4 \tag{7-26}$$

第三节　水力喷射压裂工具

水力喷射压裂工具的可靠性在压裂施工过程中起着至关重要的作用。自1960年水力喷砂射孔技术诞生以来，喷射工具和喷嘴的耐磨性和耐用性一直是研究的重点。主要体现在两方面：一是喷嘴工具及喷嘴结构的研究，二是研究更加耐磨损的材料。为了适应油田对大规模压裂施工的要求以增加储层改造体积，目前美国哈里伯顿油服公司研究的最新一代水力喷射压裂工具能够一次通过$100m^3$支撑剂。我国所研制的喷枪也可以加入60～$80m^3$支撑剂。

一、喷嘴结构及材质

1. 喷嘴磨损形式[7,8]

水力喷射压裂过程中，含有磨料颗粒的液体经喷嘴加速后速度通常为150～250m/s，高速颗粒与喷嘴内表面形成碰撞、冲蚀，造成喷嘴材料的微观体积损失，随着喷射过程进行，冲蚀体积增加，造成喷嘴磨损失效。磨损形式主要有五种，即显微切削磨损、疲劳磨损、脆性断裂磨损、热震损伤、扩散磨损。对于不同性质的喷嘴材料、磨料，五种损伤形式在喷嘴总的磨损中所占的比例不同。

1) 显微切削磨损

当砂粒材料硬度高于喷嘴材料硬度时，以低冲蚀角撞击喷嘴内壁的砂粒就会因横向速度而在法线方向切入喷嘴材料一定深度，因切向速度而在切线方向上切割一段距离。显微切削的结果是喷嘴内壁材料直接被切掉，累计的宏观反映就是喷嘴内径变大，如图7-21(a)所示。

2) 疲劳磨损

当达到喷嘴材料的硬度极限时，部分组织从基体脱落，造成应变疲劳磨损，如图7-21(b)所示。

3) 脆性断裂磨损

如果用硬度较高的脆性材料制作喷嘴，在受到砂粒多次碰撞后，喷嘴内表面会出现裂纹，导致喷嘴材料从表面脱落，造成脆性断裂磨损，如图 7-21(c) 所示。

4) 热震损伤

砂粒在喷嘴内腔中运动，其与壁面接触出产生大量热量，而射流液体会带走部分热量起到冷却降温作用，热量的急剧产生、迅速转移表现为该处温度的突然升高、降低，材料表层的热应力会导致微裂纹产生，造成热震损伤，如图 7-21(c) 所示。

5) 扩散磨损

砂粒与喷嘴内表面摩擦产生的热量除被水流带走一部分，剩余的热量作用于喷嘴内壁表层材料，使其微观组织产生化学活泼性，而表层材料化学成分发生变化会导致喷嘴耐磨性能的降低，致使磨损加剧，这种现象称为扩散磨损，如图 7-21(d) 所示。

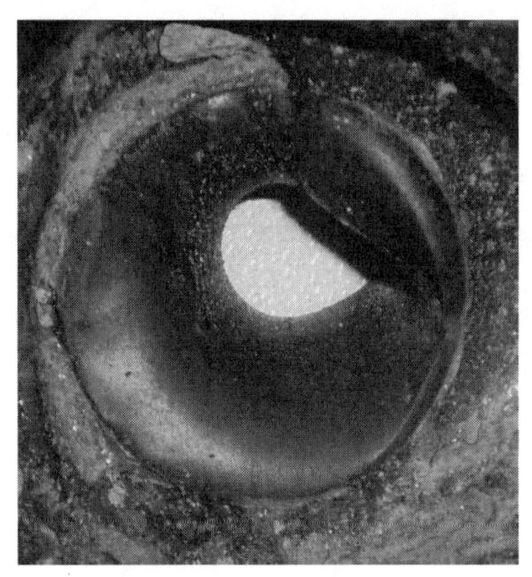
(a)显微切削磨损

(b)疲劳磨损

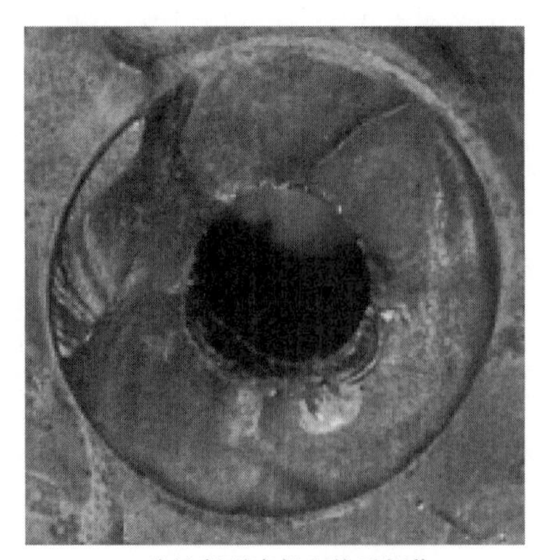
(c)脆性断裂磨损和热震损伤

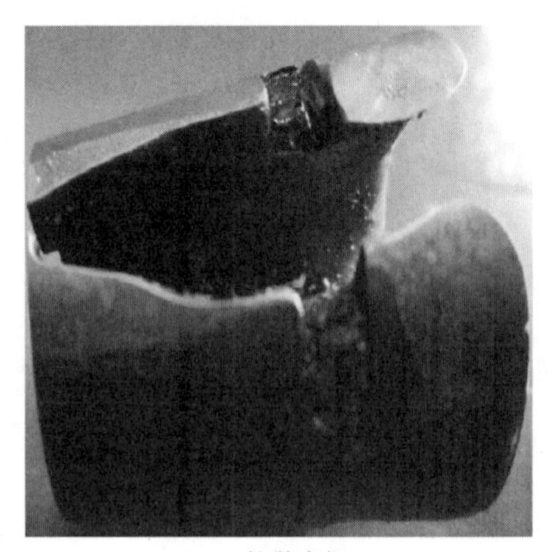
(d)扩散磨损

图 7-21　水力喷砂射孔喷嘴损坏图

2. 喷嘴结构参数

根据喷嘴内流道形状的不同，可将其分为圆锥型、锥直型、流线型、等变速型等，如图 7-22 所示。锥直型喷嘴由于结构简单、加工方便、成本低，是水力喷射压裂中应用最多的。图 7-23 是等变速型和锥直型喷嘴的结构实物。其中锥直型喷嘴内流道是锥形收缩加圆柱形加速段，主要几何参数有收缩角 a、出口直径 d、加速段长度 l、喷嘴总长度 L 和长径比 l/d。

喷嘴的结构参数对其耐磨性会产生重大影响。压裂过程中，射孔要求一定的射流流量和压力，形成高速磨料流体冲击刚性套管和坚硬的岩石。因此，必须减小喷嘴的出口直径，使得射流流速及流体动压相应增加，砂粒具有更强的冲击力。同时，这也势必导致喷嘴出口部分的磨损加剧。入口收缩角对磨损也产生直接影响，以锥直型喷嘴为例，较小的收缩角使流动更加稳定，湍流耗散也少，砂粒与喷嘴壁面的横向碰撞减少，磨损量下降。但收缩角过小会使喷射过程中出现科恩达效应，对射流有一定程度的扰动，削弱了射流的集束性和打击力。喷嘴出口圆柱段的作用是整流集束，该段轴向长度与径向尺寸之比称为长径比，该参数会极大影响喷嘴磨损，较大的长径比会起到更好的整流效果，减小了出口的磨损率但增大了射流沿程摩阻，较小的长径比整流效果差，砂粒横向速度大，与喷嘴碰撞概率大，造成喷嘴磨损加快，长径比选择范围为 3～5。研究学者发现，减小收缩角使出口磨损率线性减少，较长的总长度由于延长了磨损曲线到达出口的路径同样使出口处的磨损程度得到缓解。

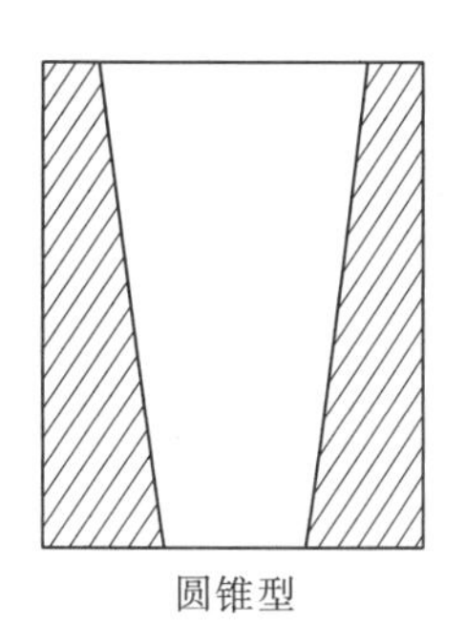
圆锥型

锥直型

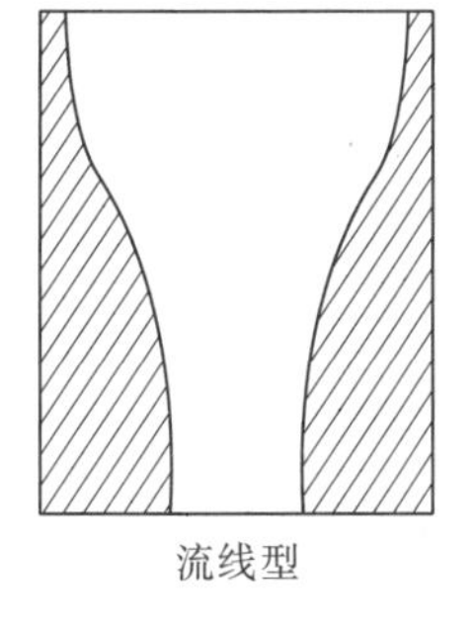
流线型

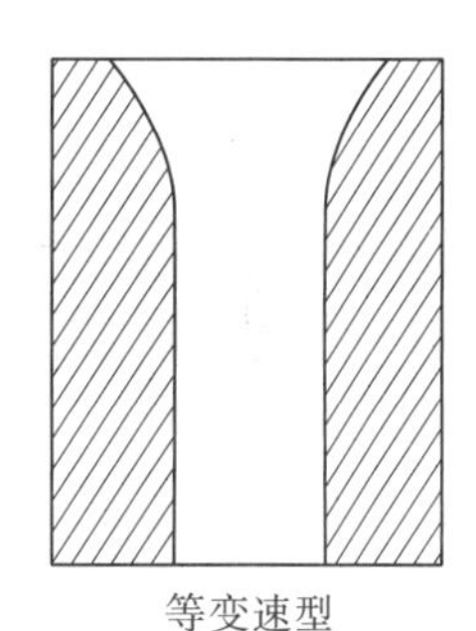
等变速型

图 7-22　水力喷砂射孔喷嘴内流道

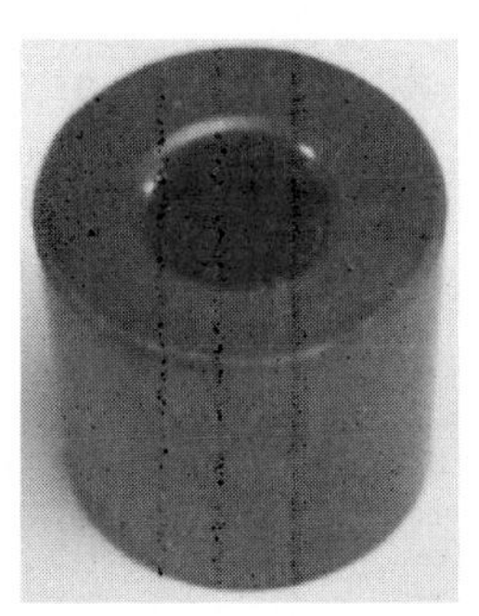

等变速型

锥直型

图 7-23　水力喷砂射孔喷嘴实物

3. 喷嘴材质

喷嘴材质必须具有高硬度、高耐磨性，两者缺一不可。水力喷射压裂工具所用喷嘴的材料有硬质合金、碳化硅、碳化硼、氧化铝、氧化锆等。国外在制备喷嘴时选用新型材料为碳化钨，其使用寿命比硬质合金高数倍。这是因为碳化钨含量越高，喷嘴耐磨性能越好，但抗拉强度越低，抗冲击伤害能力越弱。表 7-1 列出了几种常见喷嘴材料的性能参数。

表 7-1　几种喷嘴材质的性能参数对比表

喷嘴材质	碳化钨含量/%	密度/(g/cm³)	HRC 洛氏硬度	抗拉强度/kN
YG3X	96.5	15.0～15.3	91.5	1100
YG3	97	15.0～15.3	91	1200
YG6X	93.5	14.6～15.0	91.7～92.5	1400
YG8	92	14.5～14.9	89	1500
YG10	90	14.3～14.6	86	2300

二、喷射工具结构优化

1. 喷枪结构

喷枪是水力喷射压裂的关键部件，它由喷枪本体、螺纹连接在本体上的多个喷嘴组成。喷嘴的分布方式有两层布置、螺旋布置、对称布置以及满足特殊需求的布置。为使得喷枪在井下工作时与靶件具有一定的喷射距离，其上下部位都装有扶正器。在喷枪下部还装有用于反洗井的部件：多孔管和单向阀。当该井筒中存在沉砂、岩石块等时，可通过反洗井作业将其经压裂管柱内部携带至地面，如图 7-24 所示。

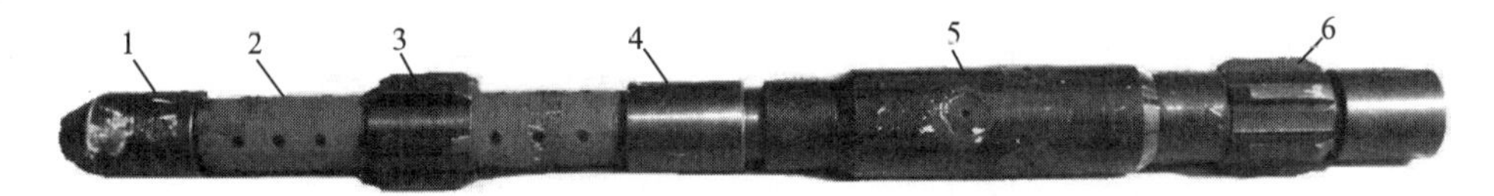

图 7-24　水力喷射分段压裂工具实物图

1.导向头；2.多孔管；3.下扶正器；4.单向阀；5.喷枪；6.上扶正器

滑套式工具由滑套式喷枪和扶正器组成，喷枪内置滑套和销钉，当进行后续层段压裂时，只需投球打压剪断销钉，打开滑套即可正常工作，如图 7-25 所示。

图 7-25　滑套喷枪实物图

2. 喷枪磨损分析

1) 喷嘴周围表面冲蚀

如图 7-26 所示，喷枪外表面冲蚀区集中分布在喷嘴周围的喷枪本体上。对比发现，对单个喷嘴而言，喷枪外表面的冲蚀易发生在喷嘴的一侧。其主要原因：水力喷射射孔阶段，高速磨料液体经喷嘴射出后击穿套管、水泥环和地层，然后也必须从孔道中返回进入油管和套管间的空间，液体返出时具有一定的速度，然后冲击到喷枪本体和喷嘴周围，形成冲蚀破坏。液体返出角度主要受到套管孔眼形状和轴线方向的影响，加之井下套管轨迹多变，套管孔眼轴线可能与喷枪表面不垂直，从而会导致喷枪外表面的磨损偏向于某一个方向。

在应用中还发现，喷枪外表面的磨损易发生在上部(此处上部是根据油管内流体流入方向而定的)。因为返出的液体需要经过环空向上流动，从而上部的冲蚀破坏程度要高于下部。同时，环形空间尺寸都相同，依据喷嘴布置方式，越往上部的环形空间的流量越大，流动速度越大，喷枪上部冲蚀越严重。

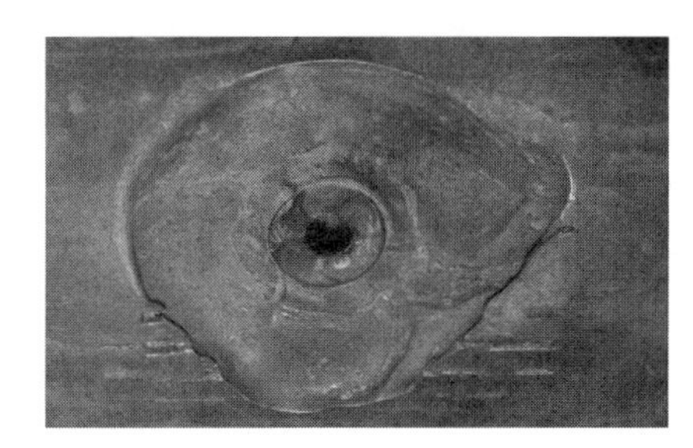

图 7-26　喷嘴周围喷枪本体冲蚀

2) 远离喷嘴处喷枪冲蚀

现场压裂施工中发现，喷枪本体(如图 7-27 所示，距离喷嘴约为 0.15m)及与其连接的油管(如图 7-28 所示，距离喷嘴约有 27m)处也存在冲蚀。这类冲蚀会发生在射孔完井且地层胶结较为疏松、天然裂缝较为发育的老井或已存在人工裂缝的井中，高速射流冲击进入地层孔眼后，部分射流绕过地层或天然裂缝并由套管原有射孔返回环空，从而对远离喷嘴的位置及油管产生冲蚀。因此，在已经进行过高常规射孔的老井中实施水力喷砂射孔，需要注意对喷枪和油管的耐冲蚀防护，以免油管被刺穿。

图 7-27　喷枪本体冲蚀

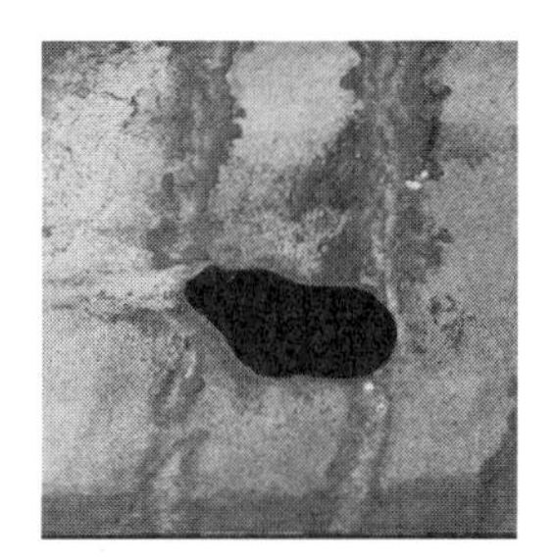

图 7-28　油管冲蚀

3) 喷枪内部冲蚀

采用电火花切割技术将水力喷砂射孔压裂后的喷枪剖开发现，喷枪内部喷嘴附近普遍存在规律性的冲蚀区域，如图 7-29 所示。特别是位于喷枪最上部的 0°和 180°两个喷嘴，其内部附近喷枪本体已经形成了很深的凹坑。当凹坑继续加深，刺穿喷枪本体时，高速磨料液体将在喷枪上形成大的孔，由于阻力低，液体会迅速流入该处，使得其他喷嘴不再有液体通过。

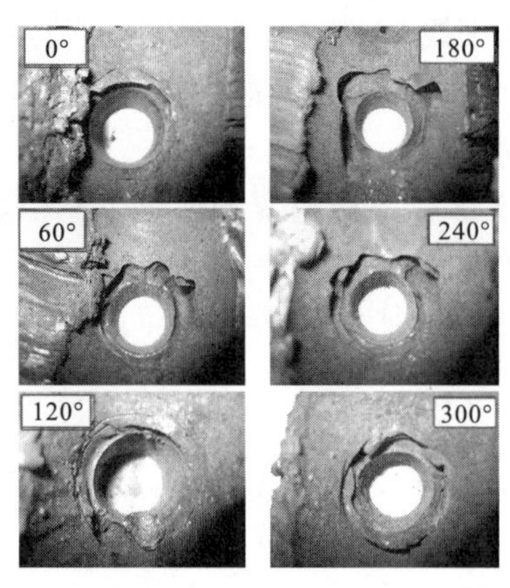

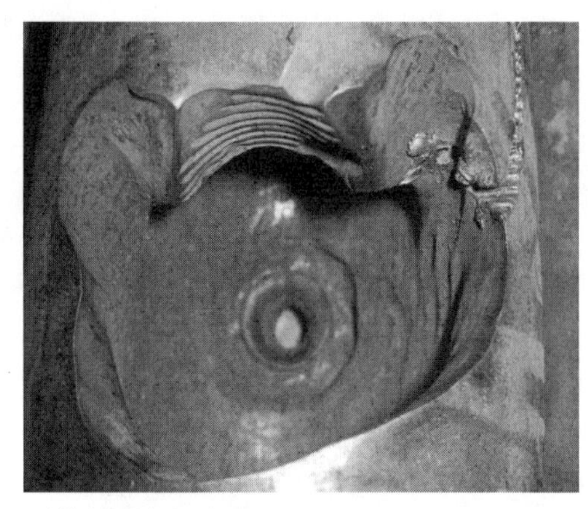

图 7-29　喷枪剖开内部冲蚀

3. 喷枪结构改进

由于通过喷嘴高速喷射混砂液体，液体中的磨料会对射流喷砂压裂器本体产生巨大磨损及冲蚀，当加砂规模达到一定数量后，喷枪本体会出现剧烈磨损的情形，甚至喷嘴脱落及喷枪本体断裂。对于大规模压裂改造油气井储层，该工艺无法满足要求，施工规模受限于喷枪本体及喷嘴耐磨性能。因此，射流喷砂压裂器的使用寿命在很大程度上决定了工艺的应用程度。为提高喷枪整体耐冲蚀性，通常选用抗冲蚀性强的材料，例如 35CrMo。

为增加喷枪本体内部的耐磨性，设计了一种耐磨内滑套[9,10]，其采用高性能耐磨合金材料，将其安装于喷砂器本体内部，能够有效抵抗高速磨料液体对喷砂器本体内部的磨损，防止喷砂器本体内部过度磨损而被磨料液体刺穿失效，如图 7-30 所示。并对于带有滑套的喷枪，将滑套和耐磨短节设计成一体式，形成既可以保护喷嘴内部冲蚀，还能够实现分段压裂的需求，如图 7-31 所示。

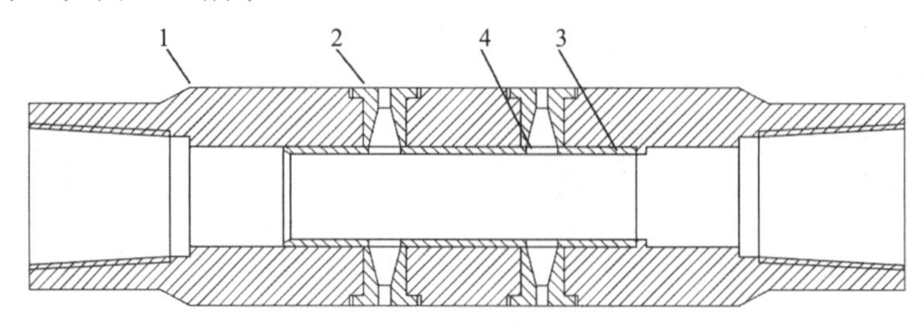

图 7-30　耐磨喷枪

1.喷枪本体；2.喷嘴；3.耐磨内套；4.内套孔眼

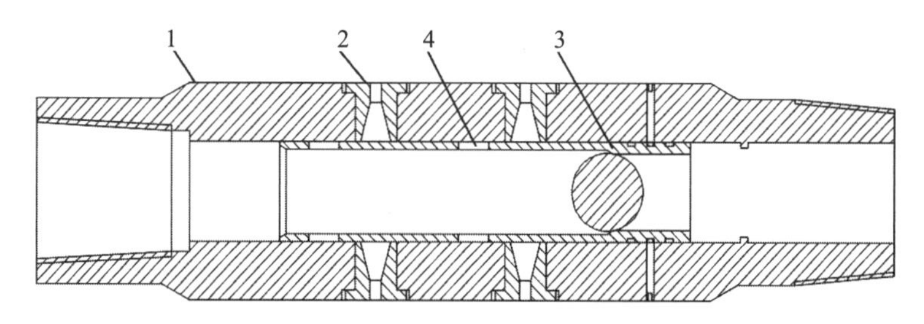

图 7-31　滑套式耐磨喷枪

1.喷枪本体；2.喷嘴；3.耐磨内滑套；4.滑套孔眼

为防止喷嘴从喷枪脱落，将其重新设计为整体式喷嘴，结构如图 7-32 所示。为了增加喷嘴过砂量、加大压裂规模，喷嘴内壁有一层强化层，该强化层具有极高的耐磨性，通常选用陶瓷合金。该陶瓷合金是由金刚石和立方氮化硼结合的一种复合超级耐磨材料，硬度大于 3000HV，强度大于 1300MPa，密度约为 2.8g/cm^3。喷嘴本体材质为钨钴硬质合金，硬度为 80～85HRA，强度大于 2000MPa，密度为 13～14g/cm^3，强化层与喷嘴本体之间黏结剂耐温超过 150℃，并且耐油、耐酸、耐老化。该种喷嘴与喷枪本体采用螺纹连接，防止喷嘴脱落，提高喷嘴射流压降的承受能力，如图 7-33 所示。

图 7-32　整体式水力喷射压裂喷嘴

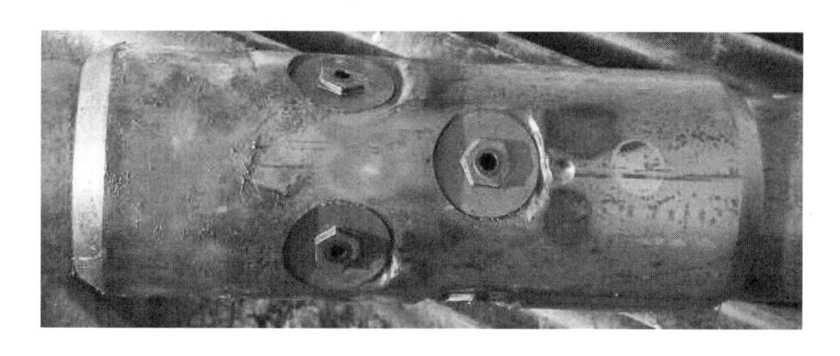

图 7-33　新式喷枪

出于对增加压裂规模并降低施工压力方面的考虑，设计一种新型射流喷砂压裂联作器[11]，包括具有内腔的本体和安装在所述本体的侧壁中的喷嘴，其特征在于，本体侧壁下端设有喷砂孔，本体内腔设有滑套。当水力喷砂射孔作业结束，地面通过作业管柱投入阀球，因滑套内腔下游设有球座，与阀球配合在压力作用下剪断定位销钉，滑套移动至射流喷砂压裂联作器本体下端定位台阶上，此时喷砂孔处于打开状态。压裂液体会通过喷嘴及喷砂孔同时进入压裂裂缝中，增加了过流面积，能够极大减小油管施工压力，并且可以极大提高压裂施工的加砂砂比。射流喷砂压裂联作器上端设置有用于与作业管柱相连的接头，下端设置有与丝堵连接的接头，如图 7-34 所示。

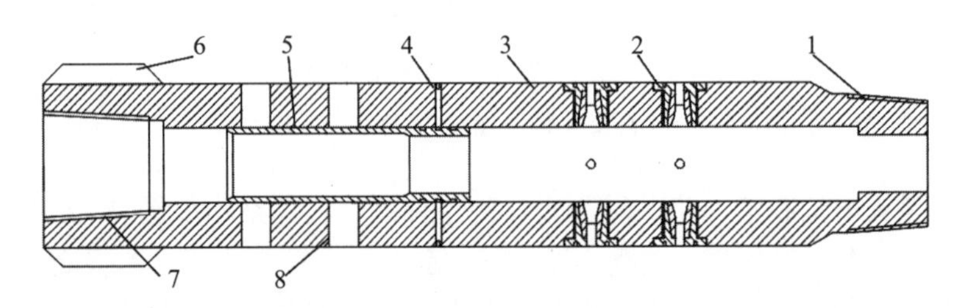

图 7-34　带有喷砂嘴的水力喷射工具

1.下接头；2.喷嘴；3.喷枪本体；4.销钉；5.滑套；6.扶正器；7.上接头；8.喷砂孔

现有的井下喷射器组成部件较多，总体长度超过 1.5m，易在筛管和衬管完井的水平井中被支撑剂卡住。设计一种新型的射流喷砂压裂器[12]，其由射流喷砂压裂器本体、喷嘴和单向阀组成，射流喷砂压裂器本体两端设有上扶正器和下扶正器，单向阀设有侧向反洗孔，单向阀下端为倒锥形。本实用新型结构紧凑而合理，单向阀综合单向开启、反洗和导向三种功能，扶正器与喷枪一体化设计，大幅缩短了射流喷砂压裂器的长度，具有防砂卡功能。现场应用简单方便，通过作业管柱将其下入到指定位置，能够对油气井进行喷砂射孔与压裂联合作业，当发生砂卡事故时，通过单向阀实现有效清砂作业，如图 7-35 所示。

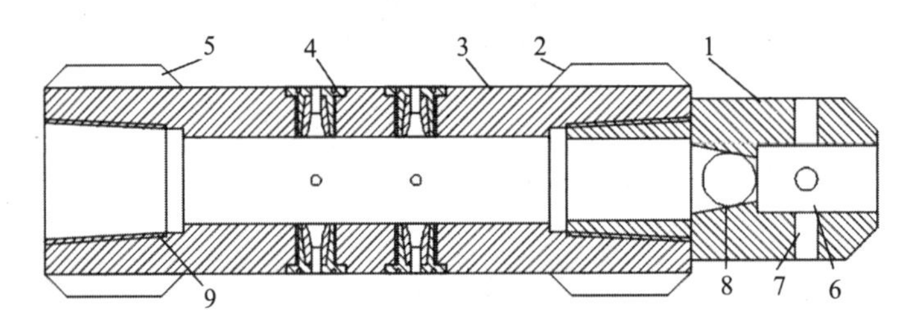

图 7-35　防砂卡水力喷射压裂工具

1.单向阀；2.扶正器；3.喷枪本体；4.喷嘴；5.上扶正器；6.单向阀通道；7.侧向反洗孔；8.阀球；9.上接头

参 考 文 献

[1] 李根生, 曲海, 黄中伟, 等. 水力喷射分段压裂技术在油气井压裂中的应用. 北京: 石油工业出版社, 2010: 518-522.

[2] 田守嶒, 李根生, 黄中伟, 等. 水力喷射压裂机理与技术研究进展. 石油钻采工艺, 2008, 30(1): 58-62.

[3] 曲海, 曾义金, 李根生, 等. 水平井压裂管柱: 中国, CN202659221U. 2013.1.9.

[4] 谢刚儒. 连续油管水力喷砂射孔工艺研究. 成都: 西南石油大学, 2015.

[5] 曲海, 蒋廷学, 曾义金, 等. 压裂管柱: 中国, CN202645525U. 2013.1.12,

[6] 李根生, 黄忠伟, 田守嶒. 水力喷射压裂理论与应用. 北京: 科学出版社, 2011.

[7] 黄中伟, 李根生, 田守嶒, 等. 水力喷射多级压裂井下工具磨损规律分析. 重庆大学学报, 2014, 37(5): 77-81.

[8] 史怀忠, 李根生, 黄中伟, 等. 水力喷射压裂用喷嘴耐冲蚀实验方法研究. 石油机械, 2016, 44(1): 83-86.

[9] 李洪春, 李奎为, 王宝峰, 等. 组合滑套: 中国, CN203978410U. 2014.12.3.

[10] 曲海, 周林波, 魏娟明, 等. 一种磨料射孔喷砂压裂联作器: 中国, CN204098878U. 2015.1.14.

[11] 曲海, 曾义金, 李根生. 用于油气井的投球式压裂滑套: 中国, CN202645503U. 2013.1.2.

[12] 曲海, 蒋廷学, 曾义金, 等. 一种射流喷砂压裂器: 中国, CN202645526U. 2013.1.12.

第八章　水力喷射压裂工艺现场实验

第一节　直井套管射孔——不动管柱水力喷射分段压裂

采用套管完井的直井，通常首先对储层采用常规射孔完井，进行单层或多层合采作业。随着储层自身能量的降低，油气生产效率下降，部分具有增产潜力的井会采用水力压裂方式实施增产改造。但对于井筒中已经有孔眼存在的井，若采用常规压裂方法，必须配合多个管内封隔器及配套井下工具[1]，一趟管柱往往最多能够实施3个层段的压裂施工，且对于施工压力高的井，易出现封隔器或水力锚无法收回、施工管柱被卡住的情况。

水力喷射压裂工艺依靠高速射流实现自密封功能，无需机械封隔器配合即可实现多级压裂施工。对于套管射孔直井采用不动管柱压裂方法，依靠油管将多级滑套式喷枪送入直井段预定位置，采用逐层投球打滑套的方式分别开启对应压裂工具，实施水力增产改造。该方法能显著提高作业效率，降低施工成本，适合于低储层压力的油气井分段改造。以下是对一口水平井实施4段改造的实例。

一、Q370-3基础数据

Q370-3井是位于冀中拗陷廊固凹陷固安-旧州构造带Q63断块的一口开发井。该井于2000年1月13日完钻，完钻井深2262m，人工井底2248m。泥浆浸泡油层4天。目的储层实施多段射孔完井方式，试油期间日均产油1t，平均含水72%，分别实施两次补孔合层开采作业，到2010年12月，日产油不足1t，平均含水率高达90%，累计产油5285t，累计产水3862m^3，累计产气822096m^3。

该井在实施水力压裂前实施了吸水剖面测试，2214.6～2219.8m是主要吸水层，相对吸水量为43.81%；2205.0～2209.0m是第二吸水层，相对吸水量为39.37%。由吸水测试数据可知，2205m以下层段是Q370-3井高产水的原因所在。由于该井位于的生产作业区具有完善的注采井网，Q370-3井2205m以下层位可以作为其相邻井的注水层位，设计实施一个压裂层段的改造，用于改造层位物性，达到改善有水井间的渗流条件。2205m以上层位，依据油层参数实施水力压裂增产改造，实现提高油气产量的目的。

1. 油层参数

<table>
<tr><td>地层温度</td><td>72℃</td><td rowspan="2">上隔层</td><td>井段/厚度</td><td>2158.0～2165.0/7.0m</td></tr>
<tr><td>孔隙度/%</td><td>18.6～25.1</td><td>电测解释</td><td>泥岩层</td></tr>
<tr><td>泄油半径</td><td>200m</td><td rowspan="2">下隔层</td><td>井段/厚度</td><td>2216.0～2222/6.0m</td></tr>
<tr><td>渗透率/mD</td><td>电测33.7～141</td><td>电测解释</td><td>泥岩层+致密层</td></tr>
</table>

2. 吸水剖面测试

序号	射孔井段/m	厚度/m	绝对吸水量/(m^3/d)	相对吸水量/%	吸水强度 m^3/(d·m)
1	2152.0～2158.0	6.0	0.00	0.00	0.00
2	2168.2～2171.2	3.0	0.00	0.00	0.00
3	2171.8～2175.8	4.0	0.00	0.00	0.00
4	2185.4～2187.0	1.6	0.00	0.00	0.00
5	2198.8～2201.8	3.0	1.03	2.40	0.35
6	2205.0～2209.0	4.0	17.01	39.37	4.86
7	2214.6～2219.8	5.2	18.93	43.81	3.19
8	2289.6～2293.0	3.4	1.14	2.64	0.33
9	2391.4～2397.4	6.0	5.1	11.8	0.84

3. 管柱组合

类别	规格/mm	钢级	套管厚度/mm	下入起止深度/m	抗内压/MPa	水泥返高/m	固井质量
表层	273.1	J55	8.89	15.62～98.85	21.6	地面	合格
油层	139.7	J55	7.72	1775.24～9.86	36.7	1056.2	合格
	139.7	N80	7.72	2257.31～1775.24	53.4		合格

二、压裂设计思路

(1) 由于该井直径段存在大量与储层连通的射孔孔道，而且 2205m 以下储层吸水强度高，为更好实现水力射流压裂的自封隔效果，在低于油管抗内压强度的情况下，尽可能提高油管施工排量，依靠高速射流增加喷枪附近低压区的压力值和范围，因此选用 8×Φ6.0mm 的喷嘴组合。

(2) 根据该井最小应力剖面解释的储层与上下隔层应力差值小于 3MPa，并且水力喷射压裂段间距小，人工裂缝易于延伸至隔层，使得裂缝长度减小[2]。为防止缝间干扰过于强烈，导致压后效果不佳，水力压裂的整体施工规模应减小，每段压裂液总量在 200m^3 左右，支撑剂数量为每段 15m^3，用于控制裂缝尺寸。

(3) 人工裂缝高度控制是本次压裂施工的重点和难点，通过优化泵注程序参数，对裂缝进行模拟，如图 8-1 所示。得到裂缝尺寸如表 8-1 所示。

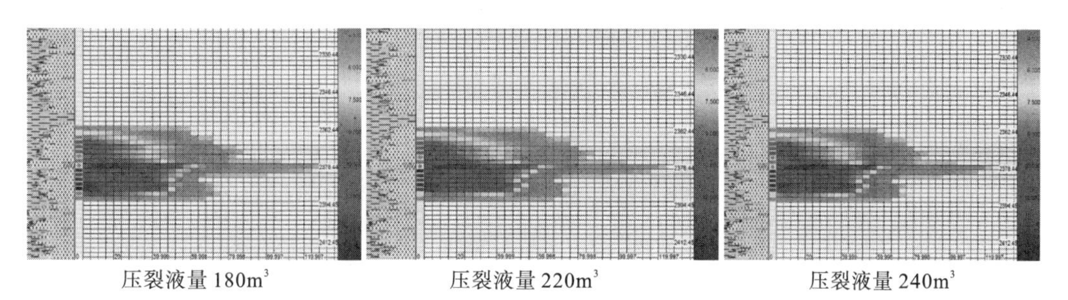

压裂液量 180m^3　　压裂液量 220m^3　　压裂液量 240m^3

图 8-1　水力裂缝支撑剖面优化

表 8-1　裂缝优化参数

序号	压裂液量/m³	支撑缝高/m	支撑缝长/m	支撑剂铺置浓度/(kg/m³)
1	180	28	75	2.6
2	220	34	79	2.8
3	240	39	85	3.3

(4)针对该井油层套管数据，设计如下水力喷射射孔施工管柱组合：导向头×0.14m+多孔管×0.4m+单向阀(阀球直径 Φ22mm)×0.12m+一级喷枪(喷枪位置 2213.0m±0.5m，无滑套)+Φ73mm 外加厚油管×14m(包括喷枪喷嘴到接箍的距离)+二级滑套式喷枪(喷枪位置2199.0m±0.5m)+Φ73mm外加厚油管×16m(包括喷枪喷嘴到接箍的距离)+三级滑套式喷枪(喷枪位置 2183.0m±0.5m)+Φ73mm 外加厚油管×15m(包括喷枪喷嘴到接箍的距离)+四级滑套式喷枪(喷枪位置 2168.0m±0.5m)+变扣接头(Φ73mm 平式母扣转 Φ88.9mm 外加厚公扣)+Φ88.9mm 外加厚油管×19m+Φ88.9mm 校深短节(下平面位置：2149.0m)×1.5m+Φ88.9mm 外加厚油管×2142.12m+油管挂×1m。该四级喷枪配置如图 8-2 所示。

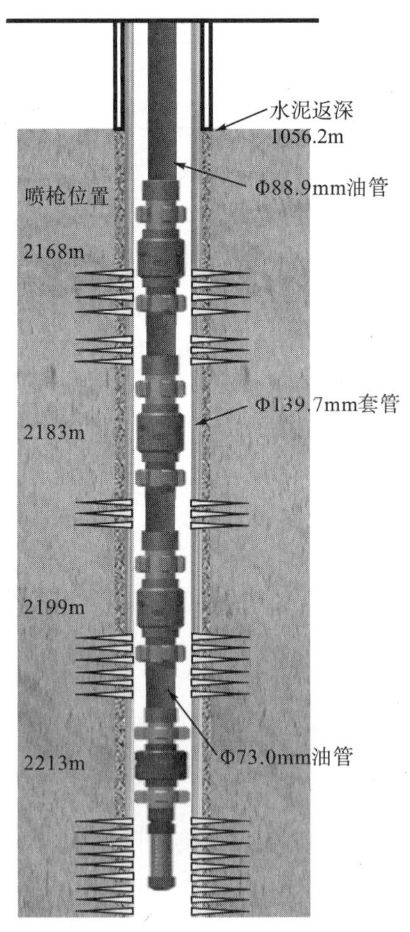

图 8-2　四级喷枪压裂管柱配置图

三、现场施工分析

该井压裂四段，喷射压裂位置为2213m、2199m、2183m和2168m，加砂共计65m^3。油管进液767.3m^3，套管进液108.6m^3，总用液量875.9m^3。施工压力40～50MPa，停泵时套管压力14～16MPa，且下降缓慢。整个施工过程顺利，如图8-3所示。

第一段压裂试压。油管压力达到90MPa，下降较快。套管压力达到50MPa，保持平稳。油管压力限压80MPa，套压限压30MPa(套管最薄弱点承内压35MPa)。

水力喷砂射孔过程中，油管排量3.2～3.4m^3/min，油管压力39～40MPa，采用20/40目石英砂作为磨料，共加入磨料2m^3。射孔结束后，油管排量不变进行顶替，用液11.6m^3。然后油管排量降低至1.0m^3/min，关闭套管阀门。

水力喷射压裂阶段，油管排量3.2～3.4m^3/min，油管压力40～48MPa，套管排量0.8～1.0m^3/min，压力由23.7MPa升高到25.4MPa。砂比由7%逐渐提高到36%，共加入20m^{3}陶粒，油管用液104.8m^3。采用拖动式水力喷射分段压裂工艺，压完一层，顺利上提管柱，投球打开第二级喷枪滑套，依次压裂并上提管柱，顺利实施四个层段的压裂改造，共计加入支撑剂65m^3。

停泵时油管压力为13MPa，套管压力为14MPa。投φ38钢球。等待1小时后，套压降为11MPa。最后打开与油管相连的针型阀进行强制放喷。

后续三段压裂施工参数、施工压力及步骤与第一段施工的基本相同。由于套管限压35MPa，因此主压裂阶段套管压力控制是施工重点，该数值通过套管排量的大小可以实现控制。

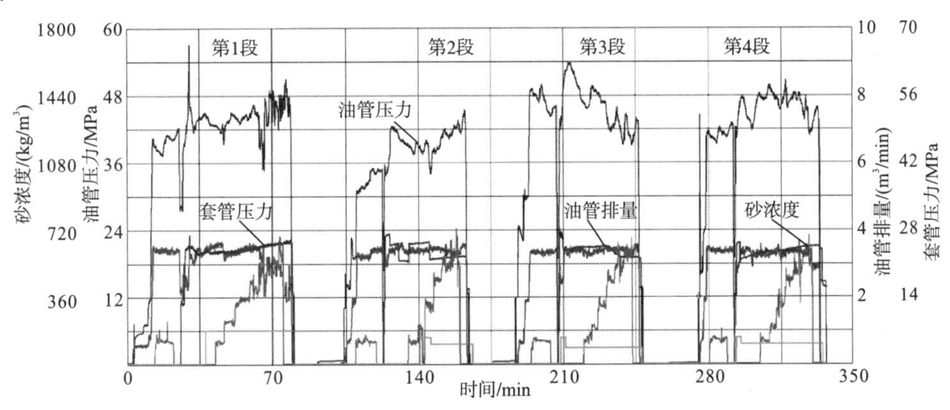

图8-3　Q370-3井水力喷射分段压裂施工曲线

四、施工总结

(1)本工艺没有安装封隔器，为了有效实现分段压裂，施工段的套压要小于前几段的施工套压。当施工段的套压较高时，可以通过降低套管排量来达到目的。

(2)送球入座时，油管压降不明显，不能快速判断钢球是否入座，可提高排量根据油压来判断。

(3)采用油管放喷，在进行下一层段施工前，要先使油管压力上升到套压水平，然后再缓慢打开套管闸门，这样可以防止地层出砂。

第二节　直井Φ101.6mm悬挂套管完井——单段水力喷射压裂

目前，各个油气田储层物性逐渐变差，随着开采的深入，储量的有效动用越来越难，同时大部分老井存在套管变形、固井质量不佳及套管尺寸受限等原因，常规压裂技术在这些井中往往由于机械坐封不严、压裂液窜层、主裂缝难以形成并伴有砂堵风险。

近年来，在Φ139.7mm套管内开窗侧钻或直接下Φ101.6mm套管重新固井的工艺解决了套管损坏及漏失问题，由于完井段为双层套管，普通射孔穿透率低，且完井套管内径只有Φ86.0mm，普通封隔器难以下入，后续储层改造难度加大。为此针对外径为Φ101.6mm悬挂套管井，设计研发了专用水力喷射压裂工具，并形成了相应的压裂施工工艺，有效解决了悬挂套管及套变井难以增产的问题[3]。

一、Φ101.6mm套管井基础数据

W22井是位于东濮凹陷中央隆起带卫城断块构造上的一口直井。完井方式为139.7mm套管×2527m+悬挂101.6mm套管×453m。该井先后经过两次卡封、合层压裂改造，效果不明显。

该井压裂投产，沙三下6-7，井段2809.5～2847.0m，6.9m地层中有4个含油层位；卡封、合层压裂，平均排量4.5m^3/min，破裂压力54.2MPa，加砂压力47.6MPa，粉陶2.0m^3，中陶25.3m^3，平均砂比26.35%，停泵压力30.2MPa，所用活性水/前置冻胶/携砂液量为10m^3、90m^3、96m^3。2007年6月压裂S3X5，井段2788.8～2813.9m，10.4m/6n；卡封、合层压裂，平均排量4.6m^3/min，破裂压力51.4MPa，加砂压力47.3MPa，粉陶2.0m^3，中陶34.3m^3，平均砂比30.35%，停泵压力25.4MPa，所用活性水/前置冻胶/携砂液量为10m^3、105m^3、113m^3。该井日产液17.6t，日产油1.6，含水91%。

二、压裂设计思路

1. 喷射工具设计

针对内径为Φ86.0mm套管设计了专用水力喷射压裂工具，如图8-4所示。工具本体外径为Φ76.0mm，长度500mm。管柱组合自下而上依次为：单向阀+喷枪+扶正器+Φ60.3mm油管。

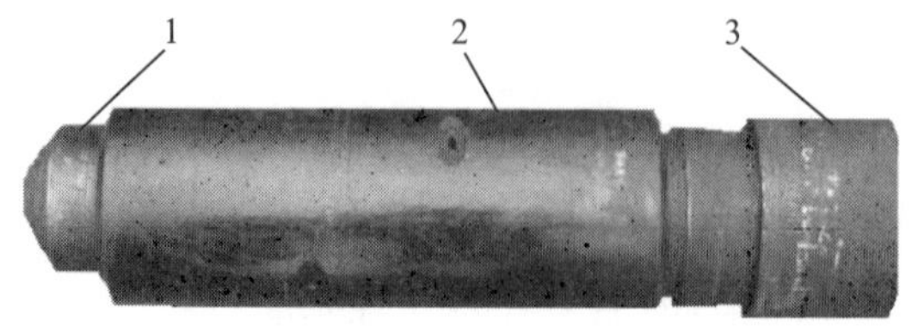

图8-4　4寸水力喷射压裂工具

1.单向阀；2.喷枪本体；3.扶正器

2. 射流参数优化

悬挂套管井目的层段为双层套管，因此水力射孔时要求射流速度必须达到 230～240m/s，使得产生的孔道能够有效穿越套管。由于喷射速度越快，喷嘴压降越高，导致地面施工压力偏高，合理选择喷嘴组合方式是该工艺成功的关键因素。图 8-5 为两种喷嘴在不同排量下喷嘴压降及喷射速度关系的曲线。对于 Φ6mm 喷嘴，当油管排量为 $0.38m^3/min$ 时，喷嘴压降为 27.5MPa，喷射速度达到 223m/s。采用 Φ6mm×6 喷嘴组合方式，油管排量能够达到 $2.2～2.3m^3/min$。对于 Φ7mm 喷嘴，为满足射孔速度及施工排量要求，选用 Φ7mm×4 喷嘴组合方式，可以使油管排量及喷嘴压降与 Φ6mm×6 相同，满足 Φ101.6mm 套管井射孔及压裂要求。

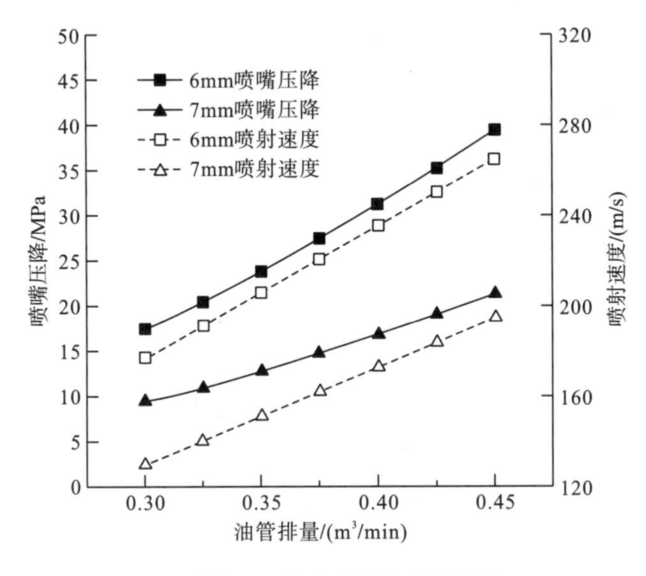

图 8-5　单喷嘴压降-速度曲线

3. 压裂液体性能要求

采用低伤害抗高剪切压裂液体系，提高压裂冻胶液的黏度增加冻胶液的携砂性能，减小了压裂液携带支撑剂在运移过程中的支撑剂沉降速度，减小压裂液在地层中的滤失。要求抗剪切黏度在 150mPa·s 以上。由于目前实验设备难以进行高速射流状态时压裂液体的剪切性能测试，室内实验剪切速率选用 $1800s^{-1}$ 检验经过喷嘴高速剪切时的黏度，并快速将剪切速率调为 $170s^{-1}$，用于测试液体经喷嘴高速喷射后黏度恢复能力，压裂液体流变曲线如图 8-6 所示。

4. 压裂管柱配合

管柱内径小，摩阻高，会导致地面施工压力高。施工管串选为 Φ88.9mm 油管+Φ60.3mm 油管+喷枪，喷嘴组合选用 Φ6mm×6。保证施工排量在 $2.0m^3/min$ 以上且施工压力不能超过施工限压，如图 8-7 所示。

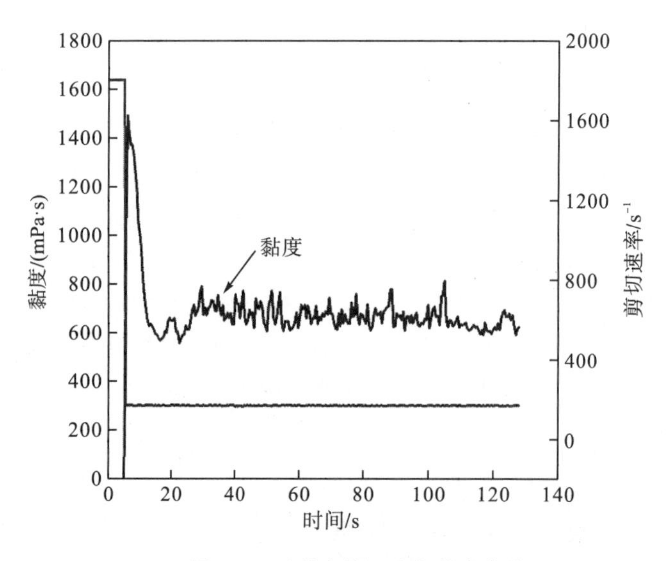

图 8-6　压裂液剪切速率黏度曲线

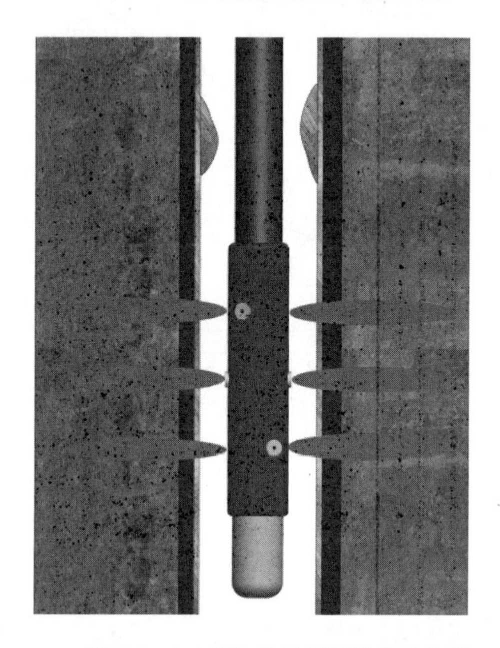

图 8-7　4 寸喷枪井下压裂管柱示意图

三、现场施工分析

1. 压裂施工

水力喷射压裂工艺及压裂机理均不同于常规压裂，因此施工曲线也有所差别，如图 8-8 所示。将水力喷射压裂施工曲线分为四个阶段：水力喷砂射孔阶段、前置液注入阶段、阶梯加砂阶段和顶替阶段。

(1)水力喷砂射孔阶段。油管排量恒定为 2.2m^3/min，砂比控制在 6%～7%，油管平均压力为 67MPa，说明能够在施工压力允许的情况下实现水力喷砂射孔。当磨料液体经喷嘴射出后喷嘴摩阻将进一步增加，地面油压会出现短时升高的情况。

(2) 前置液注入阶段。喷砂射孔结束后，降低油管排量，保证套管关闭安全，关闭套管放喷管线闸门，将油管和套管排量分别提至 $2.2m^3/min$ 和 $0.8m^3/min$，同时油管液体加交联剂。套管压力反映地层破裂压力为 39.1MPa。与常规压裂不同的是，未出现明显的地层破裂压力点。这是因为水力喷砂射孔产生的孔道体积大，有效降低了地层起裂压力。裂缝延伸阶段油管和套管压力均保持稳定，说明地层被顺利压开。

(3) 阶梯加砂阶段。油管排量稳定在 $2.2m^3/min$ 左右，油管平均压力为 65.2MPa。由于支撑剂只通过油管加入，喷嘴将其高速射入裂缝中，能够有效降低砂堵及套管沉砂卡管柱的风险。随着加砂浓度的不断提高，油套压力基本不变，说明裂缝一直向前延伸，裂缝形态控制得当，没有发生窜层和砂堵。

(4) 顶替及排液。油管排量保持不变，合理顶替完油管中的支撑剂。停泵压力为 27.4MPa，停泵后油套通过喷嘴连通，二者压力相同。施工结束后，用 3～5mm 油嘴控制放喷压裂液体。

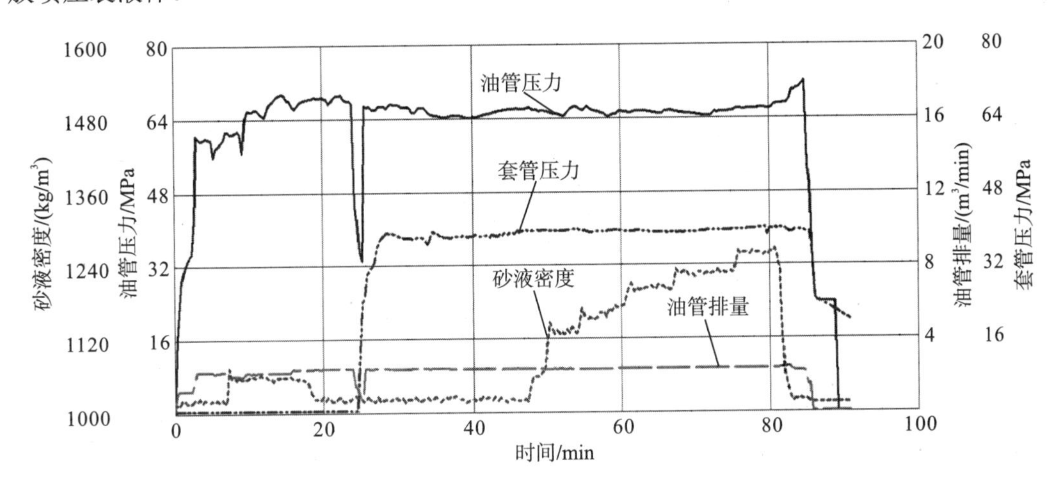

图 8-8 W22 井水力喷射压裂施工曲线

按照设计要求注入前置冻胶 $89.5m^3$，携砂冻胶 $115.1m^3$，顶替液 $18.5m^3$，共加陶粒 $20m^3$，最高砂比 27%。

2. 压后效果

W22 井压前日产液 $17.6m^3$，日产油 1.0t，含水 94%；压后日产液 $36m^3$，日产油 3.2t，增产约 3.2 倍，压裂效果明显。

四、施工总结

(1) 水力喷射压裂工艺对悬挂 4 寸套管完井方式成功进行了压裂改造，并能够达到传统压裂所能实现的加砂规模，地面压力正常，反映了该工艺设计和实施的合理性。

(2) 水力喷射压裂工具设计、射流参数选择、压裂液体性能、施工管串及压裂工艺是影响水力喷射压裂实施的重要因素。

(3) 该工艺作为常规水力加砂压裂的补充，可以灵活应用于套管变形、固井质量不佳及套管尺寸受限等复杂井况中，产生的裂缝延伸形态相对可控，可提高单井增产能力。

第三节　直井Φ177.8mm筛管完井——水力喷射分段压裂

火山岩作为油气储层，近年越来越受到石油地质学界的关注。在美国、日本等地均有火山岩油气藏，我国在辽河、二连、冀中、大庆外围等地发现了含油气火山岩储层。火山岩成分成熟度和结构成熟度低，岩性一般有玄武岩、火山角砾岩和凝灰岩等。储集空间多为次生孔及天然裂缝，应力、滤失及敏感性复杂。其压裂施工难点主要表现为：裂缝起裂与扩展规律复杂；天然裂缝一般较为发育，裂缝形态控制难度大；高温、高压，对压裂液性能要求高。

三塘湖油田火山岩储层岩性、孔隙结构复杂，而且具有强烈的非均质性，为中低孔渗、裂缝—孔隙型储层，裂缝较为发育。由于油藏裂缝分布复杂，单井自然产能差异大，自然投产70%的井低产或无产，严重影响区块开发。国内外的火山岩油藏开发实践表明，压裂改造技术是开发此类油田的关键技术[4]。N7-9井是三塘湖油田牛东区块的一口开发井，井型为直井。该井完钻井深为1900.0m，完钻层位C_2K，储层岩性为火成岩。该井储层段采用7寸筛管完井，由于常规压裂工艺难以实现分段压裂要求，所以选用水力喷射压裂工艺实施两个层段的改造。

一、N7-9井基础数据

1. 套管数据

套管名称	外径/mm	内径/mm	钢级	壁厚/mm	下入深度/m	水泥返深
表层套管	339.73	320.43	J55	9.65	302.49	地面
油层套管	177.8	159.42	N80	9.19	1457.10	地面
筛管	177.8	159.42	N80	9.19	1844	

2. 储层主要参数

储层	储层岩性	火成岩	地层压力/MPa	/	地层温度/℃	45
	有效厚度/m	20	平均孔隙度/%	/	平均渗透率/mD	/
流体	流体性质	油	流体密度/(g/cm^3)	0.81	流体黏度/(mPa·s)	18.8
	蜡含量/%	15.19	凝固点/℃	5	/	/

3. 生产井史

2007年7月30日，气举，举出泥浆27.2m^3，放喷未出液；8月1日连续油管气举未出液；8月15日全井段酸化；8月29日转抽生产，初期日产液5.6m^3，含水100%；9月

10 因不供液关井，累计产液 50m³，产油 0t。

2008 年 6 月 12 日，对 1469～1489m 层段射孔后压裂，入井净液量 312.6m³，施工排量 5.5m³/min，施工压力 26.2～33.9MPa，入井总砂量 47.9m³，平均砂比 21%，最高砂比 30%，停泵压力 18.32MPa。压后初期日产油 4.0t，产量下降严重，一个月后，日产油下降到 1.1t，累积采油 446t。

2009 年 6 月 30 日关井至今。关井前日产液 0.78m³，日产油 0.55t。

二、压裂设计思路

(1)针对内径为 Φ159.42mm 的筛管需要设计专用水力喷射压裂工具。工具本体外径 149mm，扶正器外径 149mm，工具本体长度 1000mm。120°相位角组合(每层安装 3 个喷嘴，上下两层的喷嘴相位 60°)。增加工具外径，从而降低喷射距离，提高射流击穿筛管及地层的效率。

(2)射孔井段位置应考虑显示较好的储层井段进行射孔，根据油藏要求，确定牛东 7-9 井的射孔段位置为：第 1 段为 1480m，第 2 段为 1503m。

(3)由于该井设计的专用工具直径大，内部难以装入滑套进行一趟压裂管柱两个层段施工，因此压完一段，提出管柱安装新的水力喷射压裂工具，重新入井对第二个层段进行施工。

(4)设计油管最高加砂浓度为 600kg/m³，最高砂液比 34.5%；井底最高砂浓度为 421.62kg/m³，最高砂液比为 24.2%。施工平均砂液比为下层 18.4%、上层 18.0%，通过对砂比的控制降低施工风险。同时采用 20/40 目陶粒，降低缝宽对加砂难度的影响。

(5)管柱组合，如图 8-9 所示。

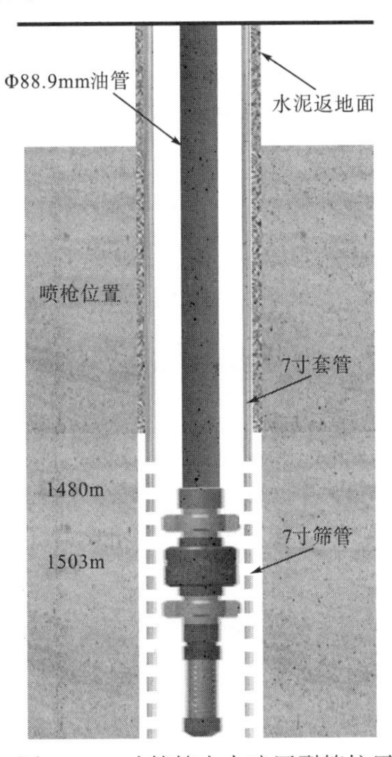

图 8-9　7 寸筛管水力喷压裂管柱示意

三、现场施工分析

1. 压裂施工

水力喷砂射孔阶段油管排量为 0～2.6m³/min，顶替压裂基液 7m³ 后，保持排量为 2.6m³/min，油压保持在 42MPa 左右，基液携砂进行水力喷射射孔(砂比 6%，石英砂)，入井砂量达到 2.4m³ 后，顶替基液至 8m³，降低排量至 1m³/min，此时缓慢关闭阀门，持续顶替基液至 10m³，套压由 0.4MPa 上升至 6.5MPa。

水力喷砂压裂阶段，油管排量由 1m³/min 提升至 2.6m³/min，油压上升至 58MPa，套压持续上升，当加砂 2.0m³ 时，油压上升至最高点 60MPa 后开始下降，在顶替约 0.2min 时油压下降 8～39MPa，顶替约 2min 时油压下降 13～26MPa，套压上升至 16.5MPa，停泵压力为 16MPa，总入井液量 229.2m³，入井石英砂 2.4m³，20/40 目陶粒 17.6m³，最高砂比 34%，平均砂比 18.4%，施工结束(图 8-10)。

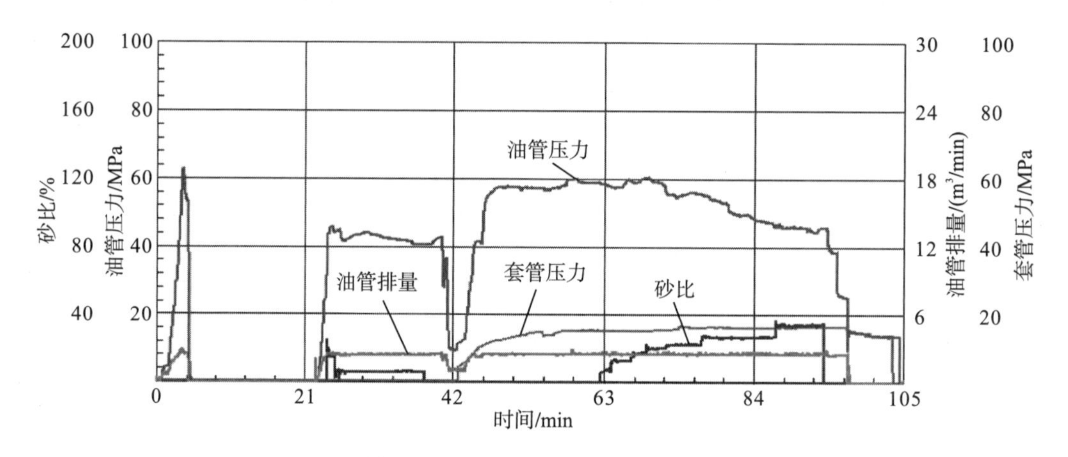

图 8-10　N7-9 井第一级压裂施工曲线

水力喷砂射孔阶段，油管排量为 0～2.6m³/min，顶替压裂基液 7m³ 后，保持排量 2.6m³/min，基液携砂进行水力喷射射孔(砂比 6%，石英砂)，油压由最初 2min 的 39MPa 降至 32MPa 左右，并保持平稳，入井砂量 2.4m³ 后，顶替基液至 8m³，降低排量至 1m³/min，此时缓慢关闭阀门，持续顶替基液至 10m³，套压由 1.5MPa 上升至 8MPa。

水力喷砂压裂阶段，射孔阶段排量由 1m³/min 提升至 2.6m³/min，前置液阶段油套压平稳，油压为 47MPa，套压为 16MPa，加砂开始后油套压均缓慢上升，油压最高为 52.4MPa，套压最高为 18.9MPa，在顶替约 0.2min 时油压下降 9～43MPa，保持稳定至顶替结束，停泵压力为 17.8MPa，总入井液量 313.7m³，入井石英砂 2.4m³，20/40 目陶粒 27.8m³，最高砂比 34%，平均砂比 18.7%，施工结束(图 8-11)。

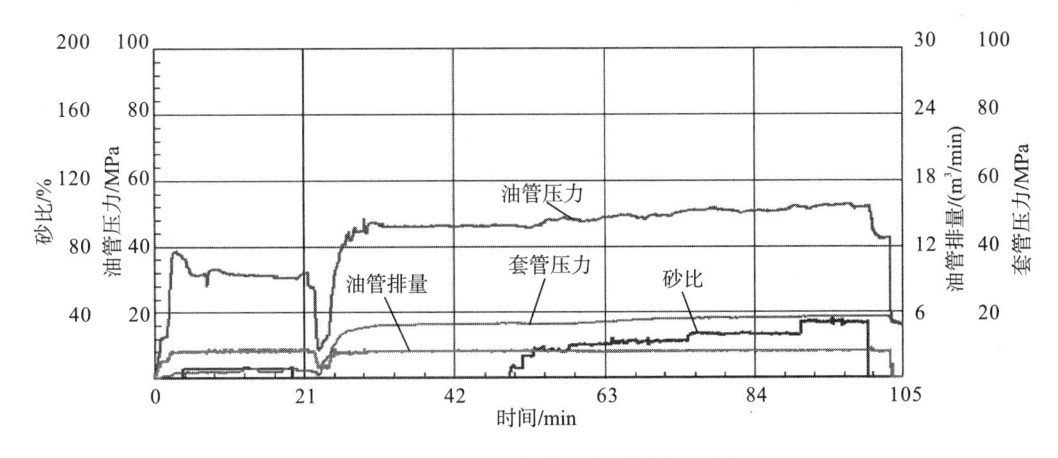

图 8-11　N7-9 井第二级压裂施工曲线

2. 压后效果

压后下泵生产，初期日产液 12.5m^3，日产油 9.9t，稳定日增液 11.2m^3，日增油 9.1t，目前累计增油 420t，有效期大于 94d，效果显著。与前期采用常规工艺笼统压裂相比，在日增油、累计增油、有效期上都具有明显的优势，如表 8-2 所示。

表 8-2　N7-9 压裂效果对比

井号	井段/m	压前			压后			对比			有效期/d	累计增油/t
		日产液/m^3	日产油/t	含水率/%	日产液/m^3	日产油/t	含水率/%	日产液/m^3	日产油/t	含水率/%		
牛东 7-9	1469～1489	3.2	1.1	1.9	9.5	3.1	62.1	6.3	3.5	60.2	105	324
牛东 7-9	1503、1480	0.9	0.6	16.7	14.2	10.5	13.3	13.3	9.9	−3.4	>94	420

四、施工总结

(1) 采用针对 Φ177.8mm 筛管完井的水力喷射压裂工具能够满足施工需要，喷嘴过砂量能够达到 30m^3。

(2) 水力喷射压裂工艺可以实现 7 寸筛管完井的火山岩储层改造，与前期采用常规工艺压裂相比，增产效果明显。

第四节　斜井裸眼完井——不动管柱分段压裂

裸眼完井的最主要特点是油层完全裸露，不会因井底结构而产生油气流向井底的附加渗流阻力，这种井称为水动力学完善井，其产能较高，完善程度高。相比套管射孔或筛管完井方式，其成本低且储层不受水泥浆的损害。裸眼完井方式的缺点是：不能克服井壁坍塌和油层出砂对油井生产的影响；不能克服生产层范围内不同压力的油、气、水层的相互干扰；无法进行选择性酸化或压裂；先期裸眼完井法在下套管固井时不能完全掌握该生产层的真实资料，以后钻进时如遇到特殊情况，会使钻进和生产变得被动。因此，裸眼完井方式的使用范围比较小，只能适用于那些坚固、稳定且无气水夹层的单一油层或一些油气层性质相同的多油气层井。

梨树断陷大榆树圈闭位于松辽盆地东南隆起区的西南部[5]，先后发现 12 个油气田及多个含油气构造。J1 井是大榆树圈闭中的一口探井，该井储层段为含天然气的花岗岩，为更好地评价储层含气量以及压裂改造效果，选用裸眼水力喷射分段压裂工艺实施增产改造。

一、J1 井基础数据

1. 基本数据

最大井斜/(°)	25.001		井深/m	2400	方位角/(°)	201.09	井底位移/m	158.88
井身结构	钻头尺寸(mm)×深度(m)	套管名称	外径/mm	壁厚/mm	钢级	下入深度/m	水泥返深/m	阻流环/m
	311.2×500	表层套管	244.5	8.94	J55	499.25	地面	2162
	215.9×2509	油层套管	139.7	9.17	N80	2184.59	地面	
	短套管位置		1908.66～1910.68m					
固井质量描述	井段/m	固井质量测井评价						
	2184.59～2509	裸眼完井						
完井试压	加压 20.2MPa，稳压 30min，压降 0.2MPa，试压合格							

2. 测井数据

(1) 第一试油层组测井解释第 46～67 层，如图 8-12 所示。

层位：基底。

井段：2193.1～2325.1m，121.9m/10 层。

录井井段：2186～2315m。

岩性：灰白色含气花岗岩(取心 2190.24～2197.19m，杂色含气花岗岩，主要矿物为长石(70%)和石英(28%)，钾长石含量比斜长石高，前者见格子双晶和高岭石化，后者见聚片双晶和绢云母化；次要矿物为黑云母(2%)，有轻微的绿泥石化；偶见方解石轻微交代碎屑，见细小的方解石脉；半自形粒状结构；块状构造。岩性较致密，距顶 0.89～0.93m 处见一条斜裂缝。岩心无油味，不污手，荧光直照、滴照无显示，岩心滴水渗，滴稀盐酸无反应。槽面见针孔状气泡，约占槽面的 4%，槽面无上涨，无油花。

钻时，18.6↓11.4min/m，钻井液密度 1.32g/cm^3，黏度 55mPa·s。

气测显示：全烃 19.33↑44.02%，C113.91↑33.32%，C21.171↑2.438%，C30.231↑0.439%。槽面观察：无。电测解释：气层、差气层。

(2) 测井解释第 63、第 65 层。

层位：基底。

井段：2412.7～2439.5m　20.1m/2 层。

录井井段：2413～2431m。

岩性：灰白色含气花岗岩。

钻时：35.5↓12.5min/m，钻井液密度 1.32g/cm³，黏度 59mPa·s。

气测显示：全烃 1.44↑12.70%，C11.08↑10.54%，C20.093↑0.75%，C30.023↑0.11%。槽面观察：无。电测解释：差气层。

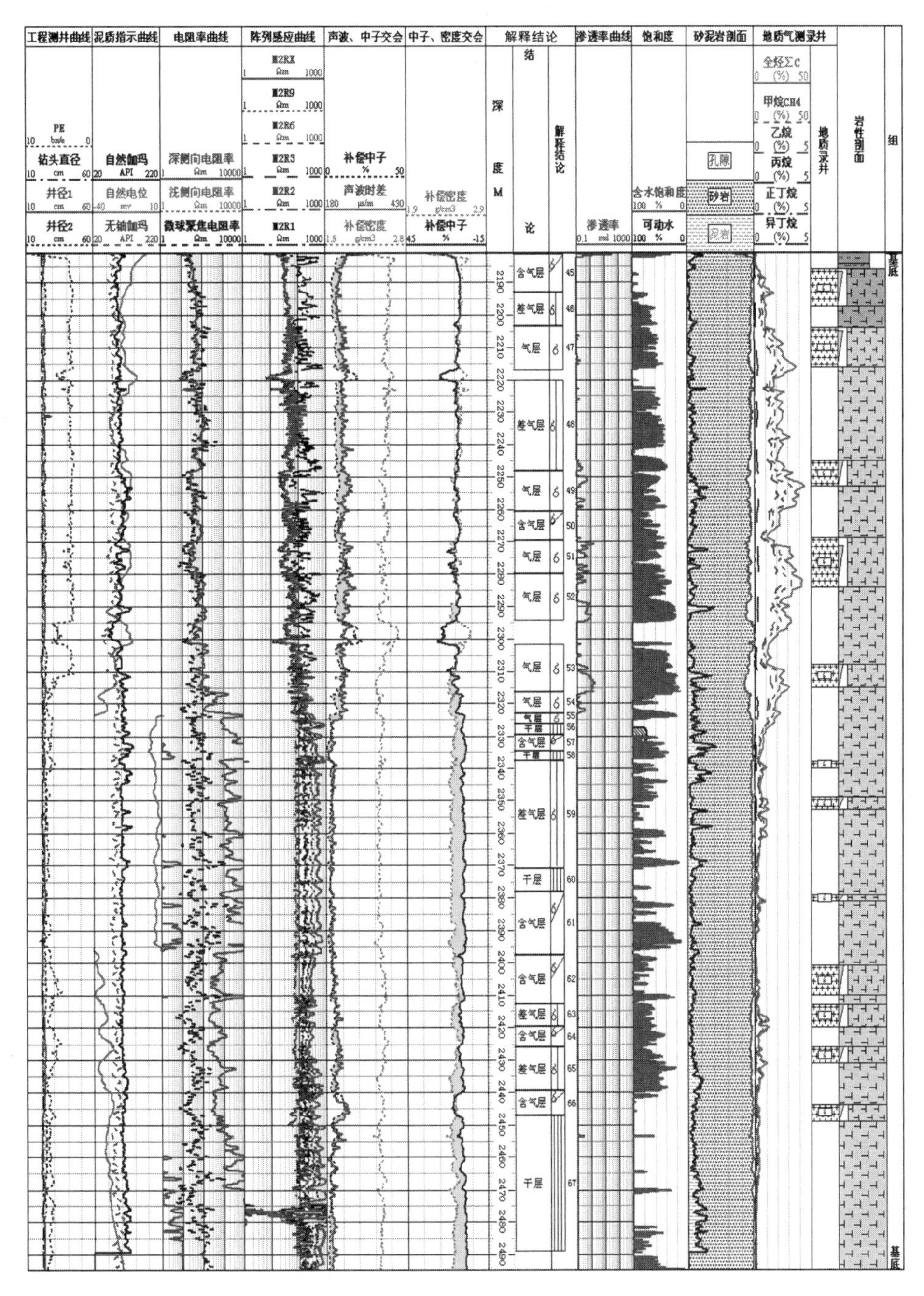

图 8-12 J1 井 46-67 号层测井解释成果

3. 地层压力数据

本区没有钻井，依据相邻洼陷区梨6井营城组、沙河子组实测地层压力资料进行分析(如表8-3所示)，压力系数为1.07～1.18，预计本井试气井段地层压力系数在1.18。

表8-3 邻井压力数据表

井号	层位	井深/m	地层压力/MPa	压力系数	地层温度/℃	地温梯度/(℃/100m)
梨6	沙河子组	2878	33.84	1.18	105.8	3.68
		2550	29.62	1.17	97	3.29
		2533.65	28.98	1.14	90.01	3.55
	营城组	2356.2	25.18	1.07	89.44	3.79

二、压裂设计思路

(1)目的层段为裸眼段，喷射跨距大且含气层多，岩性为含气花岗岩，裂缝高度难以控制，采用水力喷射改造，封堵2390～2510m。

(2)目的层段井斜角为20.8°～25.4°，采用前置粉陶段塞打磨近井筒多裂缝，降低弯曲摩阻。

(3)为确保施工的安全，采用如下应对措施：①采用滑套式水力喷射工具一趟管柱压裂四段；②压裂管柱采用Φ73mm加厚油管，压裂井口采用KQ65/70型压裂井口；③在顶替过程中，计量好顶替液，顶替到位；④前一段施工结束后关井直至裂缝闭合后开始后一段压裂施工；⑤排液控制，压后用3.0mm油嘴控制放喷，防止地层出砂，上提管柱前反循环洗井。

(4)压裂管柱组合(图8-13)：引鞋＋多孔管＋单流阀＋扶正器+一级喷砂器(位置：2316.6m，无滑套)＋扶正器＋Φ73mm加厚油管及调整短接(N80)×36.0m＋扶正器＋滑套喷砂器(位置：2280.6m)＋扶正器＋Φ73mm加厚油管及调整短节(N80)×26.2m＋扶正器＋滑套喷砂器(位置：2254.4m)＋扶正器+Φ73mm加厚油管及调整短节(N80)×38.6m+扶正器＋滑套喷砂器(位置：2215.8m)＋扶正器+Φ73mm加厚油管×63m+(校深短接)×2m＋Φ73mm安全接头(位置：2150m)＋Φ73mm加厚油管(N80)×2150m+油管挂。

(5)裂缝参数优化。为防止4条水力裂缝在纵向上发生干扰，需要对其高度进行优化，依据该井的测井解释成果，通过FracproPt的模拟仿真，得到如下优化结果：

①图8-13为井斜角25°时，支撑剂数量与裂缝长度和高度的关系曲线。当支撑剂用量为25～30m^{3}时，裂缝高度的增加幅度减缓，支撑剂用量超过30m^{3}时裂缝高度的增加幅度变化加剧。当支撑剂用量为25m^{3}时，裂缝长度为100m，裂缝高度为44m；支撑剂用量增加至30m^{3}时，裂缝长度为110m，裂缝高度为48m，如图8-14所示。

②加砂数量增加，压裂液体用量相应增大，综合考虑压裂成本、施工风险、增产效果等因素，通过裂缝模拟软件优化，斜井压裂裂缝长度为100～120m，加砂数量为28～35m^3，如图8-15所示。

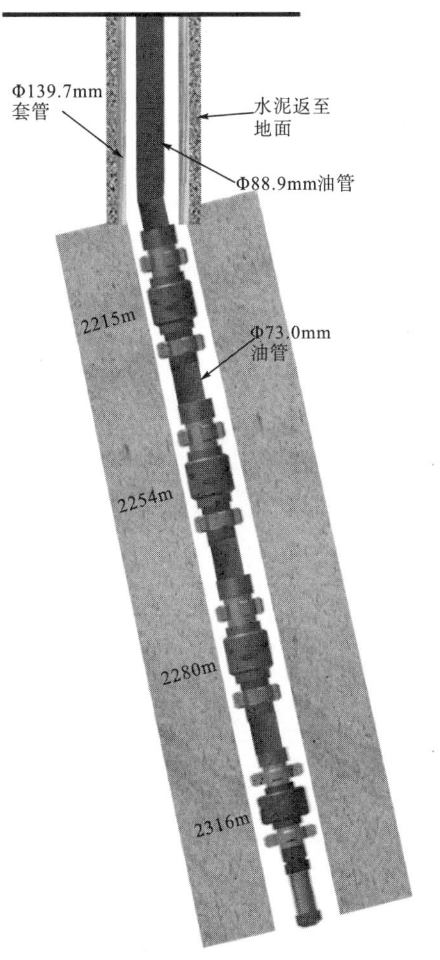

图 8-13　斜井裸眼水力喷射压裂管柱配置

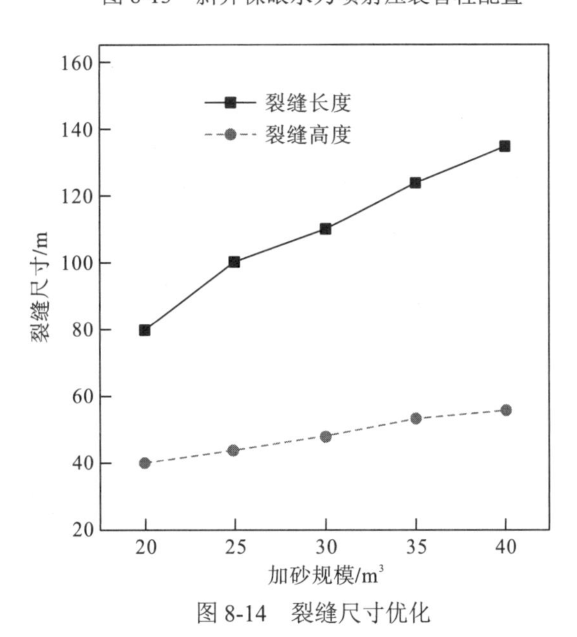

图 8-14　裂缝尺寸优化

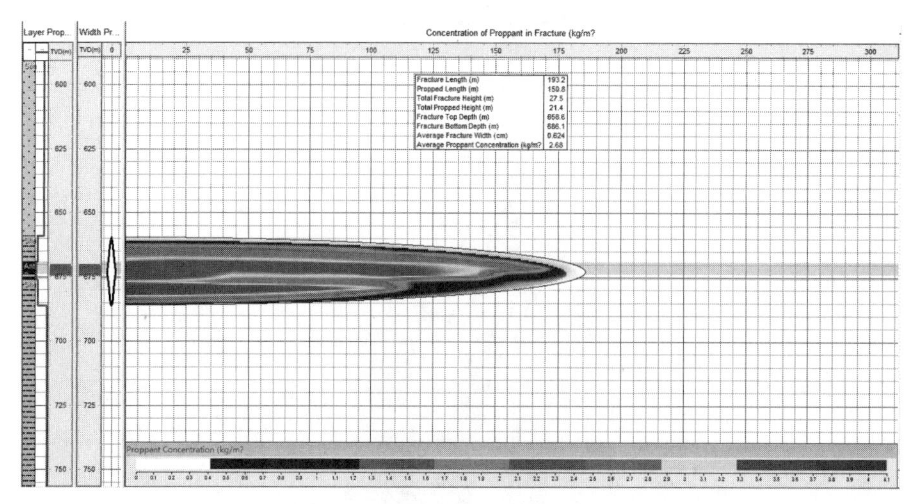

图 8-15 水力喷射造缝导流能力模拟

三、现场施工分析

1. 压裂施工

J1 井历时 4 天按照压裂设计完成 4 个层段的施工，共计加入支撑剂 128m^3，加入压裂液 1634m^3，最高加砂浓度达到 480kg/m^3，如图 8-16 所示。前两段的地层破裂压力分别是 58.8MPa 和 57.5MPa，后两段破裂压力分别为 45MPa 和 47.8MPa，表现出了不同的地层破裂特征。4 个层段的停泵压力相差不大，分别是 17.7MPa、17.7MPa、20MPa 和 20MPa，这说明地层最小主应力相差很小。

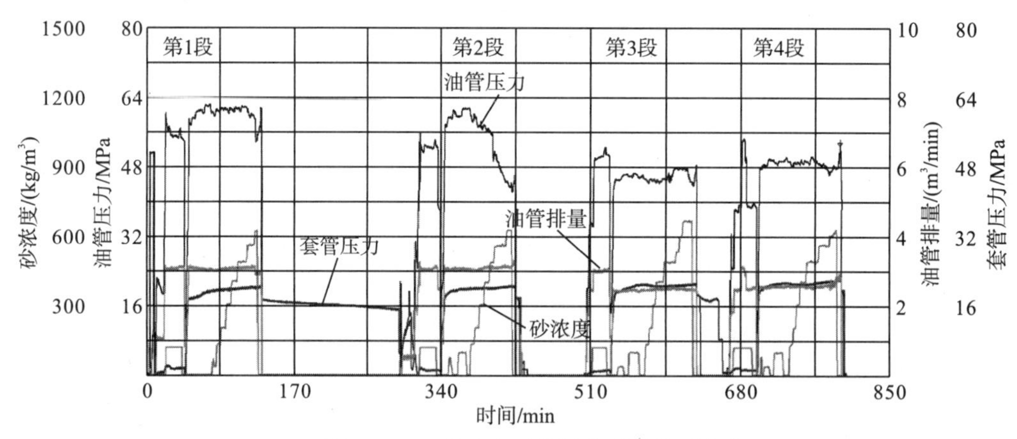

图 8-16 J1 井水力喷射压裂四级施工曲线

第一段压裂施工总的注入排量为 3m^3/min，其中油管排量为 2.0m^3/min，套管排量为 1m^3/min。施工压裂力为 54.0～61.8MPa，套压 20.0MPa，本层共泵入压裂液 430.0m^3，其中套管入井液量 81.0m^3，加入粉陶打磨地层微裂缝 2m^3，主加砂阶段加入陶粒 30m^3。压裂施工结束，面套管压力为 16.5MPa，该压力下降非常慢，说明人工裂缝起到了沟通储层的作用，部分天然气进入井筒中。等待 1 天后，该压力保持在 15MPa 左右，为降低压裂液对裸眼段储层的伤害，开展第二次施工，采用逐渐增加套管放喷管线流量的方法，并同时从油管管线以 0.5m^3/min 排量泵注液体，依靠压裂球打开第二级水力喷射压裂工具滑套。

第二段压裂施工中的主加砂阶段，地面油管压力从 56MPa 下降至 43.9MPa，与第三段和第四段施工压力接近，存在裂缝沿高度方向过度扩展的可能性，使得压力大幅下降。最后两段施工顺利，油管压力为 46～48MPa，套管压力维持在 18MPa 左右，每层加入粉陶 2m^3，陶粒 30m^3。

2. 压裂效果

J1 井压裂后，实现了自喷，日产气量达到 13000m^3。

四、施工总结

(1)采用水力喷射分段压裂工艺可以对裸眼完井的直井实施一趟管柱多级压裂施工。由于改造储层段为花岗岩，其质地坚硬，经过 4 个层段的水力压裂，没有出现井眼垮塌埋压裂管柱的情况。

(2)由于该井为气井，且每段压裂改造后地面井口套管压力都在 10MPa 以上，等待井口压力下降的时间较长，为尽可能减少压裂液体对整个裸眼储层段的伤害，需要采用地面套管管线快速放喷，油管管线快速泵送压裂球的方法可实现下一级水力喷射压裂工具滑套打开，然后实施压裂。

(3)4 个压裂层段施工结束后，地面套管压力一直维持在 13MPa，水力喷射压裂管柱可以作为井下生产管柱，避免带压作业起出管柱，节省作业成本。

第五节　水平井筛管完井——单段水力喷射压裂

水平井完井质量直接影响水平井产量、油藏动用率和开发效益。目前水平井的完井方式包括固井射孔完井、裸眼完井和裸眼筛管完井。相对于固井射孔完井，水平井裸眼筛管完井储层伤害小、成本低、有利于防止井筒附近地层塌陷，特别是在长期开采随储层压力衰竭的过程中。采用筛管完井的缺点是很难有效地封隔和改造井筒中的不同层位和井段[6]。

中原油田的 W-A 井是一口开发井，其采用套管+割缝筛管完井的水平井，无法应用常规水力压裂进行改造，采用酸化等措施后又无法全面解堵，例如在 2008 年 9 月至 11 月实施了两次大型酸化，但实施措施后日产液 1.5t，日产油 1t。分析原因为水平段长、孔眼多，造成大量无效滤失。

水力喷射分段压裂技术是水力喷射射孔、水力压裂、喷射泵及双路径泵入流体技术于一体的新型增产改造技术。该技术能够在指定位置喷砂射孔，然后利用射流动态封隔的方法通过射孔孔道制造裂缝。能够实现一趟管柱多段定点压裂，节省作业时间、减少作业风险。由于水平井筒方向与构造区域最大主应力垂直，因此水力压裂将产生平行于水平井眼的纵向裂缝，因此该井选择实施 1 个压裂层段的施工。

一、W-A 井基础数据

1. 基本数据

文 110 东块区域构造位于东濮凹陷中央隆起带中部文留构造东翼文 110 块东部，目的层沙三上 8 砂组，地层倾角 20°～23°。油藏埋深 3130～3240m，属构造岩性油藏。

W-A 井是文东油田文 110 块的一口开发水平井，2008 年 8 月 5 日完井，完钻斜深 3584m，垂深 3156.36m，水平位移 568.9m，水平段完井方式采用 Φ139.7mm 筛管完井。目的孔隙度 18%，渗透率 $28.6\times10^{-3}\mu m^2$，含油饱和度 40%，地温 117℃。石油地质储量为 7.38×10^4t。W-A 井位于油藏高部位，完井方式为套管、筛管混合，水平井控制区基本未动用，且有一定的储量基数，潜力较大。

2. 生产情况

生产情况见表 8-4。

表 8-4　W-A 补孔酸化效果对比

项目	工作制度	日产液/t	日产油/t	含水/%	日产气/m^3	油压/MPa	套压/MPa	回压/MPa
酸化前	44×4.8×4	0.8	0.5	40.0	56.0	0	0.2	0.30
酸化后	38×4.8×4	1.3	0.5	58.0	87.0	0	0.3	0.25
差值		0.5	0	18.0	31.0	0	0.1	-0.05

3. 对应水井情况

与 W-A 相对应的水井为文 223 井，对应注水层位如图 8-17 所示。对应水井文 223 井 2009 年 1 月 3 转注，注水压力 30MPa，配注 $60m^3$，日注 $60m^3$，累计注水 $5352m^3$。

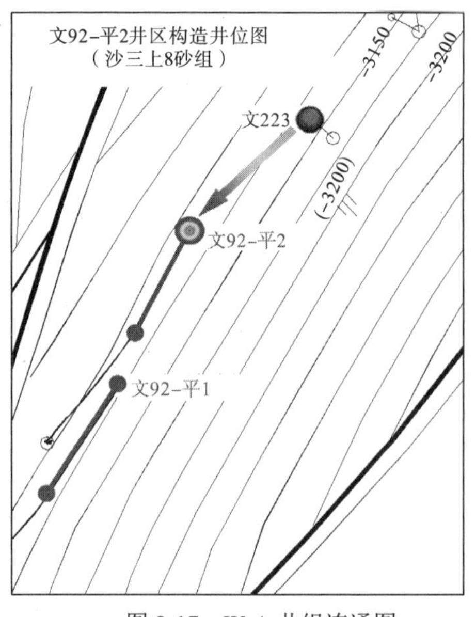

图 8-17　W-A 井组连通图

4. 潜力分析

从测井解释分析该井控制含油面积较大，含油丰度较高，但大型酸化措施因水平井段过长(290m)，液体滤失较大，目的层没有得到改造。截至2009年5月累计产液504t，产油244t，产气1.82×104m^3，效果不明显。该井对应水井文223井于2009年1月3转注，初期注水压力10MPa，配注40m^3。至2009年5月注水压力为30MPa，配注60m^3，日注60m^3，累计注水5352m^3。后又调配注至150m^3，日注120m^3，注水压力36MPa。综合分析，该井注采关系较完善，目的层有较大潜力。

二、压裂设计思路

1. 裂缝条数优化

W-A井水平段井眼筛管完井段轨迹方向方位为30°～32°，区块压裂人工裂缝的延伸方向为北东45°左右，W-A井形成的人工裂缝与井眼水平段方位有12°～15°的很小夹角，形成接近平行于井眼轨迹方向的纵向裂缝。筛管完井段有140.1m，压裂选择裂缝条数为1条。

2. 水力压裂裂缝参数要求

该井本身生产初期含水，经过酸化解堵后产能增加有限，但是含水增加18%，因此需要控制施工规模。根据筛管完井段控制面积综合分析，单翼裂缝长度要控制在90m以内。

3. 施工排量及套管压力

确保总排量在3.6～3.7m^3/min，其中油管排量2.6m^3/min，套管排量为1.0～1.1m^3/min。根据已知的裂缝延伸压力梯度，计算每一层需要控制的套管压力，原则是控制地面套管压力低于该层计算出的裂缝延伸压力3～4MPa。

4. 施工管柱组合

引鞋＋多孔管＋单向阀＋下扶正器＋喷枪＋上扶正器＋定位短节＋Φ73.0mm油管(66m)＋安全接头(位置3428.0m处)＋Φ73.0mm油管(300m)＋Φ88.9mm油管(位置3128.0m)，如图8-18所示。

5. 压裂液体优化

针对W–A井的储层特征及工艺设计采用低伤害抗剪切压裂液体系。根据水力压裂喷射的原理，液体的抗高剪切是本井液体优化的关键；从物性资料看，储层中泥质含量最高达到30.9%，抑制泥质膨胀是本次压裂液优化的重要方面，液体采用复合黏土稳定剂。同时采用全程伴注降滤失剂，抑制液体的滤失，提高液体造缝和延伸裂缝的能力。

由图8-19可知，压裂液体系交联时间控制在90～330s；剪切速率分别为170s^{-1}、511s^{-1}时，黏度分别为72mPa·s、37mPa·s。冻胶在117℃、1020s^{-1}剪切5min后黏度为104mPa·s。剪切速率恢复到170s^{-1}后剪切90min后黏度为207mPa·s，压裂液经高剪切速率剪切后仍保持较高的黏度。确保压裂液在压裂过程中既具有良好的携砂能力，又能实现压后快速破胶返排的目的，同时良好的裂缝处理剂可以有效地去除滤饼，降低裂缝伤害。

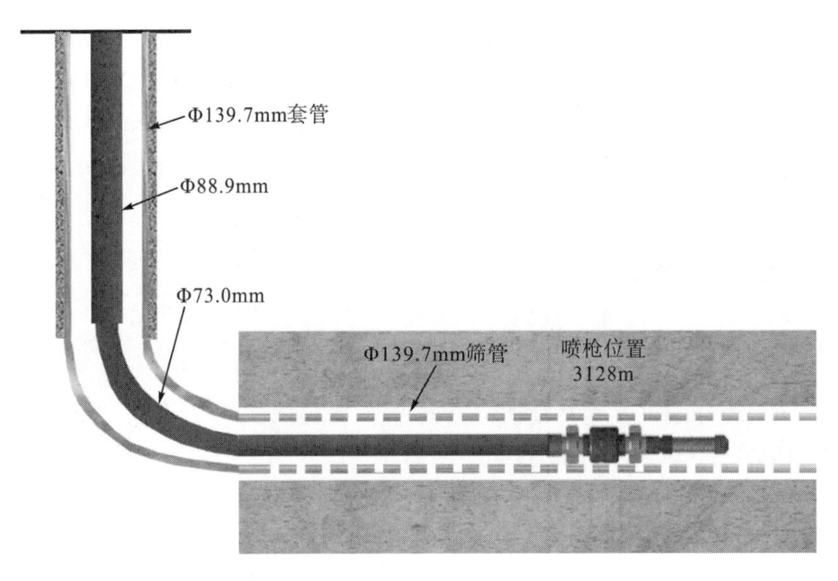

图 8-18　井下管柱组合示意

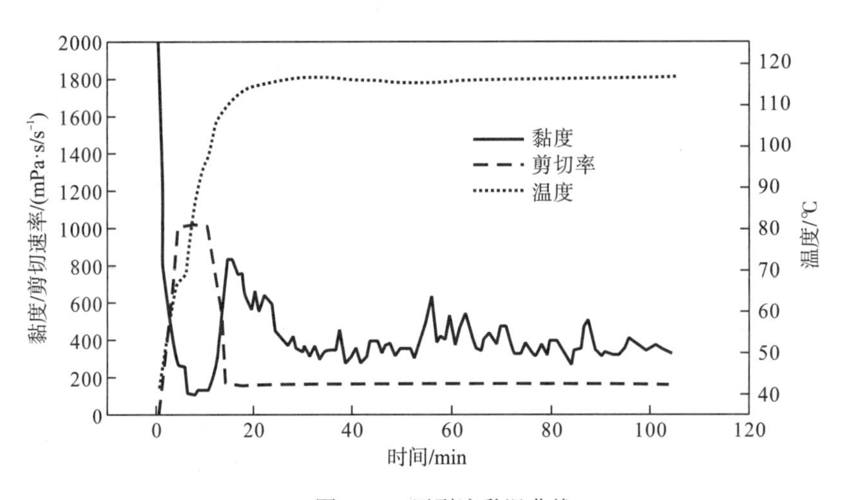

图 8-19　压裂液黏温曲线

6. 裂缝参数优化

该井本身在生产初期含水，经过酸化解堵后产能增加有限，但是含水增加 18%，因此需要控制施工规模。根据筛管完井段控制面积综合分析，单翼裂缝长度要控制在 90m 以内。工具采用一组喷枪，喷枪位置为 3495m。

综上所述，利用压裂软件优化压裂施工参数，如表 8-5 和图 8-20 所示。

表 8-5　压裂施工参数设计表

井底破裂压力/MPa	最大裂缝宽度/cm	平均裂缝宽度/cm	动态缝高/m
66.3	1.2	0.9	23.3
支撑缝高/m	支撑剂用量/m^3	动态缝长/m	支撑缝长/m
17.9	18.2	90.2	85.7
平均砂液比/%	井口压力/MPa	施工限压/MPa	施工排量/(m^3/min)
24.9	50.0～69.0	80.0	3.6～3.7

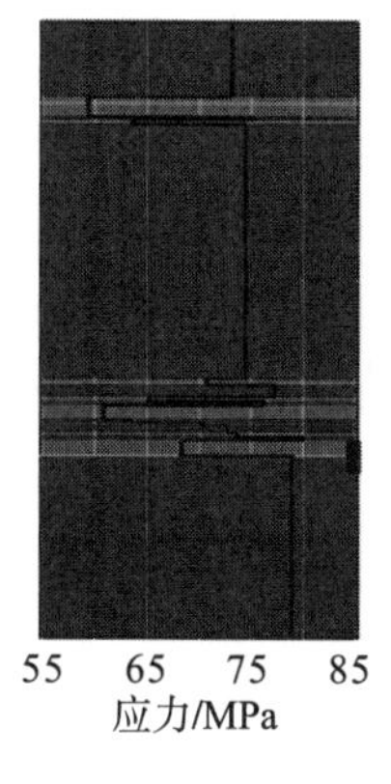

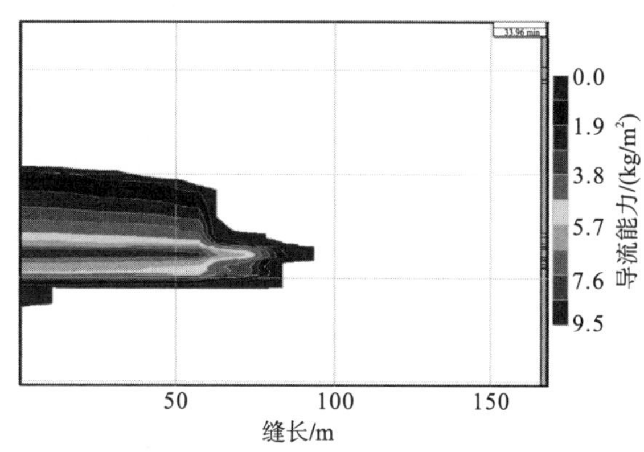

图 8-20　W-A 井水力压裂裂缝尺寸模拟

三、现场施工分析

水力喷射分段压裂工艺及压裂机理均不同于常规压裂，因此施工曲线也有所差别，如图 8-21 所示。将水力喷射分段压裂施工曲线主要分为三个阶段：水力喷砂射孔阶段、前置液注入阶段、阶梯加砂阶段。

(1) 水力喷砂射孔阶段。油管排量恒定为 2.2m^3/min，砂比控制在 6%～7%，油管平均压力为 73.6MPa，说明能够在施工压力允许的情况下实现水力喷砂射孔。当磨料液体经喷嘴射出后喷嘴摩阻将进一步增加，地面油压会出现短时升高的情况。

(2) 前置液注入阶段。喷砂射孔结束后，降低油管排量，保证套管关闭安全，关闭套管放喷管线闸门，将油管排量保持在 2.2～2.6m^3/min，同时油管液体加交联剂。油管压力为 72～75MPa，套管排量为 0.35～0.37m^3/min，且套管压力出现缓慢上升趋势，从 40MPa 上升为 47MPa。

套管压力反映地层破裂压力为 39.1MPa。与常规压裂不同的是，其未出现明显的地层破裂压力点。这是因为水力喷砂射孔产生的孔道体积大，有效降低了地层起裂压力。裂缝延伸阶段油管和套管压力均保持稳定，说明地层被顺利压开。

(3) 阶梯加砂阶段。油管排量为 2.5～2.6m^3/min，套管排量为 0.24～0.37m^3/min，砂比按照泵注程序逐渐增大。随砂比的增加，套管压力仍然逐渐上升，套管压力上升到最大压力 50.9MPa，为防止套压继续增加，减小套管排量，保持在 0.24～0.26m^3/min。在此之后，套管压力保持在 46～47MPa。

由于支撑剂被高速射入裂缝中，因此能够有效降低砂堵及套管沉砂卡管柱的风险。随着加砂浓度的不断提高，油套压力基本不变，说明裂缝一直向前延伸，裂缝形态控制得当。

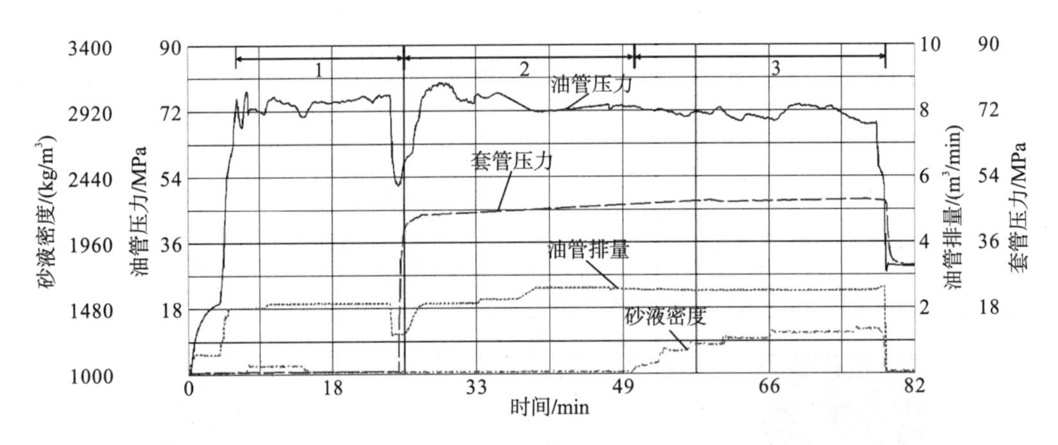

图 8-21　W-A 井水力喷射分段压裂施工曲线

2009 年 8 月 5 日，进行了 W-A 井水力喷射分段压裂现场施工。施工采用 $2m^3$ 石英砂在 $2.1m^3/min$ 的排量下，喷砂射孔成功，地层破裂压力为 43MPa，油管加砂压力为 73.2MPa，停泵套管压力为 29.5MPa。按照设计要求注入前置冻胶 $60m^3$，携砂冻胶 $75m^3$，顶替 $17.8m^3$，共加陶粒 $18.2m^3$，平均砂比 23.9%，按设计完成了水力喷射分段压裂施工。

四、压后效果

W-A 井压前日产液 2.3t，日产油 2t，压后日产液 19.7t，日产油 14.2t，日增液 17.4t，日增油 12.2t。日产油稳定在 14t 左右，截至当年 12 月 16 日累计增油 1800t，取得了十分好的增产效果，如图 8-22 所示。

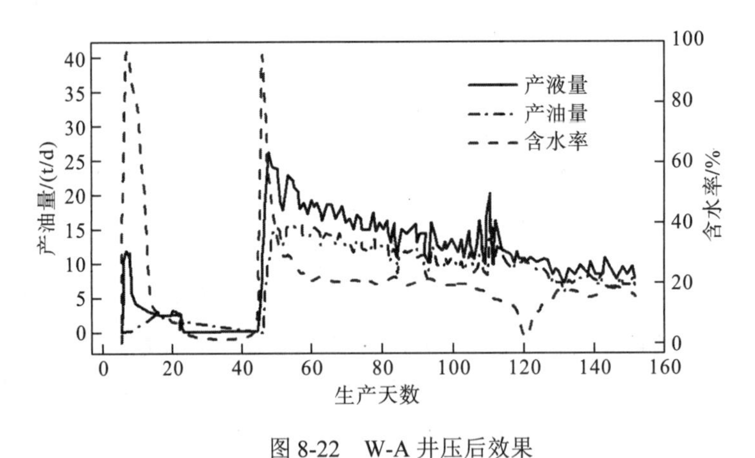

图 8-22　W-A 井压后效果

第六节　水平井筛管分段完井——拖动式分段压裂

水平井筛管分段完井技术是水平井筛管完井的重大完善，是在筛管上串接管外封隔器将产层封隔成段的完井技术。其具有以下特点：预防和控制水淹，延长水平井生产寿命；为后期技术实施奠定基本条件，提高酸压、增注等措施的效果；分段生产避免不同物性油层段的互扰，提高油藏动用效率，当出现底水锥进后油层上返，开采上部层位。但是该完井方式极大依赖于管外封隔器的性能，其必须具有封隔压力高、寿命长的特点。

但是对于储层物性差、油藏压力低的水平井，需要采用水力压裂改造的方式实施增产改造。SW-B 井为十屋断陷中央构造带车家窝棚圈闭顶部区新钻水平井，筛管分段完井，但是该井依靠地层能量开采产量较低，所以结合水力喷射分段压裂工艺实施 3 层段改造，同时为降低筛管井压裂管柱被卡风险，采用拖动式分段压裂工艺[7]。

一、SW-B 井基础数据

1. 基本数据

完钻井深/m	水泥返高/m	完钻层位	固井质量
2320	22	沙河子	较好
联入/m	钻井泥浆密度	油补距/m	浸泡时间/d
4.75	1.25	4.43	20
最大井斜	钻井液漏失	生产层位	地层温度/℃
90.8°/2140m	无	未投产	72.6

2. 套管数据

套管名称	外径/mm	内径/mm	钢级	壁厚/mm	下入深度/m	水泥返深
表层套管	244.5	226.6	J55	8.95	302.49	地面
油层套管	139.7	124.26	N80	7.72	1977.27	地面
筛管	139.7	124.26	N80	7.72	2314.10	

3. 本次压裂目的层的小层数据

压裂	层位	序号	井段/m	声波时差/(μs/m)	孔隙度/%	渗透率/mD	含油饱和度/%	结论
待作业井段	沙河子	22	2007	255	12	1	26	油层
	沙河子	25	2121	240	10	0.5	30	差油层
	沙河子	28	2259	230	12	0.7	30	油层

4. 油井历次措施及井况

2010 年 8 月 21 日进行酸洗作业，9:40～11:20 反替暂堵酸洗液 40m^3，酸液返出井口 15m^3。11:20～12:40 关闭油管闸门，挤入酸液 10m^3，泵压 9.0～11MPa、排量 500～720L/min。11:40～12:10 关井。12:10～12:25 开井无液排出，继续反替酸液 10m^3。8 月 22 日开始抽汲排液，截止到 9 月 18 日，累计排出酸液 28.52m^3、原油 115.66m^3，日产油 4～5m^3。

二、压裂设计思路与参数优化

1. 压裂设计思路

(1) 该水平井为筛管完井，其他分段压裂工艺无法实施，选择水力喷砂分段压裂技术。依据录井显示和测井解释结果，本次改造井段为 1957.6～2042.7m、2078.4～2142.2m、2215.9～2287.1m 层段，综合考虑裂缝间的干扰和避开筛管接箍位置，喷射点位置为 2007.0m、2121.0m 和 2259.0m，如图 8-23 所示。

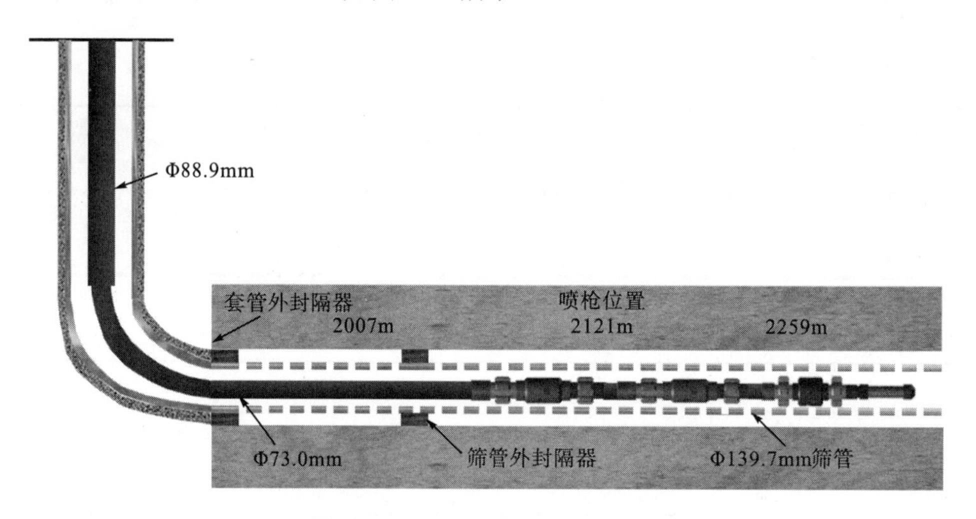

图 8-23　SW-B 水力喷射压裂管柱配置

(2) 根据所在区域物性条件和周围注水井的匹配，裂缝支撑长度设计为 110～130m。采用不等缝长设置，两端长裂缝，中间短裂缝。

(3) 该井水平井段方位为 36.65°，与区域最大主地应力方位夹角约为 86.65°，压后水力裂缝形态基本为横向裂缝，压裂设计按形成横向裂缝考虑。

(4) 垂向上多层，目的层上下 50m 范围内无水层，适当提高施工排量，力争使垂向得到彻底改造。

(5) 采用羟丙基瓜胶压裂液体系，压裂施工前现场取样进行高剪切后黏度恢复实验和油套混注的携砂性能评价，确保压裂液性能。

(6) 为提高裂缝导流能力，用支撑剂 20/40 目中密度陶粒。

(7) 为防止压裂施工后期管柱被卡，并减少作业时间，采用如下应对措施：①一趟管柱安装 3 个水力喷砂射孔压裂器，工具之间间隔 2m，压完一段后上提管柱使得第二段喷枪对准压裂位置，从而能够使工具远离第一段施工位置，尽可能避免回流的支撑剂卡住管柱；②在顶替过程中，当完成油管顶替后，环空继续顶替 30～60s；③排液控制，压后用 2.0mm 油嘴控制放喷，防止地层出砂，上提管柱前反循环洗井。

2. 裂缝参数优化

依据 SW8P1 井的储层物性条件以及井网匹配对支撑裂缝长度的控制，要求裂缝支撑长度控制在110～130m，依据该地区的岩石力学参数、地应力大小和滤失系数等，计算得到支撑缝长110～130m，加砂规模为20～26m^3。模拟参数见表8-6。模拟计算结果见表8-7。水力裂缝剖面见图8-24、图8-25。

表8-6　裂缝模拟输入参数表

储层深度	储层厚度	孔隙度	储层温度
1854m	12.6m	12%	72.6℃
渗透率	地应力梯度	泊松比	弹性模量
$0.6\times10^{-3}\mu m^2$	0.0165～0.0195MPa/m	0.18～0.32	2.6×10^4～3.2×10^4MPa
储层综合滤失系数	断裂韧性	油管内径	施工排量
$8\times10^{-4}m/min^{0.5}$	1800～2500	62mm	3.7m³/min

表8-7　水力裂缝模拟计算结果

序号	压裂井段/m	加砂量/m^3	裂缝半长/m		裂缝高度/m		裂缝宽度/mm	
			造缝	支撑	造缝	支撑	造缝	支撑
1	2215.9～2287.1	26.0	144.9	130.0	57.3	36.0	10.9	2.9
2	2078.4～2142.2	20.0	129.1	115.2	54.3	33.9	10.5	2.7
3	1957.6～2042.7	26.0	144.2	129.6	57.0	35.9	10.9	2.9

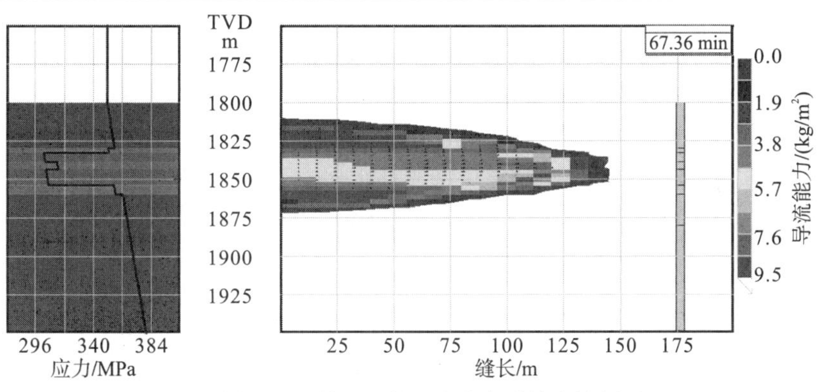

图8-24　第1和第3段水力裂缝支撑剖面

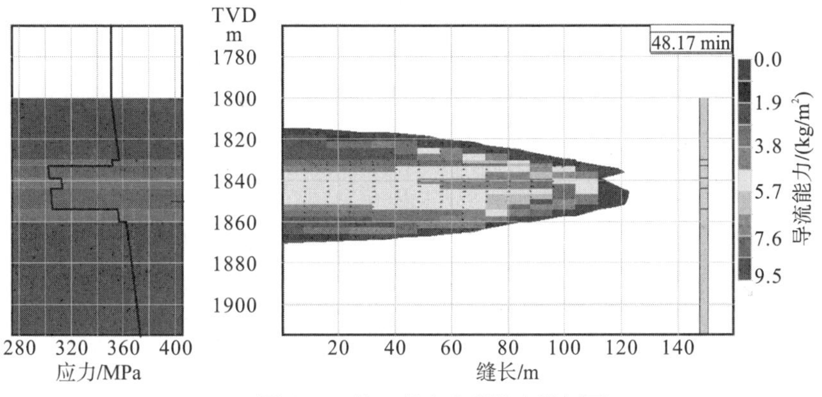

图8-25　第2段水力裂缝支撑剖面

三、现场施工分析

1. 第一层段：2259m

11:48～11:55，顶替基液，平均油管排量为 $2.0m^3/min$。油管压力呈阶梯式上升状态，从 0MPa 上升到 35MPa。此阶段共用前置液 $14m^3$。

11:55～12:03，水力喷砂射孔。加入石英砂，使油管内砂液比保持在 6%～8%，流体密度为 $1030kg/m^3$。油管排量均值保持在 $2.5m^3/min$。刚开始由于油管排量逐渐降低，油管压力也由 35MPa 逐渐降低。11:58 油管排量下降到最低，油管压力降为最小值 25MPa；随着排量的增加，油管压力恢复到 38MPa。此阶段共用液 $20m^3$，石英砂 $2.4m^3$。

12:03～12:15，顶替基液。油管排量为 $1.7～2.3m^3/min$，油管压力保持在 37～39MPa。12:13，油管排量开始逐渐降低至 0，并缓慢关闭套管闸门，油管压力降为 12MPa。此阶段共用液 $24m^3$。

12:15～12:48，高挤前置液。油管排量为 $1.8～2.5m^3/min$，套管排量在 $0.9～1.0m^3/min$。此阶段油管压力呈现上升趋势，最高达 48MPa。套管压力始终呈现一个平缓上升状态，从 9MPa 上升到 16MPa。油套管共用液 $108.9m^3$。

12:48～13:30，高挤携砂液。油管排量为 $1.4～3.0m^3/min$ 变化，套管排量为 $0.9～1.0m^3/min$，砂比按照泵注程序逐渐增大，携砂液密度由 $1050kg/m^3$ 增加到 $1400kg/m^3$。随砂比的增加，油管压力逐渐上升，且基本上以恒定速度上升，速度为 0.0024MPa/s；套管压力随砂比的增加缓慢上升，但涨幅不大，基本维持在 16MPa 左右。此阶段油管用液 $75.6m^3$，套管用液 $42m^3$。共用陶粒 $17.8m^3$。

13:30～13:33，顶替液。油管排量集中在 $2.8m^3/min$ 左右，套管排量为 $0.8～1.05m^3/min$。油管压力保持在 52MPa 左右，套管压力保持 18MPa 不变。此阶段油管共用液 $8.1m^3$。

13:33，停泵。测压降 30min。

2. 第二层段：2121m

18:56～19:00，顶替基液，油管排量由 $0.3m^3/min$ 逐步增加到 $2.4m^3/min$，并稳定下来。油管压力随排量逐渐增加，最后稳定在 55MPa，套压一直保持在 6MPa 不变。此阶段共用前置液 $8.8m^3$。

19:00～19:10，水力喷砂射孔。加入石英砂，使油管内砂液比保持在 6%～8%，流体密度为 $1040kg/m^3$。油管排量均值保持在 $2.4m^3/min$，油管压力为 47～50MPa。此阶段共用液 $24m^3$，石英砂 $2.4m^3$。

19:10～19:21，顶替基液。油管排量 $2.4m^3/min$ 不变，油管压力保持在 47～50MPa 之间变化。19:19，油管排量开始逐渐降低至 $1m^3/min$，并缓慢关闭套管闸门，油管压力降为 12MPa。此阶段共用液 $24.3m^3$。

19:21～19:45，高挤前置液。油管排量保持 $2.3m^3/min$ 基本不变，套管排量为 $0.9～1.0m^3/min$。此阶段油管压力基本不变，维持在 56MPa。套管压力呈现缓慢上升状态，从 19MPa 上升到 20MPa。整个过程中砂比为 0，油套管共用液 $79.2m^3$。

19:45～20:19，高挤携砂液。油管排量在 2.0～2.3m^3/min 之间变化，套管排量为 0.9～1.0m^3/min，砂比按照泵注程序逐渐增大，携砂液密度由 1030kg/m^3 增加到 1390kg/m^3。随砂比的增加，油管压力有下降的趋势；套管压力随砂比的增加基本保持不变，维持在 20MPa。20:16～20:19，砂比急剧下降，表示高挤携砂液阶段结束。此阶段油管用液 74.8m^3，套管用液 34m^3。共用陶粒 17.8m^3。

20:19～20:23，顶替液。油管排量维持在 2.0m^3/min 左右，套管排量为 0.8～1.05m^3/min。油管压力由 47MPa 下降到 42MPa 后，突然又升到 52MPa，这是由油管排量不稳定所造成的。套管压力保持 20MPa 不变。此阶段油管共用液 8.5m^3。

20:23，停泵。测压降 30min。

3. 第三层段：2007m

10:52～10:56，试压。油管压力达到 69MPa，保持 3min 后下降到 0MPa。套管压力达到 29MPa，满足施工要求。

10:56～11:02，顶替基液，油管排量波动较大，为 0.3～3.6m^3/min，均值为 1.6m^3/min。油管压力呈阶梯式上升状态，从 0MPa 上升到 47MPa。此阶段共用前置液 9.6m^3。

11:02～11:14，水力喷砂射孔。加入石英砂，使油管内砂液比保持在 6%～8%，流体密度均值为 1040kg/m^3。油管排量均值保持在 2.6m^3/min。油管压力在 43～46MPa，套管压力保持 28.7MPa 不变。此阶段共用液 31.3m^3，石英砂 2.4m^3。

11:14～11:25，顶替基液。油管排量在 2.1～2.8m^3/min 之间波动，油管压力为 43.2～45.1MPa，均值为 43.67MPa。套管压力始终保持 28.9MPa 不变。11:23，油管排量开始逐渐降低至 2.1m^3/min，并缓慢关闭套管闸门，油管压力降为 21.8MPa。此阶段中基液密度为 1020kg/m^3，共用液 29.4m^3。

11:25～11:52，高挤前置液。油管排量在 2.26～2.78m^3/min 之间变化，均值为 2.56m^3/min。套管排量为 0.9～1.0m^3/min。此阶段油管压力先上升后下降，均值为 55.96MPa，最高达 58MPa。套管压力呈现一个平缓上升状态，从 9MPa 上升到 18MPa。整个过程中砂比为 0，油套管共用液 96m^3。

11:52～12:31，高挤携砂液。油管排量为 2.3～2.7m^3/min，套管排量为 0.9～1.0m^3/min，砂比按照泵注程序逐渐增大，携砂液密度由 1000kg/m^3 增加到 1400kg/m^3，平均砂比为 28%。随砂比的增加，油管压力先减小后增加，但减小或增加的幅度不大，油管压力均值为 54.76MPa；套管压力基本维持在 17.6MPa 左右。此阶段油管用液 98.7m^3，套管用液 39m^3。共用陶粒 17.8m^3。

12:31～12:34，顶替液。油管排量均值为 2.4m^3/min，套管排量为 0.8～1.05m^3/min。油管压力保持在 52.8MPa 左右，套管压力保持 17.7MPa 不变。此阶段油管共用液 7.2m^3。

12:34，停泵。测压降 30min。

施工曲线如图 8-26 所示。

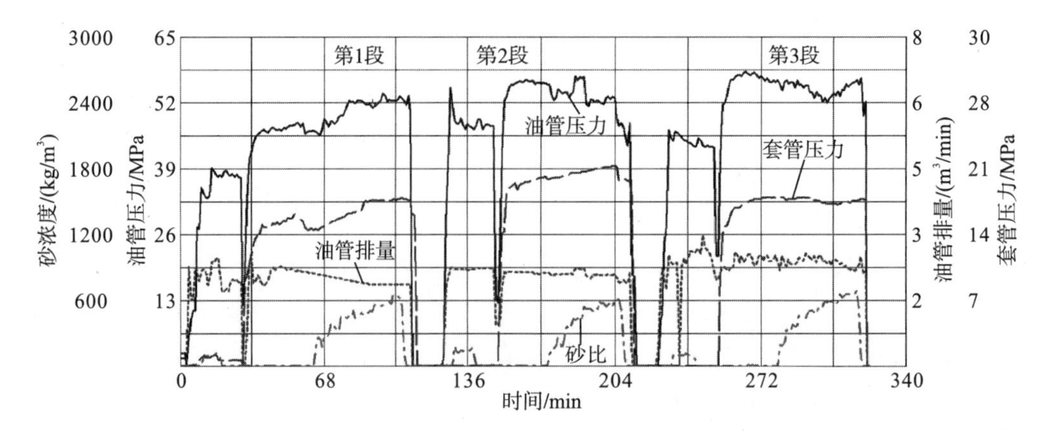

图 8-26　SW-B 井水力喷射分段压裂施工曲线

四、裂缝检测数据

对 SW-B 井水平段进行三层段压裂改造：2215.9～2287.1m（喷射点 2259.0m）、2078.4～2142.2m（喷射点 2121.0m）、1957.6～2042.7m（喷射点 2007.0m）。该井三个水平段压裂产生的裂缝均为北东向裂缝，与井筒轨迹方向几乎垂直，如图 8-27 所示。

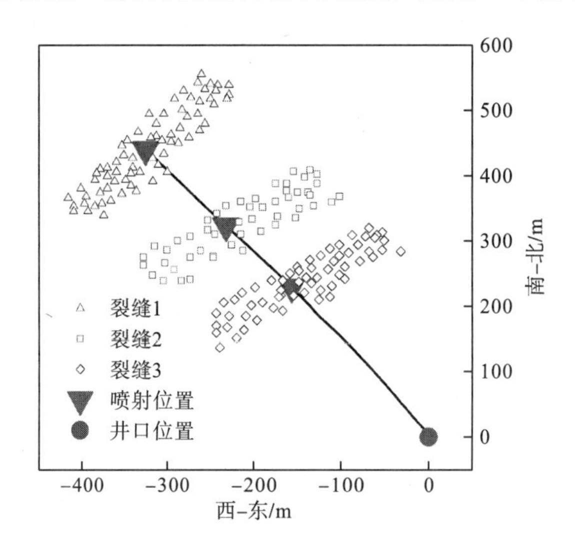

图 8-27　SW-B 井裂缝检测

SW-B 井 3 段水力喷射分段压裂施工裂缝详细数据如表 8-8 所示。

表 8-8　SW-B 井压裂裂缝实时监测解释

项目	第一段压裂(2259.0m)	第二段压裂(2121.0m)	第三段压裂(2007.0m)
东/西缝长/m	133.2/121.6	123.3/114.2	131.2/112.6
裂缝方位/(°)	47.1	52.3	53.3
裂缝高度/m	28.1	26.2	29.8
产状	垂直	垂直	垂直

分析裂缝监测结果可以发现：①三次压裂产生的人工裂缝方位均为北东向，裂缝走向明显，这证实了水力喷射分段压裂射流的密封作用，实现了分段压裂；②压裂设计支撑缝长为 110～130m，监测得到的裂缝长度与其符合；③水平井筒三条横向裂缝极大地沟通了储层，增加了泄油面积。

五、压后效果

压前日产原油 4.75t。2010 年 10 月 11～14 日，经采用水力喷射分段压裂施工后，2010 年 10 月 16 日下入抽吸排液管柱，开始求产作业。求产初期，产油量逐渐上涨，日产油 36.8t。转抽生产后，平均日产油 25.9t，平均含水 4%，该井通过水力喷射分段压裂改造，日产油量提高 7～8 倍，达到直井产量的 4 倍，获得了良好的压裂效果，如图 8-28 所示。

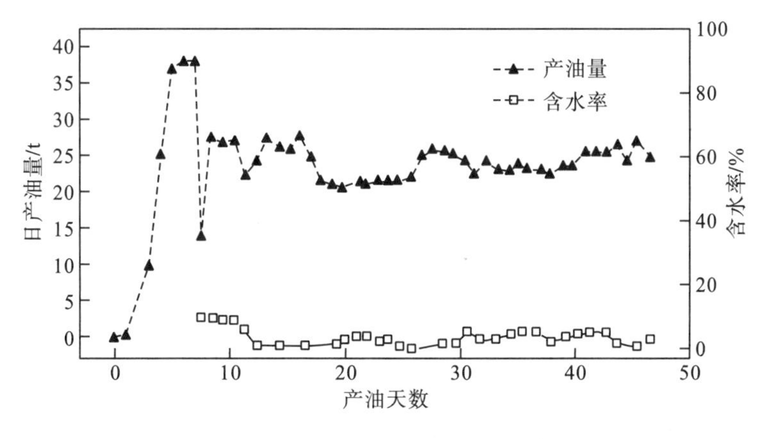

图 8-28　SW-B 井压后效果

第七节　已压裂水平井——不动管柱分段重复压裂

目前，水平井水平段采用水泥固井是主要完井方式，特别对于低渗透油田，可以较大程度改善开发效果，提高采收率。开采初期，通常采用射孔完井，依靠地层能量实现油气资源采出。但是，随着生产的持续，部分水平井出现供液能力下降、产液量偏低、水平段动用程度低、含水上升快等问题，使得生产效率降低。

为解决上述问题，需要改变水平段的完井方式，除了重新补孔优化射孔密度，使得水平段均匀供液以外，沿水平段实施重复布置多条人工裂缝能够实现增产增效的目的，通常依靠双封隔器单卡压裂工艺实施，但是该工艺存在井下工具组合复杂、无法有效封隔相邻层位、压裂管柱被卡风险高、多段压裂作业周期长等缺点[8]。并且受初期工艺技术不成熟使储层改造不彻底和非均质性强导致油井不见效等因素影响，低产低含水井所占比例逐渐增加，油井产能未得到有效释放，急需进行重复压裂改造提高单井产能，进一步提升开发效益。

一、X-C 井基础数据

X-C 井区位西部过渡带杏五区三排边部，北东部与 269#断层相接，南部到杏五区四排。由于井区处 269#断层上升盘，在断层作用下，地层相对抬升面变缓，构造相对简单。并且井区萨Ⅱ1～3 油层比较发育，均属三角洲前缘相沉积，主要是席状砂与泥岩薄互层，层位相对稳定。岩性以细砂岩粉砂岩和泥质粉砂岩为主，储层物性较差。平均有效厚度为 0.81m。本井水平段地层倾角为 4.09°～5.71°。油水界面在 1020m。该井完钻井深 1984.0m，水平段长度为 748.6m，Φ139.7mm 套管射孔完井，全井固井质量合格。全井分别在 5 个层段射孔，孔密为 16 孔/m，共计射孔 6128 个，如表 8-9 所示。

表 8-9　全井射孔数据

序号	小层编号	射孔井段/m	井段长度/m	射孔枪型	射孔密度/(孔/m)	孔数/个
1	1c	1782.0～1960.0	178.0	YD-89Ⅲ	16	2848
2	2a	1663.0～1694.0	31.0	YD-89Ⅲ	16	496
3	2a	1579.4～1605.4	26.0	YD-89Ⅲ	16	416
4	2b	1355.0～1488.0	133.0	YD-89Ⅲ	16	2128
5	2a	1308.0～1323.0	15.0	YD-89Ⅲ	16	240

该井 2004 年 1 月开始投产，2007 年 8 月进行大修，修井时对近井地带的污染比较严重。为解除地层污染，2007 年 9 月应用水平井携砂胶塞压裂技术对水平段 1782.0～1960.0m、1579.4～1605.4m、1355.0～1488.0m 三段进行了压裂改造，加砂压力 39.4～40.3MPa，施工排量 4.4m^3/min，共计加入支撑剂 97m^3，压后初期日产液 5m^3，产油 0t，稳产期日产液 11m^3，产油 2t，含水 84.3%，第一次压裂未完全解除造成压裂效果不理想。油田作业者仍然认为该井具有生产潜力，决定采用水力喷射压裂工艺实施 3 段增产改造。

二、压裂设计思路

(1) 由于水平段存在 6000 多个射孔孔道和 3 条高导流人工裂缝，为更好实现水力射流压裂自封隔效果，每只喷枪均安装 6×Φ5.5mm 的喷嘴组合，在低于油管抗内压强度的情况下，尽可能提高油管施工排量，依靠高速射流增加喷枪附近的低压值和作用区域。

(2) 该井被认为具有生产潜力，作为重复压裂改造方法，增加储层改造体积，本次压裂施工总注入排量为 3.2～3.5m^3/min，加砂规模增加至 40m^3，单段注入液体数量 300m^3 左右。

(3) 根据所在区域的物性条件和区域构造应力，该井产生 3 条与水平井筒斜交的水力裂缝，裂缝支撑长度设计为 140～160m，如图 8-29 所示。

(4) 为进一步降低压裂管柱被卡的风险，选用小直径油管增加油管与套管之间的环形空间，如图 8-30 所示。具体管柱配置：引鞋＋多孔管＋下扶正器＋1＃喷枪＋上扶正器＋

电子压力计＋Φ62.0mm 油管＋下扶正器＋2＃喷枪＋上扶正器＋Φ62.0mm 油管+下扶正器＋3＃喷枪＋上扶正器＋Φ62.0mm 油管＋Φ62.0mm 油管＋Φ62.0mm 油管＋油管挂。

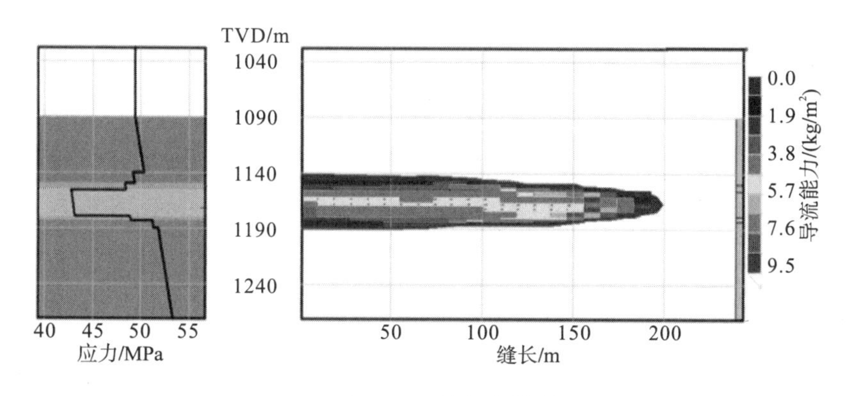

图 8-29 裂缝模拟图

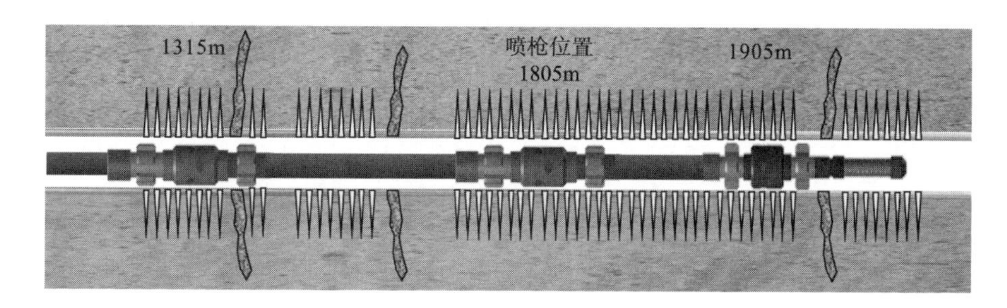

图 8-30 X-C 井水力喷射压裂管柱配置

三、现场施工分析

1. 施工概况

三段水力喷射分段压裂施工历时 9 小时，水力射孔阶段油管排量为 2.3～2.5m^3/min，油管压力为 35～38MPa。喷射压裂阶段油管排量维持在 2.1～2.2m^3/min，油管压力为 37～40MPa；环空排量在压裂不同层段时需做调整。例如，喷射压裂第一层段环空排量 1.0m^3/min，套管压力为 16.2～17.0MPa；压裂第二、三层段时为了不使已压裂层段裂缝重张，需保持套压略小于已压裂层段压裂时的套压，因此第二、第三层段套压均控制在 16.5MPa 以下。

三段压裂总耗液量 552m^3，累计加入 20/40 目陶粒 120m^3，单层加砂量达到 40m^3，平均砂比分别是 23.2%、32.2%和 31.9%，加砂规模达到了设计要求。

2. 施工曲线分析

水力喷射分段压裂工艺及压裂机理均不同于常规压裂，因此施工曲线也有所差别，如图 8-31 所示。这里选取代表性较强的第三层段压裂施工曲线进行分析。一般可将水力喷射分段压裂施工曲线分为四个阶段：水力喷砂射孔阶段、前置液注入阶段、阶梯加砂阶段、顶替阶段。

(1)水力喷砂射孔阶段。实际砂比控制在 6%～7%，用液量为 $50m^3$。油管排量基本恒定 $2.5m^3/min$，但是油压呈下降趋势，并且在加砂、停砂前后均出现了尖峰。油压下降说明喷嘴在高速石英砂的磨蚀下孔径略有扩大。加砂前后出现压力尖峰是因为混砂后增加了静液柱压力，此时油压会下降，当石英砂到达井底后流动摩阻将大幅增加，从而油压又随之升高。

(2)前置液注入阶段。首先将油管排量降至 $1.0m^3/min$ 左右，迅速关闭套管闸门，然后提油管排量至 $2.2m^3/min$，同时加交联剂，此时环空排量处于 $0.2～0.4m^3/min$，目的是控制套压低于已压裂层段裂缝延伸的压力。与常规压裂不同的是，该阶段油套压力平稳，并未出现明显的地层破裂点。

(3)阶梯加砂阶段。油管排量稳定在 $2.1m^3/min$ 左右，随着砂浓度的不断提高，油套压力基本不变，说明裂缝一直向前延伸，缝高、缝宽控制得当，没有发生窜层和砂堵。

(4)顶替阶段。提高油管排量至 $2.5m^3/min$，过量顶替，以降低井下工具砂卡的风险。瞬时停泵压力为 13.5MPa，由于停泵后油套通过喷嘴连通，油管和套管所反映的瞬时停泵压力几乎相同。

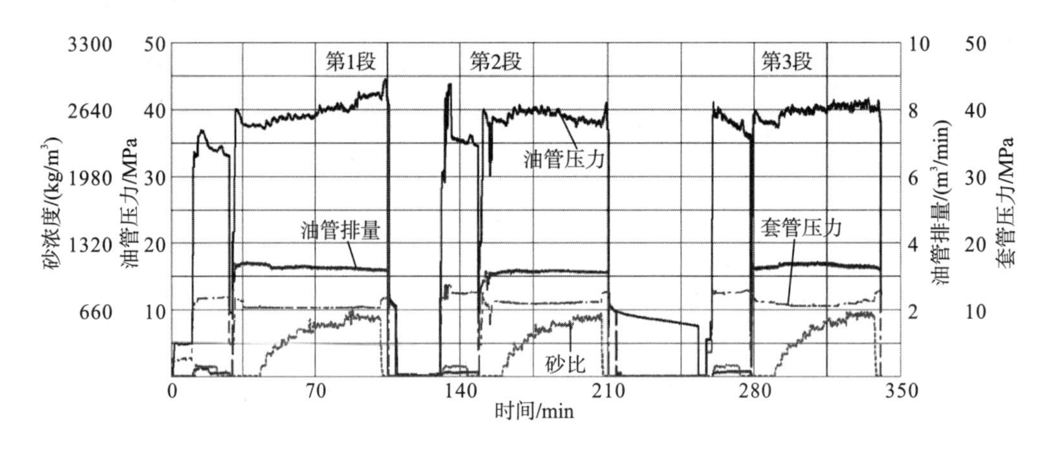

图 8-31　X-C 井施工曲线

四、裂缝监测数据

该井采用裂缝检测技术对裂缝扩展进行跟踪，图 8-32 为压后解释裂缝形态的结果。分析裂缝监测结果可以发现：①三次压裂产生的人工裂缝方位均为北东向，裂缝走向明显，这证实了水力喷射起到了水力封隔的作用，实现了分段压裂；②压裂层段产生的人工裂缝东西两翼延伸不均衡。第一段和第三段压裂产生的裂缝均呈现东翼较长，西翼较短的特点，第二段压裂产生的裂缝却反之，证实了实际裂缝的非对称性。特别是在水平井压裂中，由于压裂层段上下应力分布不均匀，裂缝延伸速度和难易程度也必然有所不同，从而造成裂缝两翼不对称。

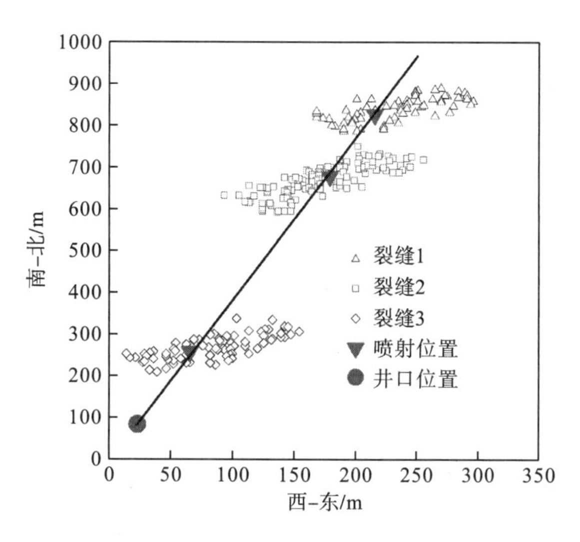

图 8-32　水力喷射分段压裂裂缝检测结果

X-C 井 3 段水力喷射分段压裂施工裂缝详细数据如表 8-10 所示。

表 8-10　X-C 井微地震裂缝监测解释结果

项目	第一段压裂(1905.4m)	第二段压裂(1805.8m)	第三段压裂(1315.0m)
东/西缝长/m	89.1/49.6	85.9/101.3	101.3/56.4
裂缝方位/(°)	46.5	40.5	44.9
裂缝高度/m	29.5	14.5	14.2
产状	垂直	垂直	垂直

五、压裂效果

该井采用螺杆泵人工举升，压前日产液 9.6～10.2t，日产油 1.0～1.6t，含水率 84.3%～86.3%；压后初期日产液量达到 26.9m^3，日产油 5.4t，后期日产液稳定在 22.9～24.3t，比施工前增长 58%，日产油 3.6～4.3t，是压前的 3～4 倍，并且含水率下降至 81.3%～82.3%，压裂效果明显。

第八节　水平井悬挂筛管井——水力喷射分段压裂

D7 井位于陕西省榆林市榆阳区小壕兔乡大壕兔村三小队，是鄂尔多斯盆地大牛地气田山 1 层上的一口水平井。该井 2009 年 6 月 19 日开钻，2009 年 9 月 23 日完钻，完钻井深 3576.9m。2009 年 10 月 6 日完井，完井后自然建产。2009 年 11 月 4 日开井投产，初期产量 0.97×10^{4}m^3/d，目前产量为 0.56×10^{4}m^3/d，为提高该井的产能，提高开发效果，决定对 3130.0～3134.0m、3250.0～3253.5m、3409.0～3412.0m 等三段进行压裂改造。

一、D7 井基础数据

1. 完井数据

最大井斜	深度	3346.89m	方位	357°	联入/m	/	
	斜度	93.30°	井底位移/m	916.97	阻位/m	/	
套管名称	外径/mm	内径/mm	壁厚/mm	钢级	下深/m	水泥返深/m	固井质量
表层套管	339.72	320.42	9.65	J55	303.25	地面	合格
油层套管	193.70	174.66	9.52	P110	3133.44	地面	合格
筛管	127.00	111.96	7.52	N80	3480.48		
造斜点井深/m		2504.18	A 点实测井深/m	3133.44	B 点实测井深/m	3576.90	
水平井长度/m		443.46	水平位移/m	916.97	水平段方位	357°	

该井水平井段采用筛管完井[9]。表层套管 Φ339.7mm，钢级 J55，壁厚 9.65mm，下入深度 303.25m；油层套管 Φ193.7mm，钢级 P110，壁厚 9.52mm，下入深度 3133.44m，抗压强度 87.2MPa。悬挂器位置 2723.35m，将悬挂器下入 Φ127.0mm、钢级 N80、壁厚 7.52mm 的衬套下至 3130.18m，此后将 Φ127.0mm、钢级 N80、壁厚 7.52mm 的筛管下至 3304.99m，之后将 Φ127.0mm、钢级 N80、壁厚 7.52mm 的衬套至 3359.57m，最后将 Φ127.0mm、钢级 N80、壁厚 7.52mm 的筛管下至 3480.48m。

2. 气测显示

该井岩性为灰白色细、中、粗砂岩以及浅灰色细砂岩，气测显示段砂岩长 284.56m，气测显示全烃平均值为 16.67%。

序号	顶深/m	底深/m	厚度/m	岩性	全烃/%	基值/%
1	3409.0	3412.0	3.0	灰白色中砂岩	35.974	0.311
2	3250.0	3253.5	3.5	灰白色中砂岩	50.593	0.558
3	3130.0	3134.0	4.0	灰白色中砂岩	10.601	0.465

3. 储层特点

本区山 1 层岩心渗透率平均为 $0.75\times10^{-3}\mu m^2$，孔隙度为 9.8%，含气饱和度为 74.0%，有效厚度为 10.0m，属于致密砂岩储层。DP7 井山 1 层原始压力系数为 0.94，原始地层压力为 26.93MPa，地层温度为 89.5℃。依据 DP7 井测井数据计算得到山 1 层最小主地应力大小为 45.5MPa，地应力梯度为 0.0159MPa/m。大牛地气田差应变、古地磁分析以及地面电位法监测结果表明其最大主应力方位为 N60°E～N75°E。

二、压裂设计思路

(1) 该水平井为5″筛管完井，其他分段压裂工艺无法有效封隔已压裂井段，选择不动管柱水力喷砂分段压裂技术。该筛管壁厚7.52mm，内径112.0mm，设计采用与5″筛管配套的井下水力喷砂压裂工具。

(2) 根据该井的水平井长度和物性条件，裂缝支撑长度设计为200～210m。采用不等缝长设置，两端长裂缝，中间短裂缝。

(3) 该井水平井段方位为357.0°，与大牛地气田油田区域最大主地应力方位夹角约为63.0°～78.0°，压后水力裂缝与水平井段形成斜交裂缝，需要在前置液中加入100目陶粒进行打磨裂缝通道。

(4) 采用低伤害羟丙基瓜胶压裂液体系，压裂施工前现场取样进行高剪切后黏度恢复实验和油套混注的携砂性能评价，确保压裂液的携砂性能。

(5) 在压裂最后一段时压裂拌注液氮，提高返排效果。

(6) 为提高裂缝导流能力，支撑剂20/40目中密度陶粒。

(7) 三段施工结束后取出水力喷砂压裂工具，合层排液求产。

(8) 压裂管柱组合。该井采用带滑套的水力喷砂压裂工具进行不动管柱压裂施工，压裂管柱为Φ86mm加厚油管、Φ73mm加厚油管和平式油管的组合，选用三级喷枪，最下部敞开喷枪组合，上两级均为滑套式喷枪，用油管连接，喷枪本体外径为98mm，扶正器外径为104mm，每只喷枪均安装6×Φ6.0mm的喷嘴组合，喷嘴120°螺旋布置，如图8-33所示。

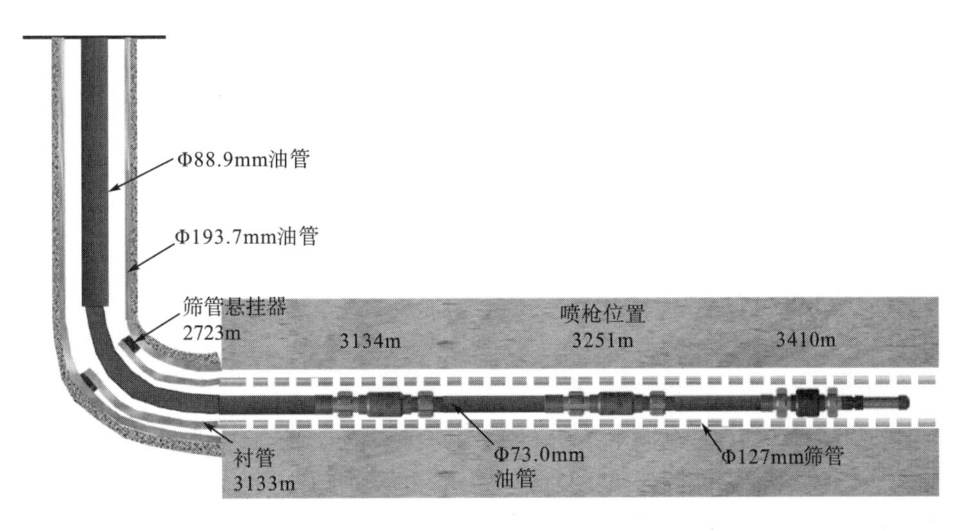

图8-33　D7井水力喷射压裂管柱配置

(9) 三段裂缝模拟的基本参数见表8-11和表8-12，图8-34为第二段压裂产生裂缝的模拟图。

表 8-11　裂缝模拟的基本参数

储层深度/m	2860.0～2870.0	储层厚度/m	10.0
孔隙度/%	9.8	储层温度/℃	89.5
渗透率/($\times10^{-3}\mu m^2$)	0.75	储层地应力梯度/(MPa/m)	0.0159
泊松比	0.24	隔层地应力梯度/(MPa/m)	0.0182
储层综合滤失系数/($10^{-4}m/min^{0.5}$)	7.0	弹性模量/(10^4MPa)	1.67
油管内径/mm	62.0	施工排量/(m^3/min)	3.2

表 8-12　裂缝模拟参数

名称	第一段(3410.0m)	第二段(3251.0m)	第三段(3134.0m)
施工排量/(m^3/min)	3.2	3.2	3.2
加砂量/m^3	35.0	30.0	35.0
总液量/m^3	381.4	305.6	357.1
支撑缝长/m	218.2	201.2	213.0
支撑缝高/m	36.8	35.6	36.5

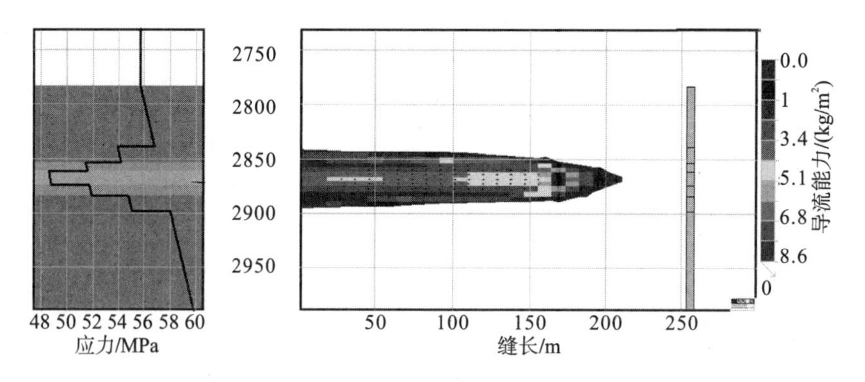

图 8-34　第二段水力裂缝支撑剖面示意图

三、现场施工分析

1. 第一段压裂施工

油管压力为 70MPa，套管压力为 35MPa，试压合。开始替原胶液，替入原胶液量为 17.5m^3。喷砂射孔，施工油管排量为 2.5m^3/min，油管压力为 33.8MPa，加入石英砂量为：2.8m^3，喷砂射孔结束，替入冻胶，替入冻胶量为 35.1m^3。逐渐降低排量，关环空，油管压力上升至 40MPa，套管压力上升至 17MPa，压开地层。随即注入前置液 81.0m^3，油管压力保持在 40～42MPa，套管压力保持在 17～19MPa。主加砂阶段，当携砂液阶段加砂量至 27.0m^3时，压力从 47.8MPa 突然下降至 35.4MPa。为防止砂卡管柱，立刻停止加入支撑剂，马上开始顶替，顶替量为 18.0m^3。停泵后测试压降，40min 后压力从 15.8MPa 下降至 13.7MPa。

本压裂段共计加入陶粒 31m^3，泵入压裂液 327m^3，如图 8-35 所示。

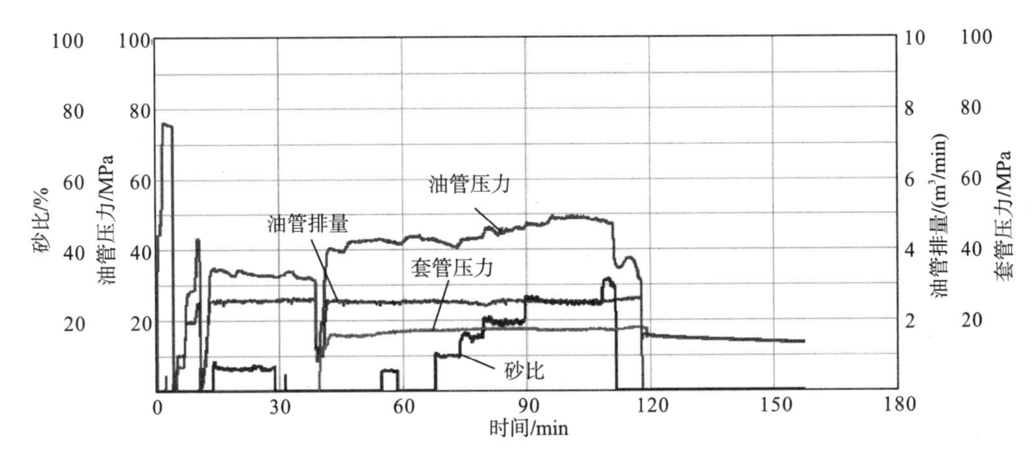

图 8-35　D7 井第一段水力喷射压裂施工曲线

2. 第二段压裂施工

送球 19m^3 后球到位。然后，开始喷砂射孔，油管压力为 29MPa，油管排量为 2.56m^3/min，共计加入石英砂量 2.5m^3。替入冻胶，替入冻胶量为 42.0m^3，逐渐降排量，关环空，油管压力上升至 40MPa，套管压力上升至 19MPa，压开地层。注入前置液，油管排量为 2.56m^3/min，油管压力保持在 40MPa，套管排量为 1.2～1.3m^3/min，套管压力为 19～20MPa，共计注入前置液量为 65.0m^3。主加砂阶段，加砂量为 31.0m^3，最高砂比为 38%，平均砂比为 23%。

本压裂段共计加入陶粒 31m^3，泵入压裂液 306m^3，如图 8-36 所示。

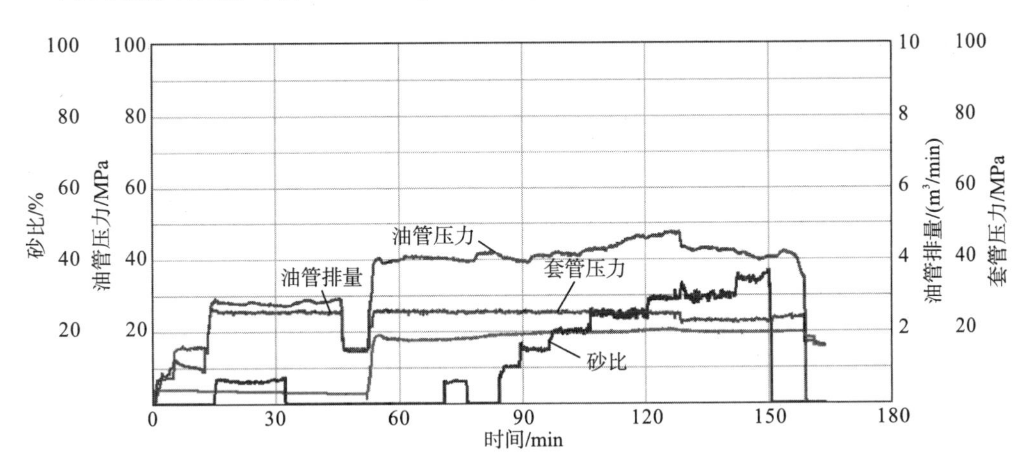

图 8-36　D7 井第二段水力喷射压裂施工曲线

3. 第三段压裂施工

送球 23.0m^3 后球到位。喷砂射孔过程，油管压力为 18～19MPa，油管排量为 2.56m^3/min，加入石英砂量 2.5m^3，随后替入冻胶 39.0m^3。然后逐渐降低排量，关环空，油管压力 35MPa，套管压力 23MPa，压开地层。注入前置液，油管排量为 2.56m^3/min，油管压力保持在 38～40MPa，套管排量 1.2～1.3m^3/min，套管压力在 22～25MPa，注入前置液 78.0m^3。开始加砂，最高砂比30%，共计加砂量为$36.0m^3$。最后顶替压裂液$16.0m^3$。

本压裂段共计加入陶粒$31m^3$，泵入压裂液$306m^3$，如图8-37所示。

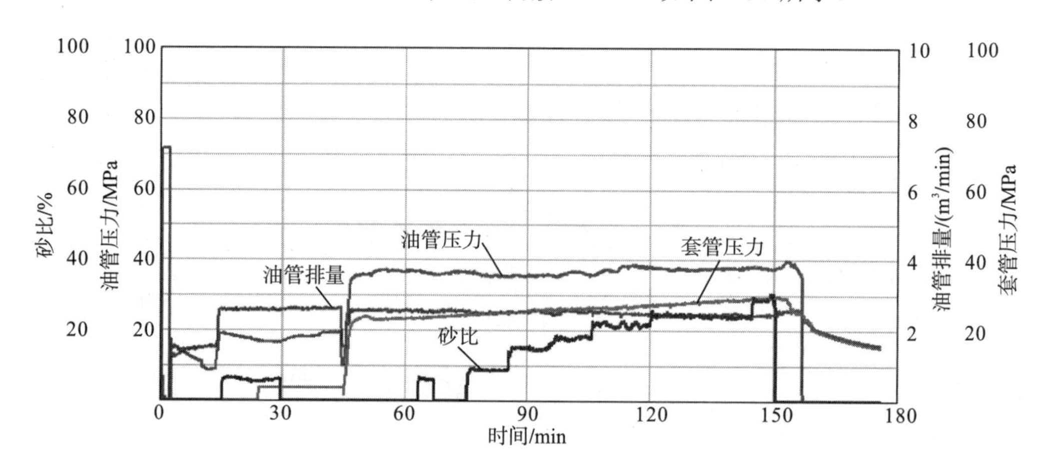

图8-37　D7井第三段水力喷射压裂施工曲线

4. 压后反洗

施工结束后，按照要求进行大排量反洗井作业，清除水平井筒中的沉砂。第一次反洗排量为$0.8m^3/min$，地面泵压为3MPa，地面管线排出混合的陶粒和石英砂，用液$130m^3$，砂子大约 $0.5m^3$。因为排量太小，第二天采用两台压裂车进行反洗作业，排量达到$2.4m^3/min$，地面泵压8MPa，反洗管线中排出大量石英砂和陶粒，其中石英砂占大多数。反洗作业历经6小时，用液共计$600m^3$，井口返的液体已不含砂子。经过计算，此次反洗共计排出石英砂大约$4.5m^3$。

5. 生产效果

地面预提管柱，上提载重达到55t，油管上升2m，经多次上下活动管柱，油管无法起出。该井直接进行气举投产。2009年8月23日，该井日产气量$21000m^3$。

四、施工总结

(1) 小直径筛管水平井，由于内径小，致使砂卡水力喷射压裂管柱风险增加，压裂结束需要先进行大排量反洗井，使得水平段沉砂经过压裂管柱内腔返排出地面。

(2) 对于带有悬挂器筛管的完井水平井，采用拖动式水力喷射压裂工艺能够降低砂卡管柱风险。

第九节　U形煤层气井——拖动式分段压裂

煤层气是一种赋存在煤层中以甲烷为主要成分的清洁、高效的非常规天然气。中国拥有丰富的煤层气资源，但煤储层具有低渗、低压和低饱和度的“三低”特点，给煤层气开发带来很大困难。并且多数的煤层气井都必须先进行增产改造后才能实现商业性开发，根据完井类型一般分为两大类：裸眼洞穴完井和水力压裂完井。近年来为增加煤层的采气面积，提高煤层气井采收率，U 形井在煤层气开采中得到应用，该复杂结构井由一口水平井和直井组成。该井组的开发思路是通过对水平井实施多层段压裂改造，然后依靠直井进行排水降压作业，提高煤层气体的解吸、扩散和运移速度[10,11]。

但是由于煤层中裂缝和割理发育，在钻井、固井过程中，钻井液和水泥浆密度控制不好或施工不当，易发生井漏而造成煤层大面积污染，其损害程度比常规油气层严重的多，堵塞渗流通道，影响甲烷气的解析过程。在钻探 YP1 煤层气井组的水平井的过程中，钻井液漏失严重，处于保护煤层方面的考虑，水平段采用 Φ114.3mm 筛管完井，采用水力喷射分段压裂工艺实施多段压裂改造。

一、U 形煤层气井钻遇煤层性质

YP1 井组是鄂尔多斯盆地东缘延川南区块东部的一口 U 形井，该井组由一口水平井 YP1 和一口直井 YP1V 组成。YP1 井深 1732m，水平段长 588m，井斜高达 90.8°。采用 Φ114.3mm 套管+Φ114.3mm 筛管完井，该井水平段穿越煤层气区块的 2 号煤层。直井 YP1V 在 2 号煤层采用洞穴完井以实现与 YP1 井在该处对接。

水平井 YP1 穿越的 2 号煤层孔隙度平均值为 3.3%，临井注入/压降测试获取渗透率为 0.032×10^{-3}～$0.1735\times10^{-3}\mu m^2$，煤层压力系数为 0.4～0.45，煤层温度均值为 35℃，煤层破裂压力为 14～16MPa。等温吸附实验分析显示，临井 Y1 井兰氏体积为 30.84～34.18m^3/t，平均为 32.18m^3/t，兰氏压力为 1.86～2.50MPa；临井 Y2 井兰氏体积为 30.60～34.30m^3/t，平均为 32.18m^3/t，兰氏压力为 2.53～2.55MPa。分析表明该区域煤层具有较强的吸附能力，而且 Y1 和 Y2 井 2 号煤层含气饱和度大于 85%。

二、压裂设计思路

(1) 水力喷射压裂工艺管柱。该 U 形井完井井筒尺寸为 Φ114.3mm，井筒内径为 Φ101.6mm，针对该井筒的尺寸，尽量增加油管与套管环形空间尺寸，同时考虑油管空间对摩阻的响应，施工管柱采用 Φ73.0mm 油管+Φ60.3mm 油管。综合考虑井筒尺寸、喷射距离及磨损程度，采用外径为 Φ88mm 的水力喷射压裂工具，如图 8-38 所示。

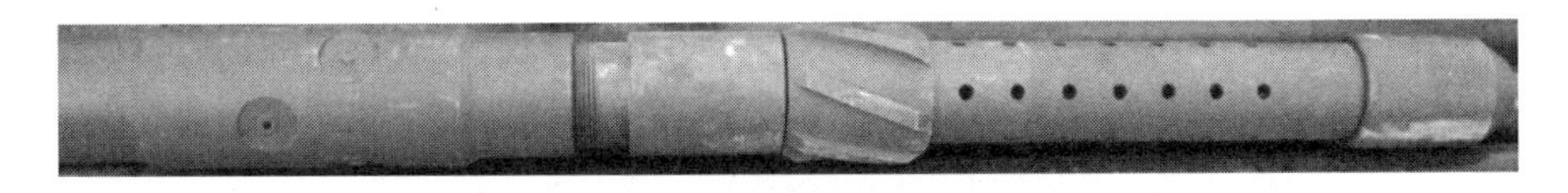

图 8-38　小直径水力喷射压裂工具

(2) 喷嘴组合优化。图 8-39 为三种 (Φ6mm×4、Φ6mm×6 和 Φ6mm×8) 喷嘴组合方式在不同排量下喷嘴压降及喷射速度的关系曲线。结果表明：相同排量下，随着喷嘴数量增加，施工压力及喷射速度响应减小；喷嘴数量不变，施工压力及速度与施工排量为正比关系。

压裂油管施工排量为 2m^3/min，此时 Φ6mm×6 喷嘴压降为 25MPa，喷射速度为 240m/s，该喷射速度能够将套管射穿，同时井口施工压力不会超压。

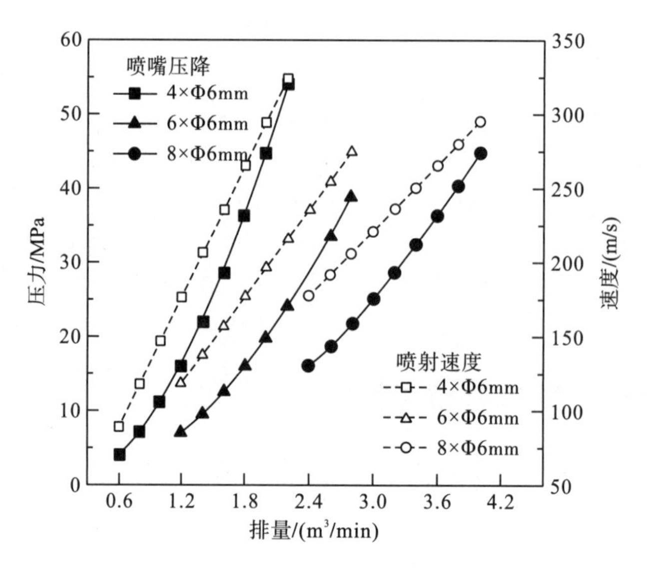

图 8-39 喷嘴压降-喷射速度曲线

(3) 储层基质低孔低渗，要求压裂形成长缝，采用增加施工液量的压裂方法。

(4) 本井煤储层超低温，易吸附，采用活性水作为压裂液进行施工，减少对储层的伤害。

(5) 水力喷射分段压裂工艺过程优化。YP1 井水平井段长，且完井管柱组合为：Φ114.3mm 套管+Φ114.3mm 筛管。压裂目的层段为小直径筛管完井，对水力喷射分段压裂施工而言，此完井方式具有较高的砂卡风险，如图 8-40 所示。为降低该风险并减少施工周期，采用以下措施：

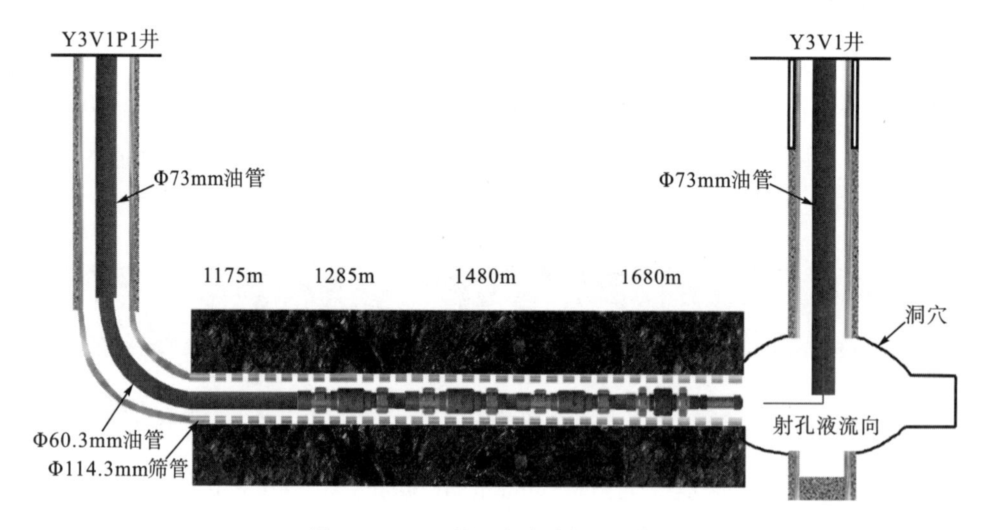

图 8-40 YP1 井组水力喷射压裂管柱配置

①在水力喷砂射孔过程中，喷砂射孔完的混砂液体不通过 YP1 井的环空上返至地面，而经 YP1V 井井筒排出地面，从而防止了射孔石英砂与施工管柱环空的接触。

②水力喷射射孔工艺结束，油管与套管同时注入液体，进一步冲洗水平井段沉砂，冲洗后液体通过 YP1V 井井筒排出地面。

③为增加射孔液体在 Y3V1 井中上返的速度，提高其携带磨料砂粒的速度，下入 Φ73mm 油管作为速度管柱。

④采用的水力喷射分段压裂工艺为：拖动管柱+投球打滑套工艺。将第一级不带滑套喷枪与 3 个带滑套喷枪依次安装在相邻位置，第一段压裂完成后上提管柱，使第二级喷枪对准第二段压裂位置，投球打滑套，喷射压裂施工，依次上提管柱压裂后续层段。

(6) 裂缝参数优化。依据储层物性条件以及井网匹配对支撑裂缝长度进行控制，结合该地区的岩石力学参数、地应力大小和滤失系数等参数(表 8-13)，计算得到支撑缝长为 120.0～140.0m，加砂规模为 18.0～20.0m^3，裂缝模拟结果见图 8-41。

表 8-13　裂缝模拟的基本参数

储层深度/m	1680.0	储层厚度/m	4.8
孔隙度/%	3.3	储层温度/℃	35
渗透率/($\times10^{-3}\mu m^2$)	0.05	储层地应力梯度/(MPa/m)	0.017
泊松比	0.21	隔层地应力梯度/(MPa/m)	0.021
储层综合滤失系数/($10^{-4}m/min^{0.5}$)	9.12	弹性模量/MPa	9000
油管内径/mm	62.0+47.4	施工排量/(m^3/min)	4.0

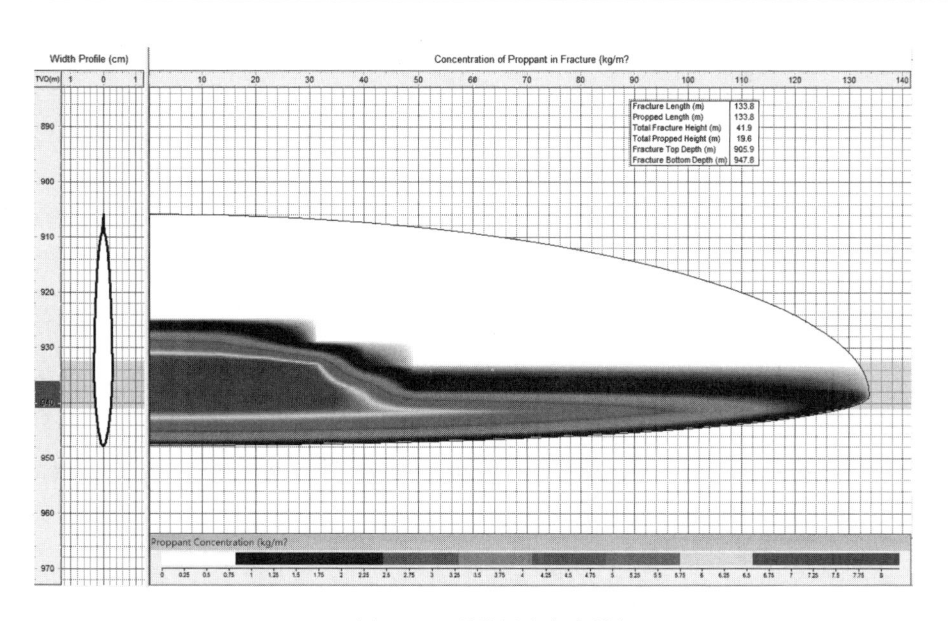

图 8-41　裂缝导流能力模拟

利用 FracproPT 软件模拟计算结果见表 8-14。

表 8-14　第一段裂缝形态参数

裂缝半长/m	173.1	支撑裂缝半长/m	130.1
裂缝总高/m	32.0	支撑裂缝总高/m	24.2
裂缝顶部深度/m	1659.2	最大裂缝宽度/cm	1.10
裂缝底部深度/m	1691.2	平均裂缝宽度/cm	0.86

三、水力喷射分段压裂现场实验

1. 压裂施工

依据录井显示和测井解释结果，同时综合考虑裂缝间的干扰和避开筛管接箍位置，对 YP1 井实施 4 段压裂，喷射点位置为 1680.0m、1480.0m、1285.0m 和 1175.0m，施工曲线如图 8-42 所示。

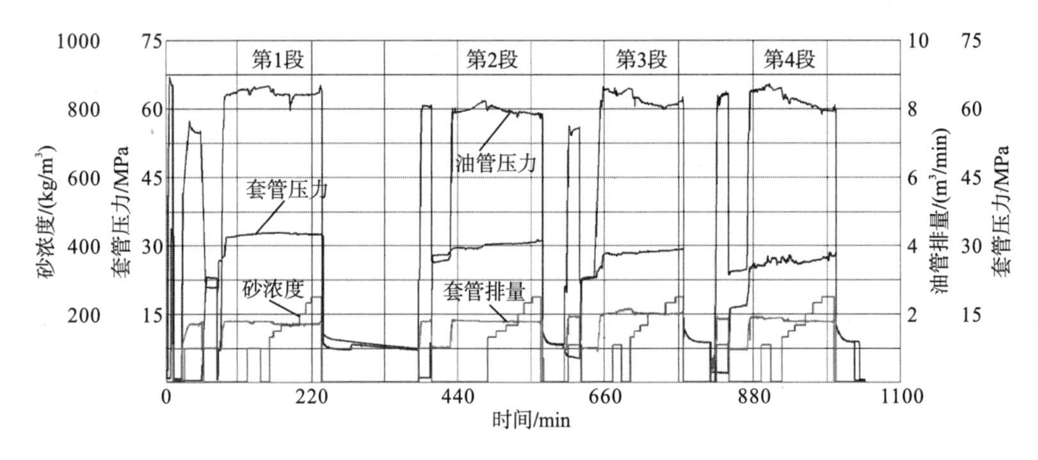

图 8-42　YP1 井水力喷射分段压裂施工曲线

水力喷砂射孔过程中，油管排量为 1.8～2.0m^3/min，油管压力为 55～63MPa，采用 20/40 目石英砂作为磨料，砂浓度保持在 100kg/m^3，每段用量 2m^3。射孔结束后，油管排量降低至 1.0m^3/min，套管排量提高至 0.8m^3/min，共同进行冲砂洗井 18～25min 防止井筒沉砂造成砂卡管柱。

水力喷射压裂阶段，油管排量为 1.8～2.0m^3/min，油管压力为 60～65MPa，套管排量为 0.8～1.0m^3/min，套管压力为 27～33MPa。压裂初期采用 40/70 目粉陶降低储层滤失，砂浓度为 100kg/m^3，用量为 1m^3。支撑剂采用 20/40 目石英砂，施工砂浓度依次为 133kg/m^3、150kg/m^3、167kg/m^3、200kg/m^3、233kg/m^3、250kg/m^3。采用拖动式水力喷射分段压裂工艺，压完一层，顺利上提管柱，投球打开第二级喷枪滑套，依次压裂并上提管柱，顺利实施四个层段的压裂改造，共计加入支撑剂 83m^3，完成 U 形井的压裂施工。

2. 压后排采

YP1 井组对接后采用直井排采，井组动液面逐渐降至 688m，井底流压降至 3.45MPa，未见气产生。采取 4 层段压裂改造，动液面降至 672m，井底流压降至 3.46MPa，YP1V

井开始见气，当井底流压降至 0.72MPa 时，日产气量逐渐增加至 636m^3。井底流压保持在 0.71～0.82MPa，采用定产排采工作制度，稳定直井产液量，产气量维持在 450～500m^3/d，如图 8-43 所示。

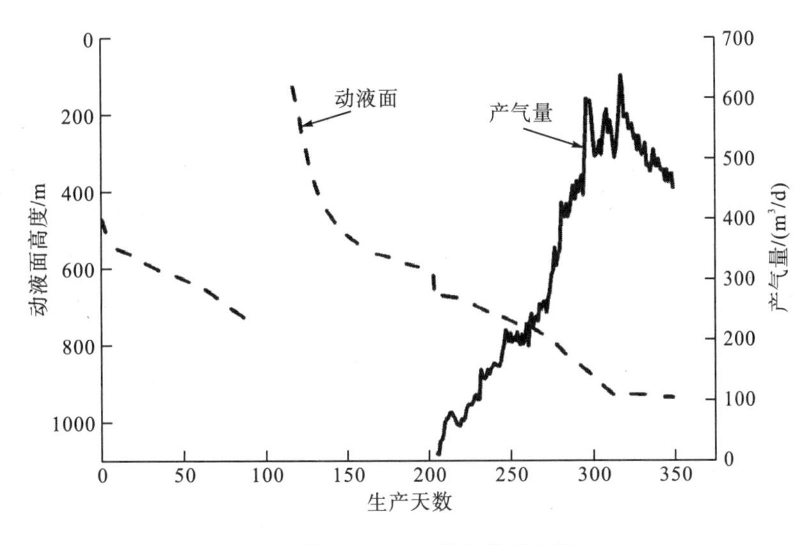

图 8-43　YP1 井组排采曲线

四、施工总结

(1) 对于采用 Φ114.3mm 小直径筛管完井的煤层气水平井，通过优化水力喷射压裂工具尺寸，将拖动式水力喷射分段压裂工艺与不动管柱式工艺相结合，能够对筛管煤层气水平井实施多层段压裂改造，并有效降低压裂管柱井下砂卡的风险。

(2) 借助煤层气 U 形井井筒结构，将水力喷砂射孔产生的射孔液体通过直井排出地面，能够防止水平段沉砂，同时通过套管注入一定排量的液体，辅助提高洗井效果。

(3) 通过对煤层气 U 形井中的水平井实施多层段压裂施工，压裂效果良好，能够将不产气井改造为产气井。可在直井中布置井下裂缝检测设备，掌握裂缝在煤层中的扩展行为和尺寸，及时优化调整施工参数，增加裂缝覆盖煤层的比率以提高压后效果。

第十节　V 形煤层气井——不动管柱分段压裂

我国煤层气大部分位于低压、低空和低渗透储层，地层压力梯度为 0.7～1.0MPa/100m，孔隙度 3%～10%，而且大部分孔隙不能相互连通而成为无效孔隙，绝大部分煤层渗透率小于 1mD，一些区块煤层含水量大。由于煤层压力和渗透率低、含水高、排水周期长，煤层降压困难，导致煤层气的解吸和运移速度降低，即使是煤层含气量高的地区，其最终产量也很低。设法沟通更多微裂隙和天然裂缝，提高煤层导流能力是这类“三低”煤层开发工程中的重要任务[12]。

继 U 形连通井在煤层气开采中的应用，V 形连通井组技术是依靠水力压裂沿水平段布置多条裂缝，增加渗流面积，为提高排采效率而提出来的。其在平面上是具有一定夹角的两口水平井，通过布置多条人工裂缝，依靠裂缝间应力干扰理论，形成人工裂缝与天然裂缝相互交织的网络，沟通更多的微裂隙，最终在煤层中形成大体积的渗流网络，最终实现控制区域的煤层排水采气效率的提升[13]。

一、V 形煤层气井组钻遇煤层性质

Y3V1 井组是鄂尔多斯盆地东缘延川南区块东部的一口 V 形井，该井组由两口水平井(Y3V1P1 和 Y3V1P2)和一口直井(YP1V)对接形成。Y3V1P1 井最大井斜 91.26°，位于井深 1751.53m 处，闭合方位 213.39°，水平位移 758m，水平段长 778m，煤层长 625m。根据 Y3V1P1 井钻遇 2 号煤层，其厚度为 4.28～4.59m。Y3V1P2 井斜控制在 80°～89.87°，最大井斜 89.87°，所在井深 1700.11m，闭合方位 258.35°，水平位移 430m，水平段长 432.9m，煤层长 404.9m。两口水平井在平面形成了一个近似 45°的夹角。Y3V1P2 井水平段钻井过程中，泥浆漏失严重，难以采用套管固井方式完井，最终决定应用筛管完井方式。Y3V1P1 井水平段采用套管固井完井方式完井，如图 8-44 所示。

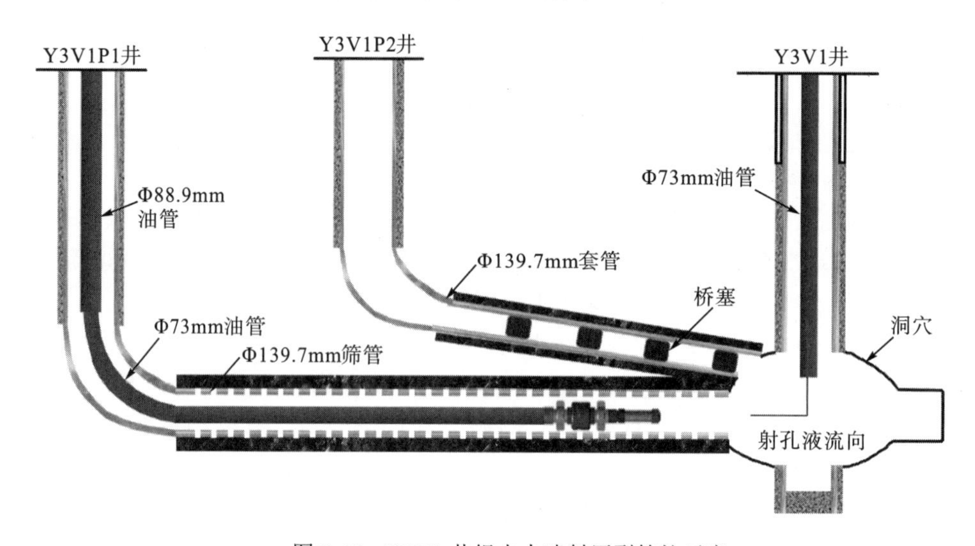

图 8-44　Y3V1 井组水力喷射压裂管柱示意

测井解释 2 口水平井所钻遇的 2 号煤层，煤层厚度较大，从自然伽马、声波时差等多条曲线特征反映出该煤层被第 39 层(泥质夹矸)分成上下两部分；煤层上部厚度较大(2.6m)，下部厚度较小(1.5m)；上、下部煤层的测井曲线响应特征基本相似，但下部煤层较上部煤层的补偿密度和自然伽马低，声波时差数值更大，表明下部煤层较上部煤层的固定碳含量和含气量略高；定量计算固定碳含量分别为 81.1%、81.5%，煤层气含量分别为 11.9m^3/t、12.5m^3/t，综合解释为煤层。测井解释结果显示，2 号煤层上、下部地层没有明显含水层。试井测试结果表明，2 号煤层的储层温度为 31.5～45.37℃，平均储层温度 38.4℃，地温梯度在 3.68～3.78℃/100m 之间变化。

二、压裂设计思路

1. 完井方式

两口水平井分别采用套管完井和筛管完井方式，为实现大规模高排量压裂，在目的层形成网状裂缝。Y3V1P1 井采用可钻式泵送桥塞射孔联作压裂工艺进行多段改造。而对于采用筛管完井的 Y3V1P2 井，只能采用水力喷砂射孔压裂联作工艺实施多段改造。为降低压裂施工井间的干扰，首先实施泵送桥塞压裂工艺，依靠桥塞封堵将 Y3V1P1 井从 V 形井组中隔离出来。防止水力喷射压裂工艺压裂支撑剂及磨料进入该井，影响桥塞坐封以及射孔。

2. 防井间干扰

两口井水平段的水平面投影夹角近似 45°，在靠近 Y3V1 井区域，两口水平井产生的水力裂缝易沟通，且存在裂缝延伸至另一口井筒的可能性，因此依据最大水平主应力和方向，优化裂缝参数，这对于 V 形井组压裂至关重要。

3. 支撑剂数量与裂缝长度的关系

根据延 3-V1 井组相邻井的压力施工资料，统计出裂缝监测长度与施工参数的关系，如表 8-15 所示。

表 8-15　邻井裂缝检测长度

井号	厚度	砂量/m^3	液量/m^3	排量/(m^3/min)	裂缝监测解释半长度/m
延 2	6.4	40	529	5.6	130-140
延 4	5.1	50	633	6.5-7.4	110-120
延 5	4.6	40	609.5	6.5-7	120-130
延 13	5.3	50	700	7-8	120-130

由表 8-15 可知，邻井压裂施工加入砂量 40～50m^3，裂缝半长度为 120～140m。

4. 水力压裂裂缝的方向

根据相邻井的压力施工资料，统计出该井组周围临井裂缝的方位，如表 8-16 所示。

表 8-16　临井裂缝检测方位

井号	深度/m	厚度/m	排量/(m^3/min)	液量/m^3	裂缝检测方位
延 4	896.0～901.1	5.1	6.5-7.4	633	NE 76°
延 5	876.5～881.1	4.6	6.5-7	609.5	NE 98°
延 13	926.6～931.9	5.3	7-8	700	NE 98.3°
延 14	916.4～923.6	7.2	6.68	320	NE 78

因此，对 Y3V1 井组两口水平井进行压裂施工，将产生斜交缝，裂缝与延 Y3V1P1 井间的夹角大，井筒周围裂缝弯曲率小，施工压力相对较小。Y3V1P1 井与裂缝间的夹角小，压裂过程中易产生裂缝扭曲，砂堵风险相对较高，施工压力高。

5. 压裂位置及裂缝长度优化

综合考虑 Y3V1P1 和 Y3V1P2 两口水平井测井的解释，裂缝延伸方位及裂缝之间干扰，分别优选出两口井的压裂位置及裂缝长度，如表 8-17 和图 8-45 所示。

表 8-17　压裂位置优化

序号	压裂位置/m	裂缝半长度/m	备注
1	1992～1995	110	Y3V1P1
2	1896～1990	160	
3	1776～1780	180	
4	1669～1673	200	
5	1539～1543	220	
6	1410～1414	220	
1	1649	100	Y3V1P2
2	1543	110	
3	1435	120	

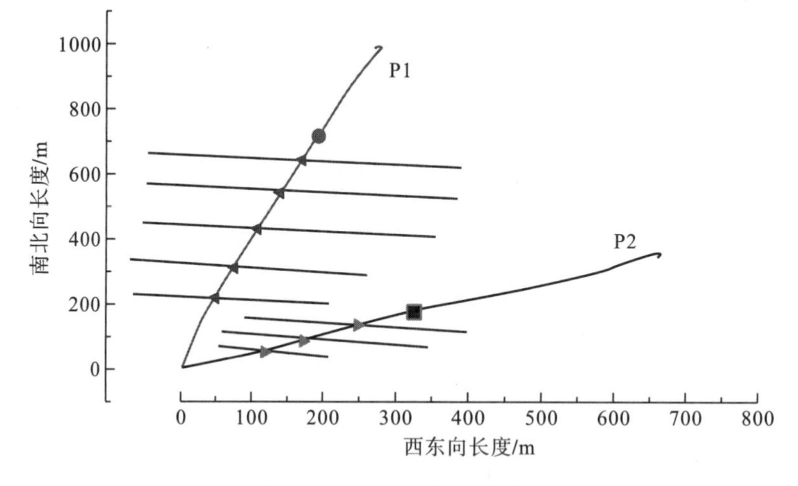

图 8-45　Y3V1 井组压裂裂缝布置

6. 压裂工具

Y3V1P1 井的油层套管为 Φ139.7mm 套管，选用外径为 111mm 的 SCCP-111 型复合材料桥塞，桥塞耐压 70MPa，耐温 120℃。桥塞与射孔枪采用液力泵送辅助电缆投送，采用专用工具坐封、释放，可以进行打塞与射孔联作；该桥塞自带单流凡尔，无需投球过顶替泵送。该压裂桥塞完全采用复合材料制作，可以通过常规的磨铣快速钻除，如图 8-46 所示。

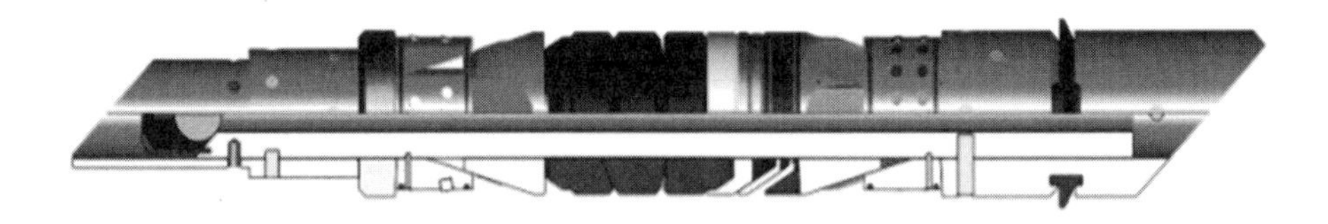

图 8-46　SCCP-111 可钻桥塞结构示意图

Y3V1P2 井水平段为 Φ139.7mm 的筛管，选用外径为 108mm 的水力喷射工具，每只喷枪均安装 6×Φ6.0mm 的喷嘴组合，喷嘴 60°螺旋布置。

三、压裂施工分析

如图 8-47 所示，Y3V1P1 井采用泵送桥塞压裂方式对 6 个压裂段进行施工。共计加入活性水压裂液 5564m^3，石英砂 295m^3，压裂施工最高砂比为 20%，平均砂比在 7.1%～12.1%。由于压裂层段所处位置不同，破裂压力为 40.5～36MPa，停泵压力为 25～15MPa，两个主要施工压力表现出了较强的煤层力学非均质性。施工排量为 5～8m^3/min，满足了煤层气井大排量压裂施工的需求。

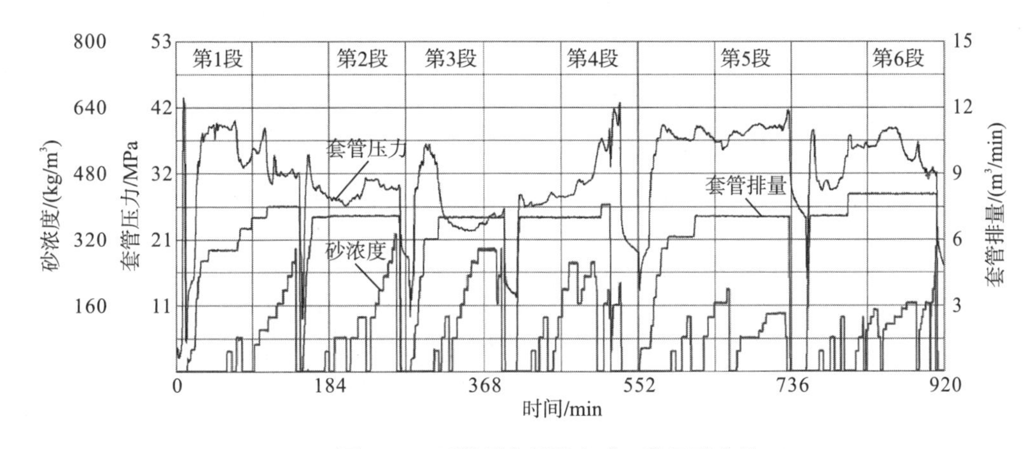

图 8-47　泵送桥塞压裂方式 6 段压裂曲线

Y3V1P2 井采用水力喷射压裂工艺，由于该井钻井过程中存在钻井液大量漏失，为防止压裂管柱被卡，先下入一个喷射压裂工具进行一个压裂层段的尝试。但是下入工具的过程中，管柱在 1550m 处受阻，经过洗井作业，返出不同直径的煤块：Φ3mm，Φ48mm 及 Φ50mm，且洗出硬质塑料及胶皮。由此分析，堵塞原因主要是处理 Y3V1P1 井事故时洗井所致。洗井液体将 Y3V1 井中煤块冲洗到 Y3V1P2 井水平段造成堵塞。经过洗井作业后，成功将喷射工具下入到 1649m 处。

水力喷砂射孔作业时，加入 20/40 目石英砂 2m^3，平均砂比 6.0%，施工排量为 2.4m^3/min，顶替液 8.5m^3，用液 27.2m^3，关闭 Y3V1 井放喷口闸门。最大排量为 6m^3/min(油管 2m^3/min，套管 4m^3/min)，此时套管压力仅有 17.0MPa，该压力与 Y3V1P1 井 6 段破裂压力(40.5～36MPa)相比小很多，且地面压裂曲线无明显破裂压力点出现，压力平稳。经推断，注入的压裂液体全部经筛管滤失进入该水平井的裸眼段，如图 8-48 所示。

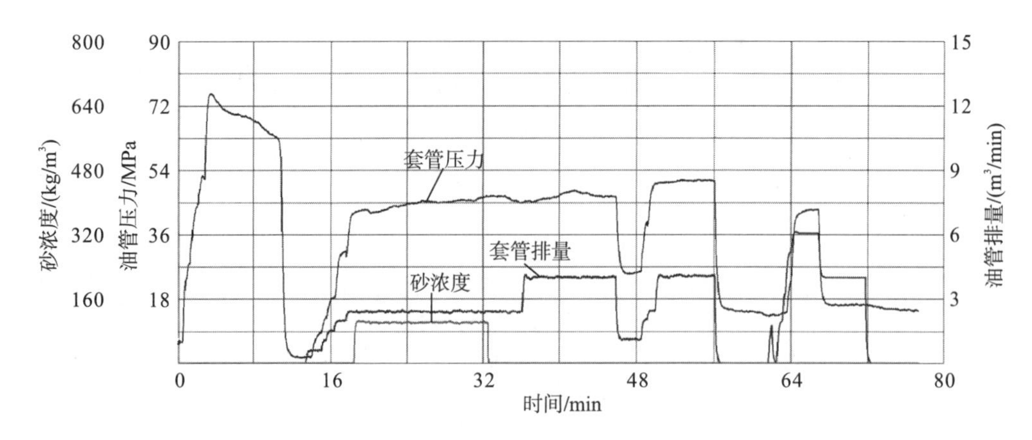

图 8-48　水力喷射压裂施工曲线

通过对 Y3V1P2 井压裂施工的分析，得知裸眼水平段滤失极大，无法在井底憋压产生裂缝，若进行加砂压裂，支撑剂势必全部滞留在井筒中。因此，该井不适合进行压裂施工，如图 8-49 所示。

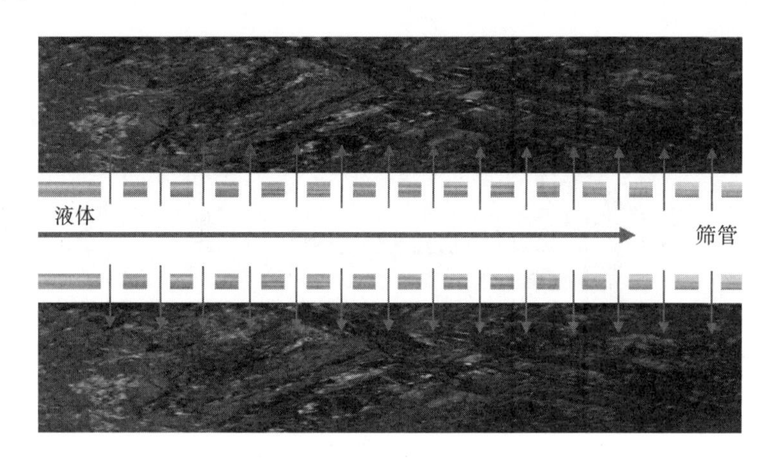

图 8-49　井底压裂液体滤失示意

四、施工总结

(1) 对于采用筛管完井的煤层气井，若钻井过程中存在大量钻井液漏失，建议先求取煤层的吸水指数，然后据此进行水力喷射压裂工艺的施工可行性分析。

(2) V 形煤层气井组间各井的洗井、压裂和冲砂等作业都会影响与之相连接井的后续施工作业。

参 考 文 献

[1] 李洪春, 曲海, 曾义金, 等. 油气井用管柱装置及用于进行油气井求产的方法. 中国, CN105626022B, 2018.

[2] Qu H, Lu B P, Jiang T X, et al. The properties analysis for reservoir of sand and mud thin alternations in San Jorge Basin. The Asia

Pacific Oil&Gas Conference and Exhibition, BaliIndonesia, SPE-176068, 2015.

[3] 曲海, 李根生, 樊永明, 等. 水力喷射压裂工艺在 Φ101. 6mm 套管井中的应用. 石油钻采工艺, 2011, 33(3): 55-61.

[4] 党建锋, 郭建设, 郑波, 等. 牛东区块火山岩油藏压裂改造技术研究与应用. 西部探矿工程, 2011, (12): 86-90.

[5] 宋振响, 顾忆, 路清华, 等. 松辽盆地梨树断陷天然气成因类型及勘探方向. 石油学报, 2016, 37(5): 622-629.

[6] Economides M J, Martin T. 现代压裂技术. 卢拥军, 等译. 北京: 石油工业出版社, 2012.

[7] 曲海, 李根生, 刘营. 拖动式水力喷射分段压裂工艺在筛管水平井完井中的应用. 石油钻探技术, 2012, 40(3): 83-86.

[8] 曾义金, 曲海, 冯江鹏, 等. 用于油气水井的重复压裂的方法. 中国, CN105507865B, 2018.

[9] Qu H, Zhao X X, Jiang T X, et al. Application of multistage hydrajet-fracturing technology in horizontal wells with slotted liner completion in China. The Asia Pacific Drilling Technology Conference, Bankok Thailand, SPE-170466, 2014.

[10] 刘营, 曲海, 蒋廷学, 等. 水力喷砂分段压裂工艺在 U 形煤层气井中的应用. 钻采工艺, 2013, 36(2): 62-64.

[11] 吴春方, 陈作, 蒋廷学, 等. U 形井水力喷砂压裂方法. 中国, CN103867179A. 2014. 6. 18.

[12] Qu H, Ren L C, He W H, et al. Successful application of clean fracturing fluid replacing guar gum fluid to stimulate tuffstone in San Jorge Basin, Argentina. The SPE International Conference and Exhibition on Formation Damage, LaLafayette America, SPE-189478, 2018.

[13] Qu H, Jiang T X, Liu Y, et al. Successful multistage hydraulic fracturing in v-shape well as a method for the development of coal bed methane in China. The International Petroleum Technology Conference, Beijing China, SPE-16688, 2013.

附　表

第一段压裂泵注程序

<table>
<tr><th colspan="2" rowspan="2">工序</th><th colspan="2">油管</th><th colspan="2">套管</th><th rowspan="2">砂比/%</th><th rowspan="2">阶段净液量/m³</th><th rowspan="2">阶段砂量/m³</th><th rowspan="2">支撑剂类型</th><th rowspan="2">泵注时间/min</th><th rowspan="2">备注</th></tr>
<tr><th>油管净液量/m³</th><th>油管排量/(m³/min)</th><th>套管净液量/m³</th><th>套管排量/(m³/min)</th></tr>
<tr><td colspan="2">基液替井筒</td><td>5.0</td><td>1.0</td><td>/</td><td>/</td><td>/</td><td>5.0</td><td>/</td><td>/</td><td>5.0</td><td>检查喷嘴是否畅通，环空敞开</td></tr>
<tr><td rowspan="3">喷砂射孔</td><td>射孔液</td><td>30.0</td><td>2.0～2.5</td><td>/</td><td>/</td><td>6～8</td><td>30.0</td><td>1.8～2.4</td><td>20/40 目石英砂</td><td>15.0</td><td>基液射孔，环空敞开</td></tr>
<tr><td>顶替液</td><td>35.0</td><td>2.0～2.5</td><td>/</td><td>/</td><td>/</td><td>35.0</td><td>/</td><td>/</td><td>17.5</td><td>冻胶顶替，环空敞开</td></tr>
<tr><td colspan="11">降排量至 1.2～1.5m³/min，关闭套放闸门，套管限压 35MPa，压开地层后，按照设计环空排量泵入胍胶基液，油管排量上提到设计排量。</td></tr>
<tr><td rowspan="7">加砂压裂</td><td rowspan="3">前置液</td><td>42.0</td><td>2.0～2.5</td><td>25.2</td><td>1.2</td><td>/</td><td>67.2</td><td>/</td><td>/</td><td>21.0</td><td rowspan="3">环空开始泵注基液</td></tr>
<tr><td>10.0</td><td>2.0～2.5</td><td>6.0</td><td>1.2</td><td>6</td><td>16.0</td><td>0.6</td><td>20/40 目陶粒</td><td>5.0</td></tr>
<tr><td>26.0</td><td>2.0～2.5</td><td>15.6</td><td>1.2</td><td></td><td>41.6</td><td></td><td></td><td>13.0</td></tr>
<tr><td rowspan="4">携砂液</td><td>15.0</td><td>2.0～2.5</td><td>6.0</td><td>1.2</td><td>10.0</td><td>21.0</td><td>1.5</td><td>20/40 目陶粒</td><td>7.5</td><td rowspan="4">油管泵注交联液，环空泵注基液</td></tr>
<tr><td>16.0</td><td>2.0～2.5</td><td>8.0</td><td>1.2</td><td>15.0</td><td>24.0</td><td>2.4</td><td>20/40 目陶粒</td><td>8.0</td></tr>
<tr><td>30.0</td><td>2.0～2.5</td><td>18.0</td><td>1.2</td><td>20.0</td><td>48.0</td><td>6.0</td><td>20/40 目陶粒</td><td>15.0</td></tr>
<tr><td>44.4</td><td>2.0～2.5</td><td>26.6</td><td>1.2</td><td>25.0</td><td>71.0</td><td>11.1</td><td>20/40 目陶粒</td><td>22.2</td></tr>
</table>

续表

工序		油管		套管		砂比/%	阶段净液量/m^3	阶段砂量/m^3	支撑剂类型	泵注时间/min	备注
		油管净液量/m^3	油管排量/(m^3/min)	套管净液量/m^3	套管排量/(m^3/min)						
		26.7	2.0～2.5	16.1	1.2	30.0	42.8	8.0	20/40 目陶粒	13.4	
		17.1	2.0～2.5	10.3	1.2	35.0	27.4	6.0	20/40 目陶粒	8.6	
	顶替液	14.0	2.0～2.5	8.4	1.2	/	22.4	/	/	7.0	基液或活性水顶替，停交联剂
合计		311.2	2.0～2.5	140.2	1.2	23.5	451.4	35.6	20/40 目陶粒	156.2	
停泵，测压降 40～60min，等待裂缝闭合，裂缝闭合后投 38.0mm 球，准备压第二段。											

第二段压裂压裂泵注程序-投球打开滑套

工序		油管		套管		砂比/%	阶段净液量/m^3	阶段砂量/m^3	支撑剂类型	泵注时间/min	备注
		油管净液量/m^3	油管排量/(m^3/min)	套管净液量/m^3	套管排量/(m^3/min)						
送球入座打开滑套		13.5	0.8～1.0	/	/	/	13.5	/	/	13.5	送球入座打开第一级滑套
喷砂射孔	射孔液	30.0	2.0～2.5	/	/	6～8	30.0	1.8～2.4	20/40 目石英砂	15.0	基液射孔,环空敞开
	顶替液	32.0	2.0～2.5	/	/	/	32.0	/	/	16.0	冻胶顶替，环空敞开
	降排量至 1.2～1.5m^3/min，关闭套放闸门，套管限压 35MPa，压开地层后，按照设计环空排量泵入胍胶基液，油管排量上提到设计排量。										
加砂压裂	前置液	36.0	2.0～2.5	21.6	1.2	/	57.6	/	/	18.0	环空开始泵注基液
		10.0	2.0～2.5	6.0	1.2	6	16.0	0.6	20/40 目陶粒	5.0	
		16.0	2.0～2.5	9.6	1.2		25.6			8.0	

续表

工序		油管		套管		砂比/%	阶段净液量/m^3	阶段砂量/m^3	支撑剂类型	泵注时间/min	备注
		油管净液量/m^3	油管排量/(m^3/min)	套管净液量/m^3	套管排量/(m^3/min)						
	携砂液	10.0	2.0～2.5	6.0	1.2	10.0	16.0	1.0	20/40 目陶粒	5.0	油管泵注交联液，环空泵注基液
		13.3	2.0～2.5	8.0	1.2	15.0	21.3	2.0	20/40 目陶粒	6.7	
		20.0	2.0～2.5	12.0	1.2	20.0	32.0	4.0	20/40 目陶粒	10.0	
		20.0	2.0～2.5	12.0	1.2	25.0	32.0	5.0	20/40 目陶粒	10.0	
		20.0	2.0～2.5	12.0	1.2	30.0	32.0	6.0	20/40 目陶粒	10.0	
		17.1	2.0～2.5	10.3	1.2	35.0	27.4	6.0	20/40 目陶粒	8.6	
		15.0	2.0～2.5	9.0	1.2	40.0	24.0	6.0	20/40 目陶粒	7.5	
	顶替液	13.5	2.0～2.5	8.2	1.2	/	21.7	/	/	6.8	基液或活性水顶替，停交联剂
合计		257.9	2.0～2.5	114.7	1.2	26.0	381.1	30.6	20/40 目陶粒	140.1	
停泵，测压降 40～60min，等待裂缝闭合，裂缝闭合后投 44.5mm 球，准备压第二段。											